普通高等教育土建学科专业"十一五"规划教材
全国高职高专教育土建类专业教学指导委员会规划推荐教材

建筑构造与识图（第二版）

（工程造价与建筑管理类专业适用）

高　远　张艳芳　编著
张小平　智军玉　主审

中国建筑工业出版社

图书在版编目（CIP）数据

建筑构造与识图/高远，张艳芳编著．—2 版．—北京：中国建筑工业出版社，2008
普通高等教育土建学科专业"十一五"规划教材．全国高职高专教育土建类专业教学指导委员会规划推荐教材．工程造价与建筑管理类专业适用
ISBN 978-7-112-09824-8

Ⅰ.建… Ⅱ.①高…②张… Ⅲ.①建筑构造-高等学校：技术学校-教材②建筑制图-识图法-高等学校：技术学校-教材 Ⅳ.TU2

中国版本图书馆 CIP 数据核字（2008）第 055406 号

本书为高等职业教育"工程造价和建筑管理类"系列教材中《建筑构造与识图》一书的第二版，内容实用全面，注重从业岗位上技能和应用知识的传授，符合当今高职教育的要求。

每章设有大量习题和实训题（内容有制图、识图、绘图、填空、做模型、测绘、工程算量等形式，适于学生学习、实训，提高综合应用能力）。为适应建筑科技发展，本书增加了轻钢结构房屋、墙体节能技术、装饰装修构造等内容，书后附有建筑施工图和装饰装修施工图各一套，便于读者对照识读和工程算量练习，掌握建筑识图、明确房屋构造、提高综合能力。

本书可作为土建类相近专业如建筑施工、建筑项目管理、建筑装饰工程技术以及建筑设备类各专业掌握建筑构造知识的教学用书和参考书，也可作为建筑类各种培训的教学用书。

* * *

责任编辑：张　晶　王　跃
责任设计：董建平
责任校对：刘　钰　孟　楠

普通高等教育土建学科专业"十一五"规划教材
全国高职高专教育土建类专业教学指导委员会规划推荐教材
建筑构造与识图（第二版）
（工程造价与建筑管理类专业适用）
高　远　张艳芳　编著
张小平　智军玉　主审

*

中国建筑工业出版社出版、发行（北京西郊百万庄）
各地新华书店、建筑书店经销
北京红光制版公司制版
北京市密东印刷有限公司印刷

*

开本：787×1092 毫米　1/16　印张：23¾　字数：580 千字
2008 年 8 月第二版　2013 年 9 月第二十次印刷
定价：**38.00** 元
ISBN 978-7-112-09824-8
（16528）

版权所有　翻印必究
如有印装质量问题，可寄本社退换
（邮政编码 100037）

教材编审委员会名单

主　任：吴　泽

副主任：陈锡宝　范文昭　张怡朋

秘　书：袁建新

委　员：(按姓氏笔画排序)

马纯杰　王武齐　田恒久　任　宏　刘　玲

刘德甫　汤万龙　杨太生　何　辉　宋岩丽

张　晶　张小平　张凌云　但　霞　迟晓明

陈东佐　项建国　秦永高　耿震岗　贾福根

高　远　蒋国秀　景星蓉

第二版序言

高职高专教育土建类专业教学指导委员会（以下简称教指委）是在原"高等学校土建学科教学指导委员会高等职业教育专业委员会"基础上重新组建的，在教育部、建设部的领导下承担对全国土建类高等职业教育进行"研究、咨询、指导、服务"责任的专家机构。

2004年以来教指委精心组织全国土建类高职院校的骨干教师编写了工程造价、建筑工程管理、建筑经济管理、房地产经营与估价、物业管理、城市管理与监察等专业的主干课程教材。这些教材较好地体现了高等职业教育"实用型""能力型"的特色，以其权威性、科学性、先进性、实践性等特点，受到了全国同行和读者的欢迎，被全国高职高专院校相关专业广泛采用。

上述教材中有《建筑经济》、《建筑工程预算》《建筑工程项目管理》等11本被评为普通高等教育"十一五"国家级规划教材，另外还有36本教材被评为普通高等教育土建学科专业"十一五"规划教材。

教材建设如何适应教学改革和课程建设发展的需要，一直是我们不断探索的课题。如何将教材编出具有工学结合特色，及时反映行业新规范、新方法、新工艺的内容，也是我们一贯追求的工作目标。我们相信，这套由中国建筑工业出版社陆续修订出版的、反映较新办学理念的规划教材，将会获得更加广泛的使用，进而在推动土建类高等职业教育培养模式和教学模式改革的进程中、在办好国家示范高职学院的工作中，做出应有的贡献。

高职高专教育土建类专业教学指导委员会
2008年

第一版序言

全国高职高专教育土建类专业教学指导委员会工程管理类专业指导分委员会（原名高等学校土建学科教学指导委员会高等职业教育专业委员会管理类专业指导小组）是建设部受教育部委托，由建设部聘任和管理的专家机构。其主要工作任务是，研究如何适应建设事业发展的需要设置高等职业教育专业，明确建设类高等职业教育人才的培养标准和规格，构建理论与实践紧密结合的教学内容体系，构筑"校企合作、产学结合"的人才培养模式，为我国建设事业的健康发展提供智力支持。

在建设部人事教育司和全国高职高专教育土建类专业教学指导委员会的领导下，2002年以来，全国高职高专教育土建类专业教学指导委员会工程管理类专业指导分委员会的工作取得了多项成果，编制了工程管理类高职高专教育指导性专业目录；在重点专业的专业定位、人才培养方案、教学内容体系、主干课程内容等方面取得了共识；制定了"工程造价"、"建筑工程管理"、"建筑经济管理"、"物业管理"等专业的教育标准、人才培养方案、主干课程教学大纲；制定了教材编审原则；启动了建设类高等职业教育建筑管理类专业人才培养模式的研究工作。

全国高职高专教育土建类专业教学指导委员会工程管理类专业指导分委员会指导的专业有工程造价、建筑工程管理、建筑经济管理、房地产经营与估价、物业管理及物业设施管理等6个专业。为了满足上述专业的教学需要，我们在调查研究的基础上制定了这些专业的教育标准和培养方案，根据培养方案认真组织了教学与实践经验较丰富的教授和专家编制了主干课程的教学大纲，然后根据教学大纲编审了本套教材。

本套教材是在高等职业教育有关改革精神指导下，以社会需求为导向，以培养实用为主、技能为本的应用型人才为出发点，根据目前各专业毕业生的岗位走向、生源状况等实际情况，由理论知识扎实、实践能力强的双师型教师和专家编写的。因此，本套教材体现了高等职业教育适应性、实用性强的特点，具有内容新、通俗易懂、紧密结合工程实践和工程管理实际、符合高职学生学习规律的特色。我们希望通过这套教材的使用，进一步提高教学质量，更好地为社会培养具有解决工作中实际问题的有用人材打下基础。也为今后推出更多更好的具有高职教育特色的教材探索一条新的路子，使我国的高职教育办的更加规范和有效。

全国高职高专教育土建类专业教学指导委员会
工程管理类专业指导分委员会
2004年

第 二 版 前 言

随着建筑科技的发展，新技术、新工艺、新材料层出不穷，这就要求承担一线高技能应用型人才培养的高职院校在专业教学中紧跟建筑技术应用的潮流，编制与学生从业岗位需求配套的适用教材，突出岗位应用技能的传授，做到理论与实践的全方位结合，促进学生动手和综合应用能力的提高，培养受建筑企业欢迎的应用型专门人才。而《建筑构造和识图》是高职高专工程造价与建筑管理类专业的专业基础课，它必须适应建筑技术的进步和变化，突出学用结合。本着这样一个目标，本书编者对第一版进行了相应的修订，修订的主要内容有：

一、在每章之后增加了实训类练习题。实训题的类型有制图、识图、测绘、算量、识记以及制作模型等，形式丰富多样，有助于学生的理解和应用能力的提高。

二、根据技术发展的要求，删减了一些逐渐少用或不用的做法和构造，增加了轻钢结构房屋、墙体节能构造等新技术、新做法，以适应技术的发展变化。增加了建筑装饰装修构造。

三、对书中的部分插图、例题等进行了调整和精简，使其更加便于高职学生理解，体现高职教学特点、规律。

四、对第一版中存在的一些立体图视角的选择、线型表达的规范性、文字表达等问题进行了更正。

本次修订由山西建筑职业技术学院高远、张艳芳负责完成。本书由智军玉（高级工程师，山西建筑工程建设监理中心）和张小平（副教授，山西建筑职业技术学院）担任主审。再次感谢对本次修订提出意见、建议的各方专家和读者朋友。

由于编者理论和工程实践水平有限，在修订中难免还有疏漏和不足，恳请读者继续提出建议、批评意见，使得本教材更加实用、更加完善。来信请发至电子邮箱：243666248@qq.com。

2008 年

第 一 版 前 言

《建筑构造与识图》是高等职业教育工程造价专业的主干课程之一,是根据全国高职高专教育土建类专业教学指导委员会制定的工程造价专业的教育标准、培养方案及教学基本要求而编写,课程为100学时。

本书在总体结构和内容安排上,在保证投影作图与识图、常见建筑构造及其新发展的学习与训练的前提下,按照教学基本要求和少而精的原则,对理论性强且与专业识图、制图及将来工作关系不大的内容进行删减,增加计算机绘图介绍、新规范新构造和装饰施工图的识读等内容,旨在扩大学生的知识面、专业技能和应用能力,注重教材的实用性和时代性。

本书编写中,注意总结教学和实际应用中的经验,遵循教学规律。在图样选用、文字处理上注重简明形象、直观通俗,有很强的专业针对性,内容循序渐进、由浅入深、图文并茂、易于自学。

本书可作为高职工程造价专业《建筑构造与识图》课程的教材使用,也可作为相近专业(如建筑工程、建筑装饰等专业)的教材或教学参考书。

本书由山西建筑职业技术学院张小平副教授主审。

参加本书编写的有:山西建筑职业技术学院的高远(第一篇的第一、二、四、六章及第三篇),张艳芳(第二篇的第二、三、四、六、七、八章),樊文迪(第二篇的第一、五章),张雷挺(第一篇的第三、五章),曾彤(书后附图)。

本书由高远、张艳芳任主编。

由于时间仓促,业务水平及教学经验有限,书中难免有缺点和疏漏,恳请各位读者提出批评和改进意见。

2004 年

目 录

绪论 ··· 1

第一篇 建筑识图基本知识

第一章 建筑制图的基本知识 ··· 5
第一节 基本制图标准 ··· 5
第二节 制图工具及其使用 ·· 15
第三节 图样的绘制过程 ··· 20
第四节 计算机制图和辅助设计简介 ··· 21
思考题 ·· 23
实训题——线型练习 ·· 25

第二章 投影的基本知识 ··· 27
第一节 投影的基本概念及分类 ·· 27
第二节 正投影的基本特性 ·· 29
第三节 三面正投影图 ··· 30
第四节 点、直线、平面的正投影规律 ··· 35
第五节 直线的正投影规律 ·· 38
第六节 平面的正投影规律 ·· 42
思考题 ·· 45
实训题——读投影弯铁丝 ··· 49

第三章 基本几何体的投影 ·· 50
第一节 平面体的投影 ··· 50
第二节 曲面体的投影 ··· 57
第三节 在基本几何体表面取点、取线的投影作图 ······································· 62
思考题 ·· 68
实训题——基本形体投影作图 ··· 70

第四章 组合体的投影 ·· 71
第一节 组合体投影图的画法 ··· 71
第二节 组合体投影图的尺寸标注 ··· 76
第三节 组合体投影图的识读 ··· 78
第四节 组合体投影图的补图与补线 ·· 84
思考题 ·· 89
实训题——组合体投影作图与尺寸标注练习 ·· 92

第五章　轴测投影 ··· 94
　　第一节　轴测投影的形成与分类 ··· 94
　　第二节　常用轴测投影的画法 ·· 95
　　思考题 ··· 103
　　实训题——轴测投影作图 ·· 103

第六章　剖面图和断面图 ·· 105
　　第一节　剖面图的种类和画法 ·· 106
　　第二节　断面图的种类及画法 ·· 112
　　思考题 ··· 114
　　实训题——剖面图与断面图 ··· 115

第二篇　建筑构造

第一章　概述 ·· 119
　　第一节　民用建筑的构造组成和分类 ··· 119
　　第二节　建筑构造的基本要求和影响因素 ·································· 122
　　第三节　建筑的结构类型 ··· 123
　　第四节　钢筋混凝土的基本知识 ·· 125
　　第五节　建筑变形缝 ·· 126
　　第六节　建筑工业化和建筑模数协调 ··· 128
　　思考题 ··· 134

第二章　基础和地下室 ·· 136
　　第一节　基础的类型和构造 ··· 137
　　第二节　影响基础埋深的因素及基础的特殊问题 ······················· 142
　　第三节　地下室的构造 ·· 145
　　思考题 ··· 148

第三章　墙体 ·· 149
　　第一节　墙体的类型及要求 ··· 149
　　第二节　砖墙的基本构造 ··· 150
　　第三节　砖墙的细部构造 ··· 153
　　第四节　隔墙与隔断的构造 ··· 162
　　第五节　砌块墙的构造 ·· 165
　　第六节　墙面的装修构造 ··· 167
　　思考题 ··· 174

第四章　楼板与楼地面 ·· 175
　　第一节　楼板的类型与特点 ··· 175
　　第二节　钢筋混凝土楼板 ··· 176
　　第三节　地坪层与楼地面的构造 ·· 183
　　第四节　阳台雨篷的构造 ··· 188

思考题···191

第五章　楼梯··193
　　第一节　楼梯概述···193
　　第二节　钢筋混凝土楼梯的构造···198
　　第三节　室外台阶与坡道···203
　　思考题···204

第六章　屋顶··206
　　第一节　屋顶概述···206
　　第二节　平屋顶的排水···208
　　第三节　平屋顶柔性防水屋面···209
　　第四节　平屋顶刚性防水屋面···215
　　第五节　坡屋顶的构造···217
　　第六节　屋顶的保温与隔热···226
　　第七节　顶棚的构造···230
　　思考题···233

第七章　窗与门··234
　　第一节　窗的分类与构造···234
　　第二节　门的分类与构造···239
　　思考题···244

第八章　工业建筑··245
　　第一节　工业建筑概述···245
　　第二节　单层工业厂房的结构组成···247
　　第三节　厂房的起重运输设备···249
　　第四节　单层厂房的定位轴线···250
　　第五节　单层厂房的主要结构构件···256
　　第六节　屋面及天窗···265
　　第七节　大门与侧窗···273
　　第八节　外墙、地面及其他设施···277
　　思考题···286

第三篇　房屋建筑及装饰施工图

第一章　房屋建筑工程图的基本知识··291
　　第一节　房屋建筑工程图的组成、编排及图示特点···································291
　　第二节　房屋建筑工程图的有关规定···293
　　思考题···296

第二章　建筑施工图··298
　　第一节　首页和总平面图···298
　　第二节　建筑平面图···304

第三节　建筑立面图 …………………………………………………………… 309
　　第四节　建筑剖面图 …………………………………………………………… 313
　　第五节　建筑详图 ……………………………………………………………… 315
　　第六节　施工图的识读要点 …………………………………………………… 322
　　第七节　绘制建筑施工图的目的和步骤 ……………………………………… 322
　　思考题 …………………………………………………………………………… 328
　　实训题——抄绘建筑施工图 …………………………………………………… 329
第三章　装饰施工图 ………………………………………………………………… 330
　　思考题 …………………………………………………………………………… 337

附录A　某楼建筑施工图 …………………………………………………………… 338
附录B　某报告厅装饰施工图 ……………………………………………………… 350
附录C　扩展知识1——建筑面积计算 …………………………………………… 362
附录D　扩展知识2——楼地面工程量计算 ……………………………………… 366
参考文献 ……………………………………………………………………………… 368

绪　　论

　　人们都在一定的建筑空间中生活、工作、学习，建筑空间为人们营造了生活的必要条件。人类文明的发展历史就是建筑的发展历史。有理由说，建筑是一个国家科学技术和经济发展的重要标志之一。房屋建筑业在当前我国国民经济发展中所占的比重越来越大，处于重要的发展地位，每年新增的房屋建设项目需要大量有专业知识、有能力的各类人才特别是高等职业技术人才加入到这一行业中。工程造价专业是房屋建筑业中不可缺少的专业内容，对于将要从事工程造价工作的高等职业技术学院的学生来说，掌握房屋建筑的组成规律、构造原理、构造方法，掌握房屋建筑工程图的识图规律是十分重要的，因为它是从事工程造价专业工作的前提，也是学好专业课的基础。所以，《建筑构造与识图》是工程造价专业的技术基础课程。

一、《建筑构造与识图》课程的主要内容

　　（1）建筑识图基础——介绍建筑制图基本知识、正投影原理、剖面图断面图等知识。

　　（2）建筑构造——介绍工业与民用建筑的主要组成部分的构造原理、构造方法以及与建筑构造相关的结构知识等。

　　（3）房屋建筑工程图——介绍房屋建筑工程图识读与绘制的方法。

二、学习《建筑构造与识图》课程的主要任务

　　《建筑构造与识图》是工程造价专业的一门理论性、实践性都很强的专业基础课。建筑识图课的主要任务是：培养学生的空间想像力、图示表达和读图能力；建筑构造课的主要任务是：使学生掌握建筑构造的基本原理和常用做法，具有对建筑构造的识别、选用和绘图能力。

三、《建筑构造与识图》课程的学习方法

　　本课程的建筑识图部分理论性较强，有些投影问题和空间分析较为抽象，要求学生应具有一定的平面和立体几何知识，在学习中有认真细致、肯于下苦功的精神。要对所学的内容善于分析和应用，提高空间想像、图示表达和识图能力。建筑构造是研究建筑应用技术的课程，初学时感到内容松散、缺乏连续性，实际上建筑构造之间有它们的内在联系，只要注意课本知识与工程实际相联系，认真总结归纳，及时复习巩固就一定能学好。学习时注意以下几点：

　　（1）学习中要做到理论联系实际。识图部分的投影知识，要结合理论知识多看图、多画图、多分析，提高作图表达和空间想像力；专业识图部分，要留意建筑物的构造组成，有意识地加强自己识图训练，提高识读房屋施工图的能力。

　　（2）对构造知识的学习应多与自己身边的房屋建筑相结合，注意各部分的组成规律、牢固掌握常用构造形式、材料和做法。

　　（3）紧密联系生产实际多到施工现场参观、实习，在实践中印证学过的知识，对未学过的内容也能建立感性认识，加深对所学内容的理解和记忆。

(4) 重视绘图能力的锻炼，认真完成每次作业，不断提高自己的绘图和识图能力，为学专业课打好坚实基础。

(5) 经常阅读有关的资料，关心和了解建筑技术、建筑构造发展的动态和趋势。

总之，只要刻苦、认真和努力，注意书本知识与工程实践相结合，一定能够学好《建筑构造与识图》课程。

第一篇

建筑识图基本知识

第一章 建筑制图的基本知识

第一节 基本制图标准

建筑工程图是表达建筑工程设计意图的重要手段，是建筑工程造价确定、施工、监理、竣工验收的主要依据。为使建筑从业人员能够看懂建筑工程图，以及用图样来交流技术思想，就必须制定统一的制图规则作为制图和识图的依据。例如图幅大小、图线画法、字体书写、尺寸标注等。为此，国家制定了全国统一的建筑工程制图标准，其中《房屋建筑制图统一标准》（GB/T50001—2001）是各相关专业的通用部分。除此以外还有总图、建筑、结构、给排水和采暖通风等相关专业的制图标准。本节主要介绍《房屋建筑制图统一标准》中的常用内容及基本规定。

一、图纸的幅面规格及形式

建筑工程图纸的幅面规格共有五种，从大到小的幅面代号为 A0、A1、A2、A3 和 A4。各种图幅的幅面尺寸和图框形式、图框尺寸都有明确规定，见表 1-1-1 及图 1-1-1～图 1-1-3。

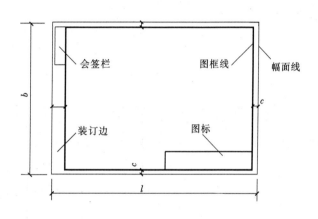

图 1-1-1　A0～A3 横式

图幅及图框尺寸（mm）　　　　表 1-1-1

尺寸代号 \ 幅面代号	A0	A1	A2	A3	A4
$b \times l$	841×1189	594×841	420×594	297×420	210×297
c	10			5	
a	25				

图纸幅面尺寸相当于 $\sqrt{2}$ 系列，即 $l=(\sqrt{2})b$，l 为图纸的长边尺寸，b 为短边尺寸。A0 图幅的面积为 $1m^2$，A1 图幅为 $0.5m^2$ 是 A0 的对裁，其他图幅依此类推。如图 1-1-4 所示。

长边作为水平边使用的图幅称为横式图幅，短边作为水平边的称为立式图幅。A0～A3 图幅宜横式使用，必要时立式使用，A4 只立式使用。

在确定一个工程设计所用的图纸大小时，每个专业所使用的图纸，一般不宜多于两种图幅。不含目录和表格所用的 A4 图幅。

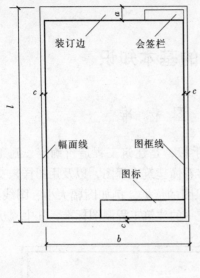

图 1-1-2

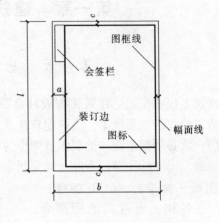

图 1-1-3

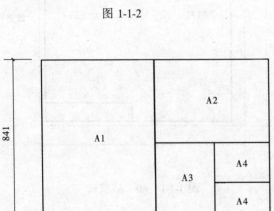

图 1-1-4 由 A0 图幅对裁其他图幅示意

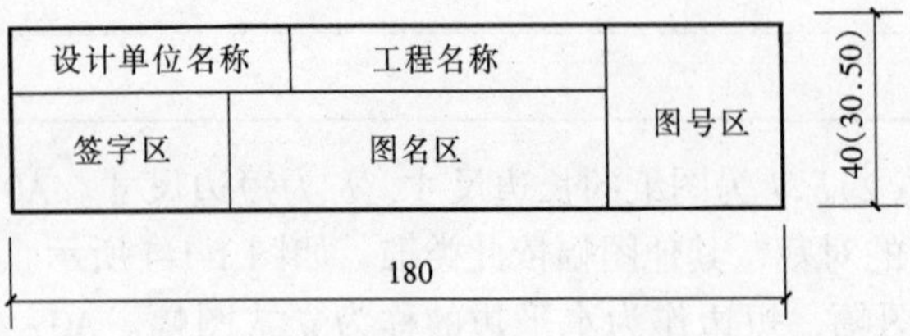

每张图纸都应在图框的右下角设置标题栏（简称图标），位置如图 1-1-1、图 1-1-2、图 1-1-3 所示。图标应按图 1-1-5 分区，根据工程需要选择其尺寸、格式及分区。签字区应包括实名列和签名列，签字区有设计人、制图人、审核人、审批人等的签字，以便明确技术责任。

图号区有图纸类别、图纸编号、设计日期等内容。需要相关专业会签的图纸，还设有会签栏，如图 1-1-6 所示，其位置如图 1-1-3 所示。

图 1-1-5 标题栏

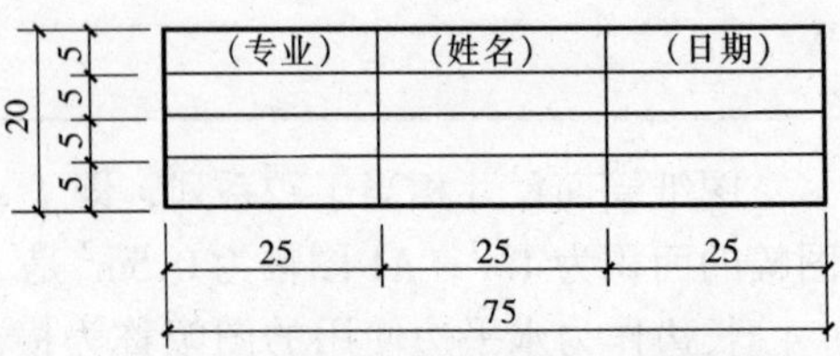

图 1-1-6 会签栏

学校制图作业的标题栏可选用图 1-1-7 所示格式。制图作业不需绘制会签栏。

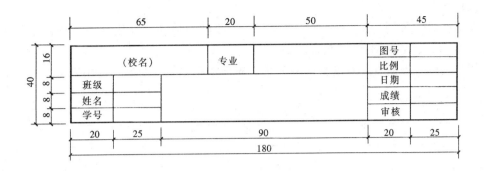

图 1-1-7 作业用标题栏

二、图线及其画法

工程图上所表达的各项内容,需要用不同线型、不同线宽的图线来表示,这样才能做到图样清晰、主次分明。为此,《房屋建筑制图统一标准》做了相应规定。

(1) 线型

工程建设制图的线型有实线、虚线、单点长画线、双点长画线、折断线和波浪线共六种。其中有的线型还分粗、中、细三种线宽。各种线型的规定及一般用途如表 1-1-2 所示。

线 型 和 线 宽　　　　　　　　表 1-1-2

名 称		线 型	线 宽	一 般 用 途
实 线	粗	——————	b	主要可见轮廓线
	中	——————	$0.5b$	可见轮廓线
	细	——————	$0.25b$	可见轮廓线、图例线
虚 线	粗	— — — —	b	见各有关专业制图标准
	中	— — — —	$0.5b$	不可见轮廓线
	细	— — — —	$0.25b$	不可见轮廓线、图例线
单点长画线	粗	—·—·—	b	见各有关专业制图标准
	中	—·—·—	$0.5b$	见各有关专业制图标准
	细	—·—·—	$0.25b$	中心线、对称线等
双点长画线	粗	—··—··—	b	见各有关专业制图标准
	中	—··—··—	$0.5b$	见各有关专业制图标准
	细	—··—··—	$0.25b$	假想轮廓线、成型前原始轮廓线
折断线		～⌇～	$0.25b$	断开界线
波浪线		～～～	$0.25b$	断开界线

（2）线宽

在《房屋建筑制图统一标准》中规定，图线的宽度 b，宜从下列线宽系列中选用：2.0、1.4、1.0、0.7、0.5、0.35mm。

每个图样应根据复杂程度与比例大小，先选定基本线宽 b，再选用表 1-1-3 中的相应线宽组。

线 宽 组（mm）　　　　　　　　　　　　　　　　　　表 1-1-3

线宽比	线 宽 组					
b	2.0	1.4	1.0	0.7	0.5	0.35
$0.5b$	1.0	0.70	0.5	0.35	0.25	0.18
$0.25b$	0.5	0.35	0.25	0.18		

注：1. 需要缩微的图纸，不宜采用 0.18mm 及更细的线宽；
　　2. 同一张图纸内，各种不同线宽中的细线，可统一采用较细线宽组的细线。

一个图样中的粗、中、细线形成一组叫做线宽组。表 1-1-4 为图框线、标题栏线的宽度要求，绘图时选择使用。在同一张图纸内相同比例的各图样应采用相同的线宽组。

图框线、标题栏线的宽度要求　　表 1-1-4

图幅代号	图框线	标题栏外框线	标题栏分格线、会签栏线
A0、A1	1.40	0.7	0.35
A2、A3、A4	1.0	0.7	0.35

（3）图线的画法

1）在绘图时，相互平行的两直线，其间隙不能小于粗线的宽度，且不宜小于 0.7mm，如图 1-1-8（a）所示。

2）虚线、单点长画线、双点长画线的线段长度和间隔，宜各自相等，如图 1-1-8（b）所示。虚线与虚线相交或虚线与其他线相交时应交于线段处；虚线在实线的延长线上时，不能与实线连接，如图 1-1-8（c）所示。

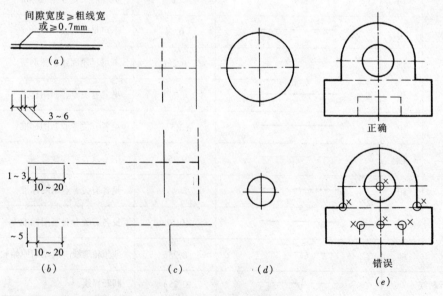

图 1-1-8　图线的画法
（a）两线的最小间隔；（b）线的画法；（c）交接；（d）圆的中心线画法；（e）举例

3）单点长画线或双点长画线的两端不应是点，点画线之间或点画线与其他图线相交时应交于线段处。

4）在较小图形中，点画线绘制有困难时可用实线代替。圆的中心线应用单点长画线表示，两端伸出圆周 2~3mm；圆的直径较小时中心线用实线表示，伸出圆周长度 1~2mm。如图 1-1-8d 所示。图线画法的正误举例如图 1-1-8（e）所示。

三、图上的字体

工程图上的字体有汉字、拉丁字母、阿拉伯数字和罗马数字等，这些字体的书写应笔画清晰、字体端正、排列整齐，标点符号应清楚正确。

图纸中字体的大小应按图样的大小、比例等具体情况来定，但应从规定的字高系列中选用。字高系列有 3.5、5、7、10、14、20mm。字高也称字号，如 5 号字的字高为 5mm。如需书写更大的字，其高度应按 $\sqrt{2}$ 的比值递增。

（一）汉字

图样及说明中的汉字宜采用长仿宋字，宽度与字高的关系应符合表 1-1-5 的规定。在图纸上写好字体是很有必要的。长仿宋字的示例如图 1-1-9 所示。大标题、图册封面、地形图等的汉字，也可写成其他字体，但应易辨认。

长仿宋体字高宽关系（mm）　　　　表 1-1-5

字高	20	14	10	7	5	3.5
字宽	14	10	7	5	3.5	2.5

书写长仿宋字的要领是：横平竖直、注意起落、结构均匀、填满方格。

横平竖直：横笔基本要平，可顺运笔方向少许向上倾斜 2°~5°。竖笔要直，笔画要刚劲有力。

图 1-1-9　长仿宋字示例

注意起落：横、竖的起笔和收笔，撇、钩的起笔，钩折的转角等，都要顿一下笔，形成小三角形和出现字肩。撇、捺、挑、钩等的最后出笔应为渐细的尖角。以上这些字的写法都是长仿宋字的主要特征。几种基本笔画的写法见表 1-1-6。

仿宋字基本笔画的写法　　　　　　　　　表1-1-6

名称	横	竖	撇	捺	挑	点	钩
形状	一	丨	丿	㇏	✓ ✓	㇔ ㇔	㇆ ㇈
笔法	一	丨	丿	㇏	✓ ✓	㇔ ㇔	㇆ ㇈

结构均匀：笔画布局要均匀，字体的构架形态要中正疏朗、疏密有致。

在写长仿宋字时应先打格（有时可在纸下垫字格）再书写，汉字字高最小为3.5mm。练写时用铅笔、钢笔或蘸笔，不宜用圆珠笔、签字笔。在描图纸上写字应用黑色墨水的钢笔或蘸笔。

要想写好长仿宋字，平时就要多练、多看、多体会书写要领及字体的结构规律，持之以恒、必能写好。

(二) 数字和字母

图纸中的数值应用阿拉伯数字书写。阿拉伯数字、罗马数字、拉丁字母的字高不小于2.5mm，书写时应工整清晰，以免误读。书写前也应打格（按字高画出上下两条横线），

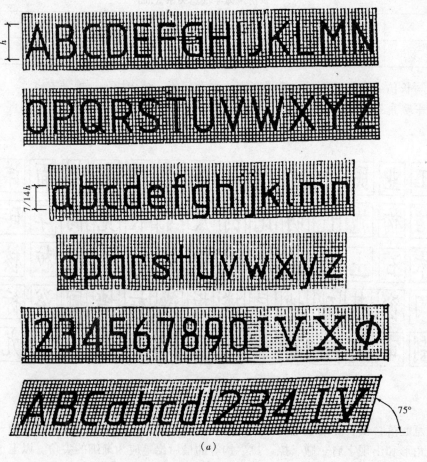

(a)

图1-1-10　字母、数字示例（一）

或在描图纸下垫字格，便于控制字体的字高。阿拉伯数字、罗马数字、拉丁字母的字例如图 1-1-10 所示。如需写成斜体字，其斜度应是从字的底线逆时针向上倾斜 75°。斜体字的字高与字宽和直体字相等。

（三）图样的比例

图形与实物相对应的线性尺寸之比称为图样的比例。线性尺寸是指直线方向的尺寸，如长、宽、高尺寸等。所以，图样的比例是线段之比而非面积之比。

比例的大小是指比值的大小。如图样上某线段长为 1mm，实际物体对应部位的长也是 1mm 时，则比例为 1∶1。如图样的线段长为 1mm，实际物体对应部位的长是 100mm 时，则比例为 1∶100。

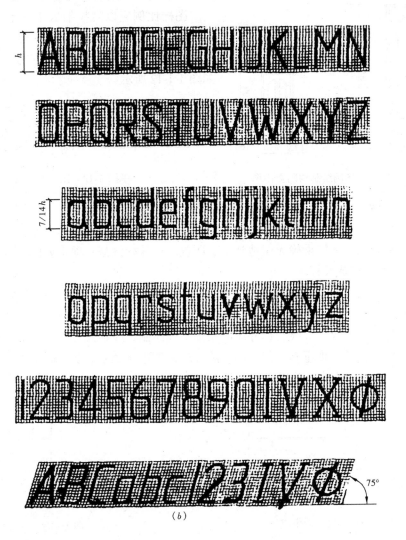

图 1-1-10　字母、数字示例（二）

比例中比值大于 1 的称为放大的比例，如 5∶1；比值小于 1 的称为缩小的比例，如 1∶100。建筑工程图常用缩小的比例。绘图所用的比例，应根据图样的用途与被绘对象的复杂程度从表 1-1-7 中选用，并优先采用常用比例。

绘图所用的比例　　　　　　　　　表 1-1-7

常用比例	1:1、1:2、1:5、1:10、1:20、1:50、1:100、1:150、1:200、1:500、1:1000、1:2000、1:5000、1:10000、1:20000、1:50000、1:100000、1:200000
可用比例	1:3、1:4、1:6、1:15、1:25、1:30、1:40、1:60、1:80、1:250、1:300、1:400、1:600

图 1-1-11 是同一扇门用不同比例画出的门的立面图。注意：无论用何种比例画出的同一扇门，所标的尺寸均为物体的实际尺寸，不是图形本身的尺寸！

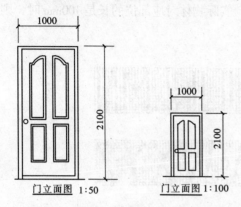

为使制图快捷、准确，可利用比例尺确定图线的长度，常用的有三棱比例尺。

图样比例应以阿拉伯数字表示，如 1:100、1:5 等。比例宜注写在图名的右侧，字的底线应取平，比例的字高应比图名字号小一到二号，如图 1-1-12 所示。

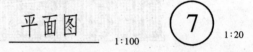

图 1-1-11　用不同比例绘制的门立面图　　　　图 1-1-12　比例的注写

四、尺寸标注

建筑工程图除了按一定比例绘制外，还必须注有详尽准确的尺寸才能全面表达设计意图，满足工程要求，才能准确无误地施工。所以，尺寸标注是一项重要的内容。

(一) 尺寸的组成及标注

图样的尺寸是由：尺寸界线、尺寸线、尺寸数字、尺寸起止符号四部分组成。如图 1-1-13 所示。

在尺寸标注中，尺寸界线、尺寸线应用细实线绘制。线性尺寸界线一般应与尺寸线垂直，同时也应与被注长度垂直，其一端应离开图样不小于 2mm，另一端宜超出尺寸线 2~3mm。图样轮廓线可用作尺寸界线，如图 1-1-14 所示。

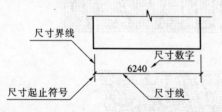　　　　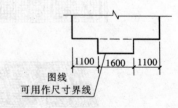

图 1-1-13　尺寸的组成　　　　　　　　图 1-1-14　尺寸界线

尺寸线应用细实线绘制，应与被注长度平行。注意，任何图线均不得用作尺寸线。尺寸线与图样最外轮廓线的间距不宜小于 10mm，平行排列的尺寸线的间距宜为 7~10mm，并保持一致，如图 1-1-15 所示。

尺寸起止符号一般用中粗斜短线绘制，其倾斜方向应与尺寸界线成顺时针 45°角，长度宜为 2~3mm。半径、直径、角度与弧长的尺寸起止符号,宜用长箭头表示,如图 1-1-16 所示。

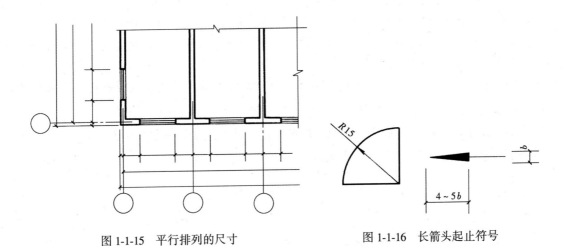

图 1-1-15 平行排列的尺寸　　　　图 1-1-16 长箭头起止符号

图样的尺寸大小应以数字表达为准,不得从图中直接量取。尺寸数字应注写在水平尺寸线的上方中部;或竖向尺寸线的左方中部,此时竖向尺寸数字的字头应朝左!尺寸数字的大小要一致,尺寸数字的字号一般大于或等于 3.5 号,通常选用 3.5 号字,如图 1-1-17 所示。

(二) 圆、圆弧、球体及角度等的尺寸标注

圆及大于 1/2 圆的圆弧应在尺寸数字前加注"ϕ",小于等于 1/2 圆的圆弧应在尺寸数字前加注"R",如图 1-1-18 所示。

(1) 在标注圆的直径尺寸时,在圆内的尺寸线应通过圆心,两端画箭头指到圆弧;较小圆的直径尺寸,可标注在圆外。

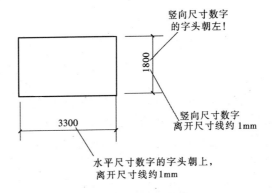

图 1-1-17 水平及竖向尺寸数字的注写

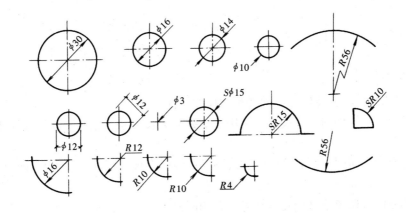

图 1-1-18 直径、半径、球体的尺寸标注

(2) 半径的尺寸线应一端从圆心开始，另一端画箭头指到圆弧。较小圆弧的半径尺寸可引出标注，较大圆弧的半径尺寸线可画成折断线，但其延长线应对准圆心。

(3) 球体的半径、直径尺寸数字前应加注字母"S"。

(4) 角度的尺寸线用细实线圆弧表示，其圆心为角的顶点，角的两边为尺寸界线，起止符号应以箭头表示，如无足够位置画箭头，可以圆点代替，角度数值应按水平方向注写。如图1-1-19（a）所示。

(5) 弧长的尺寸线应采用与圆弧同心的细圆弧线表示，尺寸界线应垂直于该圆弧的弦，起止符号用箭头表示，弧长数字上应加圆弧符号"⌒"，如图1-1-19（b）所示。

(6) 标注弦长时，尺寸线应与弦长方向平行，尺寸界线与弦垂直，起止符号用45°中实线短划表示，如图1-1-19（c）所示。

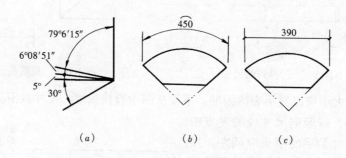

图1-1-19 角度、弧长、弦长的标注
（a）角度的标注；（b）弧长的标注；（c）弦长的标注

(7) 斜边需标注坡度（直线或平面与水平面之间的倾斜关系）时，用由斜边构成的直角三角形的对边与底边之比来表示，或者在坡度较小时换算成百分数。标注时，应在坡度数字下画出坡度符号"→"，坡度符号的箭头应指向下坡方向。坡度也可用直角三角形的形式进行标注有关坡度的标注如图1-1-20表示。

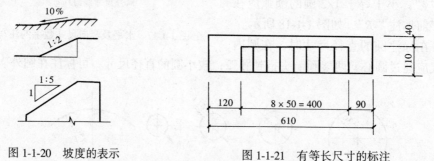

图1-1-20 坡度的表示　　　　图1-1-21 有等长尺寸的标注

(三) 等长尺寸、单线图、相同要素的尺寸标注

(1) 对于连续排列的等长尺寸，可用"个数×等长尺寸＝总长"的形式标注，如图1-1-21所示。

(2) 对于桁架简图、钢筋简图、管线图等单线图在尺寸标注时，可直接将尺寸数字标注在管线的一侧，如图1-1-22所示。

当形体内的构造要素（如孔、槽等）有相同处，可标注其中的一个要素尺寸，并在尺寸数字前注明个数，如图1-1-23所示。

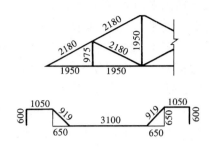

图 1-1-22 单线图的尺寸标注

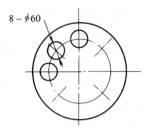

图 1-1-23 相同要素的尺寸标注

(四)尺寸标注的注意事项

(1)轮廓线、中心线可用作尺寸界线,但不能用作尺寸线。

(2)不能用尺寸界线作为尺寸线。

(3)有多道尺寸时,大尺寸在外、小尺寸在内,如图 1-1-21 所示。

(4)建筑工程图上的尺寸单位,除总平面图和标高以米为单位外,一般以毫米为单位。因此,图样上的尺寸数字不再注写单位。

(5)尽量避免在如图 1-1-24 所示的 30°阴影范围内注写尺寸,当无法避免时应按从左方读取的方向来标注倾斜范围内的尺寸,或引出标注,如图 1-1-24(c)所示。

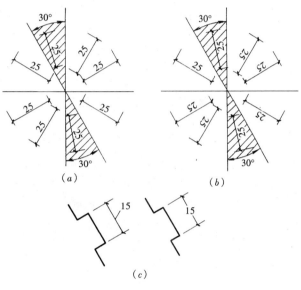

图 1-1-24 斜向尺寸的标注
(a)正确;(b)错误;(c)正确

(6)同一张图纸所标注的尺寸数字的大小应一致,不能忽大忽小,通常采用 3.5 号字。

(7)尺寸界线相距很近时,尺寸数字可注写在尺寸界线的近旁,或引出标注。尺寸界线太近时可用小圆点代替 45°起止符号,如图 1-1-25 所示。

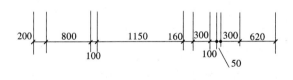

图 1-1-25 密集尺寸的标注

第二节 制图工具及其使用

学习建筑制图,必须正确掌握制图工具的使用,并通过练习逐步熟练起来,这样才能保证绘图质量、提高绘图速度。

一、图板

图板是指用来铺贴图纸及配合丁字尺、三角板等进行制图的平面工具。图板面要平整、相邻边要平直,如图1-1-26所示。图板板面通常为椴木夹板,边框为水曲柳等硬木制作。学习时多用1号或2号图板。

二、丁字尺

丁字尺用于画水平线,其尺头沿图板左边上下移动到所需画线的位置,然后左手压紧尺身,右手执笔自左向右画线,如图1-1-27(a)。应注意,图1-1-27(b)所示的方法是错误的。

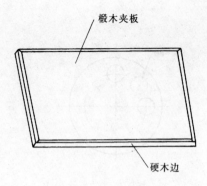

图1-1-26 图板

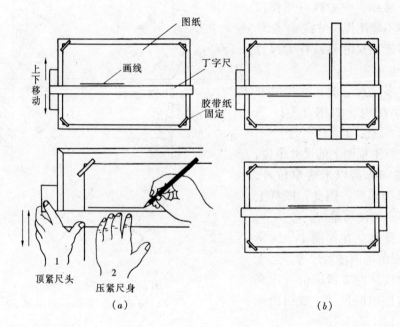

图1-1-27 丁字尺的用法
(a)正确;(b)错误

三、三角板

三角板可配合丁字尺画竖线,但应自下而上的画,以使眼睛能够看到完整的画线过程,如图1-1-28(a)所示;也可配合画与水平线成30°、45°、75°及15°的斜线,如图1-1-28(b)所示;用两块三角板配合,也可画任意直线的平行线或垂直线,如图1-1-28(c)所示。

四、绘图墨水笔

为了复制蓝图,需要将图样描在描图纸上,这时需用绘图墨水笔来描绘。绘图墨水笔(简称针管笔)的笔头为一针管,针管有粗细不同的规格,内配相应的通针。使用方法为:画线使笔尖与纸面尽量保持垂直,如发现墨水不畅通,应上下抖动笔杆使通针将针管内的堵塞物捅出。针管的直径有0.18~1.4mm等多种,可根据图线的粗细选用。因其使用和携带方便,是目前常用的描图工具,如图1-1-29所示。

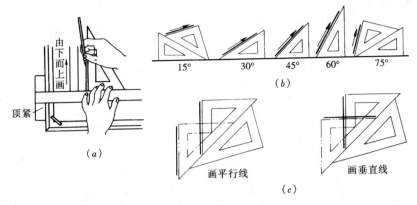

图 1-1-28 三角板的用法

（a）画竖直线；（b）画各种角度斜线；（c）画任意直线的平行线、垂直线

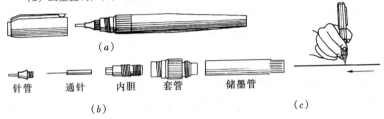

图 1-1-29 绘图墨水笔

（a）外观；（b）内部组成；（c）画线使保持与纸面垂直

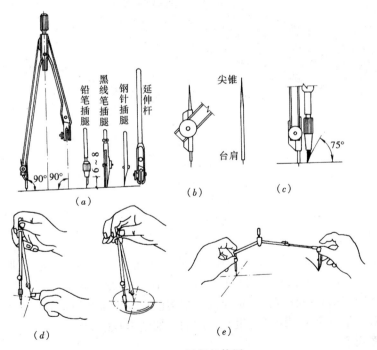

图 1-1-30 圆规的使用

（a）圆规及插腿；（b）圆规的钢针；（c）圆心钢针略长于铅芯；
（d）圆的画法；（e）画大圆时加延伸杆

17

五、圆规和分规

圆规是画圆的主要工具。常用的是四用圆规。定圆心的钢针应选用有台肩一端的针尖在圆心处，以防圆心孔扩大，影响画圆的质量。

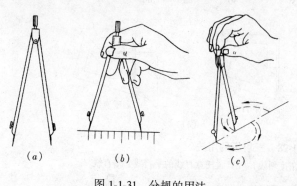

圆规的另一条腿上有插接构造，如图 1-1-30(a)、(b)所示。画圆时钢针应长于铅笔尖，如图 1-1-30(c)所示。画圆和大圆时应从左下方按顺时针方向开始画，笔尖应垂直于纸面，如图 1-1-30(d)、(e)所示。

分规与圆规相似，只是两腿均装了圆锥状的钢针，既可用于量取线段的长度，又可等分线段和圆弧。分规的两针合拢时应对齐，如图 1-1-31 所示。

图 1-1-31 分规的用法
(a)分规；(b)量取长度；(c)等分线段

六、比例尺

比例尺是直接用来放大或缩小图线长度的量度工具。目前多用三棱比例尺，尺面上有六种比例可供选用，还有一种是有机玻璃制作的比例直尺，如图 1-1-32 所示。

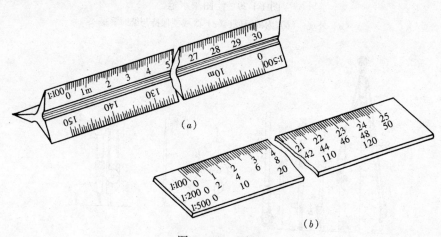

图 1-1-32 比例尺
(a)三棱比例尺；(b)比例直尺

七、制图模板

人们为了在手工制图条件下提高制图的质量和速度，把建筑工程专业图上的常用符号、图例和比例尺，刻画在透明的塑料薄板上，制成供专业人员使用的尺子就是制图模板。建筑制图中常用的模板有：建筑模板、结构模板、给排水模板等。学习阶段拥有一块建筑模板，对于学习建筑制图还是很有帮助的，如图 1-1-33 所示。

八、制图用品

(一)图纸

图纸有绘图纸和描图纸两种。绘图纸用于画铅笔或墨线图，要求纸面洁白、质地坚

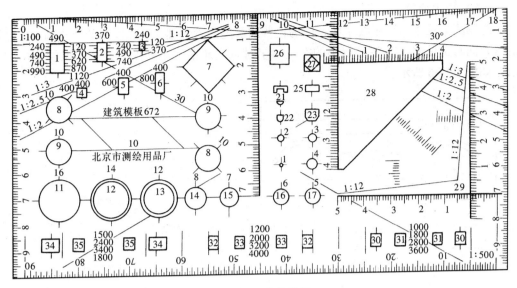

图 1-1-33　建筑模板

实,并以橡皮擦拭不起毛、画墨线不洇为好。

描图纸也称硫酸纸,专门用于针管笔等描图用的,并以此复制蓝图。

(二) 绘图铅笔

绘图铅笔有多种硬度:代号 H 表示硬芯铅笔,H～3H 常用于画稿线;代号 B 表示软芯铅笔,B～3B 常用于加深图线的色泽;HB 表示中等硬度铅笔,通常用于注写文字和加深图线等。

铅笔应从没有标记的一端开始使用,铅笔的削法如图 1-1-34 所示。尖锥形铅芯用于画稿线、细线和注写文字等,楔形铅芯用于可削成不同的厚度,用于加深不同宽度的图线。

画线时握笔要自然,速度、用力要均匀。用圆锥形铅芯画较长的线段时,应边画边在手中缓慢的转动且始终于纸面保持一定的角度。

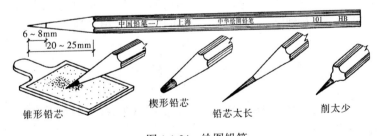

图 1-1-34　绘图铅笔

(三) 绘图墨水

用于绘图的墨水一般有两种:普通绘图墨水和碳素墨水。绘图墨水快干易结块适用于传统的鸭嘴笔,碳素墨水不易结块适用于针管笔。目前市场上有些签字墨水,因其耐水差、色泽浅,不适于描图。

(四) 擦图片

擦图片是用于修改图样的,形状如图 1-1-35 所示。其材质多为不锈钢,上面打有各种形状的孔洞。用时将擦图片盖在图面上将有错的图线从相应的孔洞中露出,然后用橡皮擦拭,这样可防止擦去近旁画好的图线,有助于提高绘图速度。

（五）绘图蘸笔

绘图蘸笔用于书写墨线字体，因为比普通蘸笔的笔尖细，所以写出的字笔画细、显得清秀，同时也可用于写字号较小的字。写字时每次蘸墨水不要太多，并应保持笔杆的清洁，如图 1-1-36 所示。

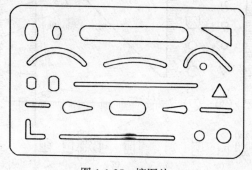

图 1-1-35 擦图片

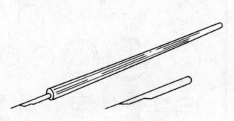

图 1-1-36 绘图蘸笔

（六）其他用品

1．透明胶带纸

透明胶带纸用于在图板上固定图纸，通常使用 1mm 宽的胶带纸粘贴。不要用普通图钉来固定图纸。

2．橡皮

橡皮有软硬之分。修整铅笔线多用软质的、修整墨线多用硬的。

3．砂纸

铅笔用小刀削去木质部分后，再用细砂纸将铅芯磨成所需的形状。砂纸可用双面胶带贴固定在薄木板或硬纸板上，做成如图 1-1-37 的形状，当图面用橡皮擦拭后可用排笔掸掉碎屑。

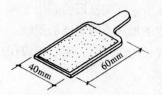

图 1-1-37 砂纸板

第三节　图样的绘制过程

全部绘图工作通常有准备工作、绘制图稿、描图（加深）、校核等几个过程。

（一）准备工作

绘制工程图必须具备以下工具仪器，如图板、丁字尺、三角板、比例尺、圆规、针管笔等，还应准备若干 HB、2H、2B 绘图铅笔、绘图纸或描图纸等用品。

首先，必须了解绘图的任务、明确其要求。然后，选好图板使平整面向上、放置合适的位置及角度使其便于绘图。然后，根据图样大小裁切图纸且光面向上，用胶带纸粘贴、图纸四角固定在图板上，并且贴平服、不起翘。最后，将需用的铅笔削好、磨细，如需描图还需将针管笔灌好墨水备用，并把各种工具仪器用品放置在绘图桌上适当位置，以方便取用。

（二）绘制图稿

1．绘底稿的步骤

(1) 确定图幅及图框，并用细线绘出。
(2) 用细线绘出标题栏和会签栏等。
(3) 用细线绘出形体的主要轮廓线和对称中心线等控制线。
(4) 绘出细部。

2. 注意事项

为使图样画的准确、清晰，打底稿时应采用 2H 或 3H 的铅笔，同时注意不应过分用力，使图面不出现刻痕为好；画底稿也不需分出线型，待加深时再予调整。

（三）加深铅笔图

1. 加深步骤

(1) 加深铅笔图线时宜先细后粗、先曲后直、先水平后垂直的原则进行，由上至下、由左至右，按不同线型把图线全部加深。
(2) 用规范字体注写尺寸和说明文字。

2. 注意事项

绘图时注意图面的整洁，减少尺子在图面上的挪动次数，不画时用干净的纸张将图面蒙盖起来。图线在加深时不论粗细，色泽均应一致。较长的线在绘制时应适当转动铅笔以保证图线粗细均匀。

（四）描绘墨线图

1. 步骤

与铅笔图相同。

2. 注意事项

墨线应用针管笔绘制，应保持针管笔的畅通，灌墨不宜太多，以免溢漏污染图面。画错时应用双面刀片轻轻地刮除，刮时应在描图纸下垫平整的硬物，如三角板等，防止刮破图纸。刮后用橡皮擦拭，再用手指甲将修刮处压光后方可画线。

（五）图样的校对检查

整张图纸画完以后应经细致检查、校对、修改以后才算最后完成。首先应检查图样是否正确；其次应检查图线的交接、粗细、色泽以及线型应用是否准确；最后校对文字、尺寸标注是否齐整、正确、符合国标。

第四节 计算机制图和辅助设计简介

计算机制图和辅助设计在我国各行各业已经广泛应用。目前，计算机绘图已是工程界主要的绘图手段，计算机技术的应用，体现出科技的发展和时代的进步。

计算机绘图有出图精度高、速度快、修改方便等优点，而且还有相应专业软件的支持，可完成方案优化、结构计算、经济指标分析等诸多设计工作，越来越向智能化方向发展，设计工作进入了一个蓬勃发展的新时代。

一、计算机设备

1. 输入设备

给计算机输入命令、数据等信息的设备，有键盘、鼠标、扫描仪等。

2. 主机

由中央处理器（CPU）、内存（RAM）、外存（硬盘、软盘、U盘等）、主电路板、光驱、电源、机箱等组成。

3．输出设备

输出数据的设备有显示器、打印机、绘图仪等。

二、计算机软件

1．绘图软件

目前在我国计算机绘图软件的应用以AUTOCAD最多，现行的版本为Release14、2000、2004等，可做建筑、机械、电子等行业的各种绘图工作。

2．辅助设计软件

可自动处理各种设计数据，之后形成绘图数据，完成绘图工作的软件，如建筑及结构数据软件等。此类软件与专业结合紧密，目前建筑设计软件有天正建筑、ABD等，结构设计软件有天正结构、PK&PM等多种版本，这些软件还能进行工程量的计算汇总等工作。图1-1-38是用天正建筑软件绘制的一座大门建筑的平立剖面图样。

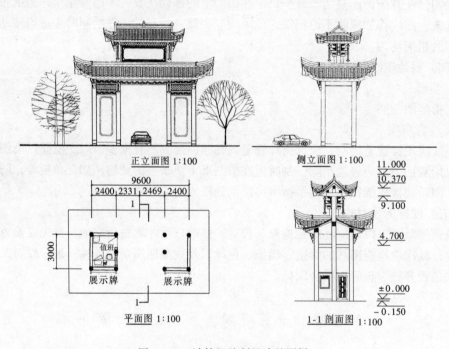

图1-1-38 计算机绘制的建筑图样

3．其他绘图软件

计算机的图形图像处理的能力是很强的，近年来建筑效果图、装饰效果图、广告设计等也广泛应用其来完成。这方面的应用软件有3DMAX和图像处理软件PHOTOSHOP，前者制作建筑模型，然后形成建筑效果图或建筑动画；后者用于做图像的后期处理，使效果图更真实、更完美。

三、计算机制图及辅助设计过程

1．输入数据

如设计一栋建筑，首先输入楼层层高、底层标高、各房间开间及进深的尺寸、墙体厚度、门窗尺寸及位置，以及各种构配件尺寸及位置。输入过程全部为人机对话方式，每输入一步计算机就完成一步，如不合适可立即修改，称为所见即所得。

2. 建立模型

输入数据后计算机自动计算并完成建筑模型。

3. 生成图样

在模型生成的基础上，给计算机输入命令和数据，使其形成各种施工图样。

4. 细部处理及标注

对已完成的各种图样进一步完善，如标注尺寸文字、插入图框等工作。

5. 校对及打印出图

计算机绘制完成后进行检查和校验工作，然后经打印机打印出正图。

思 考 题

1. 建筑工程图的图纸幅面代号有哪些？图纸的长短边有怎样的比例关系？A2、A3 的图幅尺寸是多少？
2. 图线有哪些线型？画各种线型的线段时有什么要求，相互交接有什么要求？
3. 长仿宋字有什么书写要领，字高和字宽有什么要求？
4. 什么是图样的比例，其大小指的是什么？
5. 尺寸标注是由哪些部分组成的，标注时应注意什么？
6. 什么情况下要注写直径？什么情况下注写半径？
7. 连续的等长尺寸是如何简化标注的？
8. 尺寸标注中有哪些注意事项？尺寸能否从图样上量取？
9. 如图 1-1-39 所示，在每小题的框格中，画出同左图的图线和图形。

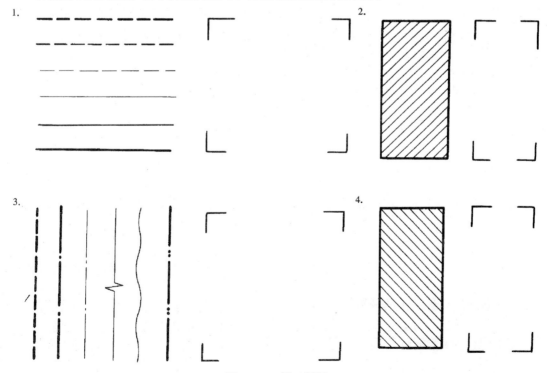

图 1-1-39　第 9 题图

10. 如图 1-1-40 所示，根据指定比例在图样上标注尺寸，单位 mm（量取时按四舍五入取整）。

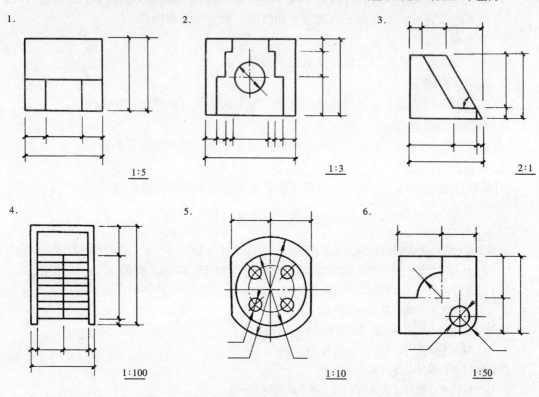

图 1-1-40　第 10 题图

11. 长仿宋字及数字练习（也可自备纸张按相应字高打好字格，用铅笔进行摹写练习），如图 1-1-41 所示。

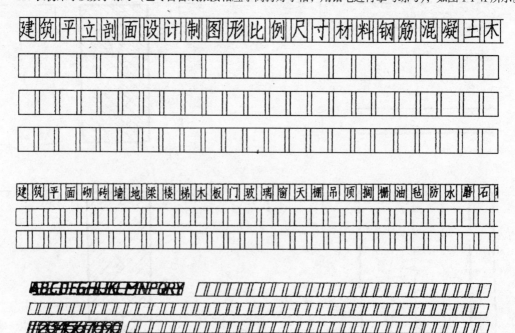

图 1-1-41　第 11 题图

12. 绘图工作有几个过程，应注意什么？

13. 绘图样打底稿和加深加粗时应注意什么问题？写字和标注尺寸有什么要求？

实训题——线型练习

一、目的

熟悉绘图的基本步骤，明确常用图幅的种类和尺寸；掌握各种线型的交接及画法；掌握长仿宋字的书写要领和尺寸标注的基本要求。

二、实训题内容

自备 A4 图纸，铅笔抄绘如图 1-1-42 所示的图样。

三、要求

1. 画出图框、标题栏，图 1-1-7。

2. 按图示线型、线宽全部抄绘图样及尺寸，按 1∶1 比例绘制。

3. 图内汉字写 7 号字，数字写 3.5 号字。

四、绘图步骤

1. 在 A2 图板上固定图纸。

2. 画图框、标题栏稿线。

3. 布置图面，做到均衡匀称。

4. 画图形稿线。

5. 检查和修改，注意所作图样的准确性、完整性、规范性和图线的横平竖直，同时注意稿图的整洁。

6. 按图示要求加深加粗图线，用 2B 铅笔。标题栏中图名为"线型练习"。写尺寸文字用 HB 铅笔。

7. 写汉字前打好字格，阿拉伯数字可只打字高线。

五、注意事项

1. 图纸裁成 A3 图幅，$80g/m^2$ 以上的白图纸均可。注意：勿用铜版纸，因其表面过于光滑，不利于铅笔作图。

2. 稿线用 2H 铅笔绘制，削成圆锥状铅芯。

3. 画稿线前应先计算每个图样所占位置的大小，再排列两图之间的距离，做到对整体图面有一个明确的规划后再画稿图，克服不布局、不计算、拿起笔来就画的不良习惯。

4. 画稿线时要注意先上后下、先左后右、先曲线后直线，稿线应轻细，只要自己能看清就可以，切忌稿线用劲过重造成不便修改的后果。文字在图样完成后才开始注写，写前先打好字格。

5. 图线的加深加粗要求：粗线 0.7mm、中线 0.35mm、细线 0.18mm。用 2B 铅笔，应削成扁平状，铅芯厚度削磨成相应的粗度。

6. 用圆锥状 HB 尖铅笔标注文字及尺寸，汉字写长仿宋字，初学者应提前打好字格。

7. 作业完成时间：大约 4 学时。

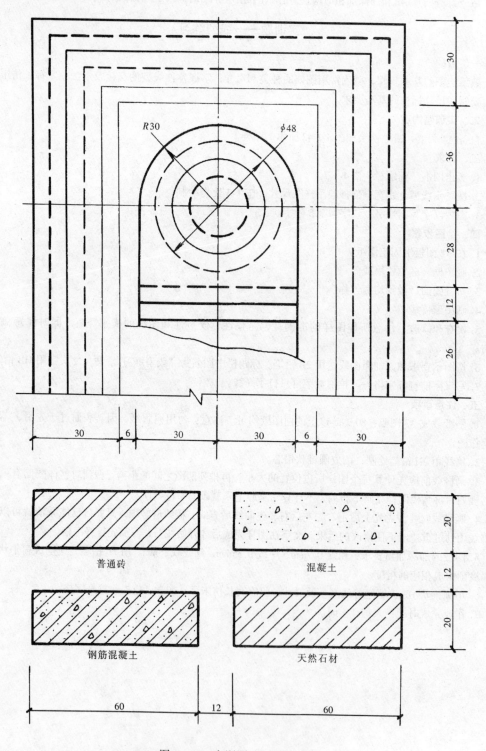

图 1-1-42 实训题——线型练习

第二章 投影的基本知识

建筑或其他工程的施工图都是用相应的投影方法绘制而成的投影图。工程中用的最多的是正投影图，而在表达建筑物及其构配件造型及其效果时采用轴测图和透视图。本章主要介绍投影的形成和分类、三面正投影图及点、直线、平面的正投影规律等内容。

第一节 投影的基本概念及分类

在日常生活中人们对"形影不离"这个自然现象习以为常，只要有物体、光线和承受落影面，就会在附近的墙面、地面上留下物体的影子，这就是自然界的投影现象。人们从这一现象中认识到光线、物体、影子之间的关系，归纳出表达物体形状、大小的投影原理和作图方法。

一、投影、投影法及投影图

自然界的物体投影与工程制图上反映的投影是有区别的，前者一般是外部轮廓线较清晰而内部混沌一片，而后者不仅要求外部轮廓线清晰，同时还能反映内部轮廓及形状，这样才能符合清晰表达工程物体形状大小的要求。所以，要形成工程制图所要求的投影，应有三个假设：一是光线能够穿透物体，二是光线在穿透物体的同时能够反映其内部、外部的轮廓（看不见的轮廓用虚线表示），三是对形成投影的光线的射向作相应的选择，以得到不同的投影。

在制图上，把发出光线的光源称为投影中心，光线称为投影线。光线的射向称为投影方向，将落影的平面称为投影面。构成影子的内外轮廓称为投影。用投影表达物体的形状和大小的方法称为投影法，用投影法画出物体的图形称为投影图。习惯上也将投影物体称为形体。制图上投影图的形成如图1-2-1所示。

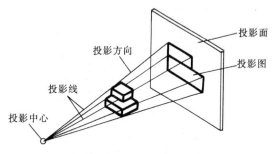

图1-2-1 投影图的形成

二、投影的分类及概念

投影分中心投影和平行投影两大类。

（一）中心投影

中心投影是指由一点发出投影线所形成的投影，如图1-2-2（a）所示。

（二）平行投影

平行投影是指投影线相互平行所形成的投影。根据投影线与投影面的夹角不同，平行投影又分为以下两种，如图1-2-2（b）所示。

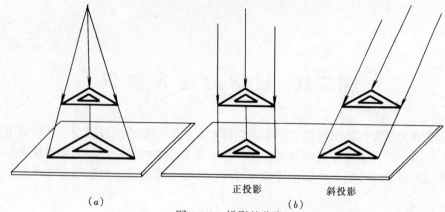

(a) 　　　　　　　　正投影　　斜投影
　　　　　　　　　　　　(b)
图 1-2-2　投影的分类
(a) 中心投影；(b) 平行投影

1. 正投影　投影线相互平行且垂直于投影面的投影。

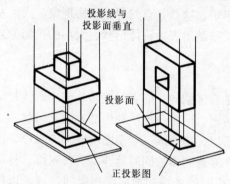

图 1-2-3　正投影图

2. 斜投影　投影线倾斜于投影面所形成的投影。

在正投影条件下，使物体的某个面平行于投影面，则该面的正投影反映其实际形状和大小。所以，一般工程图样都选用正投影原理绘制。我们把运用正投影法绘制的图形称为正投影图。在投影图中可见轮廓画成实线、不可见的画成虚线，如图 1-2-3 所示。

三、工程中常用的投影图

为了清楚地表示不同的工程对象，满足工程建设的需要，在工程中人们利用上述的投影方法，总结出四种常用投影图。

1. 透视投影图

运用中心投影的原理绘制的具有逼真立体感的单面投影图称为透视投影图，简称透视图。它具有真实、直观、有空间感，符合人的视觉习惯，但绘制较复杂。同时形体的尺寸不能在投影图中度量和标注，所以不能作为施工的依据。仅用于建筑及室内设计等方案的比较以及美术、广告等，如图 1-2-4 所示。

2. 轴测投影图

图 1-2-5 所示的是物体的轴测投影图，它是运用平行投影的原理，只需在一个投影图上做出的具有较强立体感的单面投影图。它的特点是作图较透视图简便，相互平行的线可

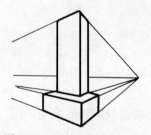
图 1-2-4　形体的透视投影图

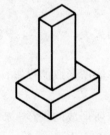
图 1-2-5　形体的轴测投影图

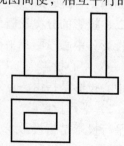
图 1-2-6　形体的正投影图

平行画出。但立体感稍差,通常作为辅助图样。

3. 正投影图

运用正投影法使形体在相互垂直的多个投影面上得到的投影,然后按规则展开在一个平面上所得的正投影图,如图1-2-6所示。正投影图的特点是作图较以上各图简单,便于度量和标注尺寸,形体的平面平行于投影面时能够反映其实形,所以在工程上应用最多。但缺点是无立体感,需多个正投影图结合起来分析想象,才能得出立体形象。

4. 标高投影

标高投影是标有高度数值的水平正投影图。在建筑工程中常用于表示地面的起伏变化、地形、地貌。作图时,用一组上下等距的水平剖切平面剖切地面,其交线反映在投影图上称为等高线。将不同高度的等高线自上而下投影在水平投影面上时,便得到了等高线图,就称为标高投影图,如图1-2-7所示。

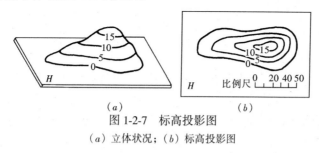

图1-2-7 标高投影图
(a) 立体状况;(b) 标高投影图

第二节 正投影的基本特性

正投影具有作图简便、度量性好、能反映实形等优点,所以在工程中得到广泛的应用。我们注意到,在如图1-2-8(a)所示正投影状况下,空间点的投影仍然是点(空间点用大写字母、投影得到的点用同名小写字母表示),空间的直线和平面的投影一般仍是直线和平面。经过归纳,正投影的基本特性有以下三点:

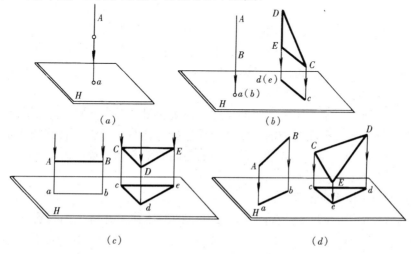

图1-2-8 正投影的基本特性
(a) 点的投影仍为点;(b) 积聚性;(c) 显示性;(d) 类似性

一、积聚性

当直线和平面垂直于投影面时,直线的投影变为一点,平面的投影变为一直线,如图1-2-8(b)所示。这种具有收缩、积聚特征的投影特性简称为积聚性。

二、显示性

当直线和平面平行于投影面时,它们的投影分别反映实长和实形,如图1-2-8(c)所示。在正投影中具有反映实长和实形的投影特性,称为显示性。

三、类似性

当直线和平面既不垂直也不平行于投影面时,直线的投影要比实长的要短,平面的投影要比实形的面积要小,但仍反映出直线、平面的类似形状,如图1-2-8(d)所示。在正投影中几何元素所具有的此类投影特性,称为类似性。

为了方便叙述,在以下各章节中除特别说明外,凡提投影均指正投影。

第三节 三面正投影图

为了反映形体的形状、大小和空间位置情况,通常需用三个互相垂直的投影图来反映其投影。

一、三面投影体系和形体的投影

(一)三面投影体系及投影面

如图1-2-9(a)表示的是由H、V、W平面所组成的三面投影体系。图中代号为H的水平位置平面,称为水平投影面(简称H面);代号为V且垂直于H的正立平面,称为正立投影面(简称V面);代号为W同时垂直于H、V面的侧立平面,称为侧立投影面(简称W面)。

(二)三面正投影的形成

应用正投影法,形体在该体系中就会得到三个不同方向的正投影图:即从上到下得到反映顶面状况的H面投影;从前向后得到反映前面(也称正面)状况的V面投影;从左向右得到反映左侧面状况的W面投影,如图1-2-9(b)所示。

(三)投影轴

三面投影体系中,两个投影面之间的交线称为投影轴。如图1-2-9(c)所示,投影面两两相交分别得到X、Y、Z轴,三轴相交于O点称为投影原点。此时,若将投影轴当作数学上的空间坐标轴,就可确定形体的位置和大小了。

(四)投影体系中形体长宽高的确定

空间的形体都有长宽高三个方向的尺度。为使绘制和识读方便,有必要对形体的长宽高作统一的约定:首先确定形体的正面(通常选择形体有特征的一面作为正面),此时形体左右两侧面之间的距离称为长度,前后两面之间的距离称为宽度,上下两面之间的距离称为高度,如图1-2-9(c)所示。

二、三面投影体系的展开

要得到需要的投影图,还应将如图1-2-9中的形体移去并将三面投影体系按图1-2-10(a)的方法展开,即:V面不动,H、W面沿Y轴分开,各向下和向后旋转90°,与V面共面,此时就得到所要求的三面投影图了,如图1-2-10(b)所示。

注意,由于展开的关系,属于H面的Y轴记作Y_H轴、属于W的Y轴记作Y_W轴(Y

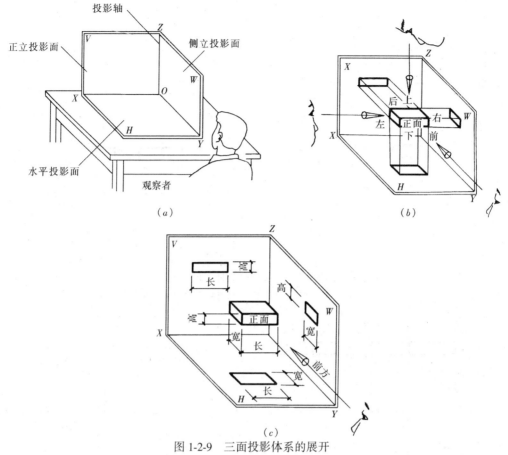

图 1-2-9 三面投影体系的展开

（a）三面投影体系的立体示意；（b）长方体在三面投影体系中的投影；（c）长宽高在投影体系中的约定

轴是 H、W 面的共有交线）。为了简化作图，投影面的边框可以不画，而只用投影轴划分投影区域，如图 1-2-11 所示。

从图 1-2-11 的长方体三面投影图可知，H、V 面投影在 X 轴方向均反映形体的长度且互相对正；V、W 面投影在 Z 轴方向均反映形体的高度，且互相平齐；H、W 面投影在 Y 轴方向均反映形体的宽度，且彼此相等。各图中的这些关系，称为三面正投影图的投影关系。为简明起见可归纳为："长对正，高平齐，宽相等"。这九个字是绘制和识读投影图的重要规律。

为了准确表达形体水平投影和侧立投影之间的投影关系，在作图时可以用过原点 O 作 45°斜线的方法求得，该线称为投影传递线，用细线画出，两图之间的细线称为投影连系线，如图 1-2-11 所示。

三、三面投影图上反映的方位

如将图 1-2-9（b）展开可得到如图 1-2-12。从图中可知形体的前、后、左、右、上、下六个方位。在三面投影图中都相应反映出其中的四个方位，如 H 面投影反映形体左、右、前、后的方位关系，要注意，此时的前方位于 H 投影的下侧，这是由于 H 面向下旋转、展开的缘故。请读者对照图 1-2-9 及其展开过程进行联想。在 W 投影上的前、后两方位，初学者也常与左、右方位相混。

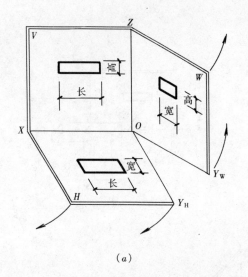 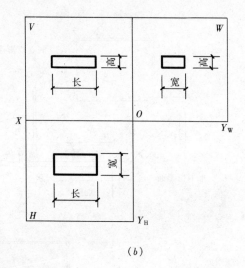

图 1-2-10　三面投影体系的展开
（a）展开示意；（b）展开后的投影面和投影图

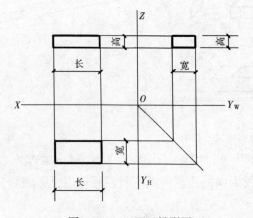 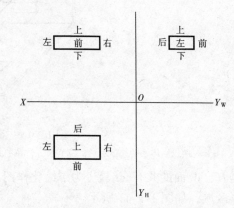

图 1-2-11　三面正投影图　　　　　图 1-2-12　三面投影图上的方位

在投影图上识别形体的方位关系对于读图是很有帮助的。

四、基本投影及其他

对于一般形体，用三面投影图已能够确定其形状和大小了，所以 H、V、W 三个投影面称为基本投影面，其投影称为基本投影。

如果采用单面投影或双面投影，有的形体的空间形状就不能惟一确定。如图 1-2-13 所示的单面投影，同一个 H 面投影就能想象出至少三个答案，而如图 1-2-14 所示采用两面投影时，同样一组 H、V 投影也至少能想出两种答案，但同样的形体如采用图 1-2-15 的三面投影图时，答案是惟一的。很显然，一图多解的图样是不能用于施工制作的。

单面投影及两面投影没有惟一解的原因是：单面投影只反映形体两个坐标方向的内容。如图 1-2-13 的 H 投影只显示长度 X 轴方向及宽度 Y 轴方向的情况，未反映 Z 轴方向即高度方向的变化。而双面投影中（如图 1-2-14 所示），尽管 H 投影反映长宽（X、Y 轴）方向的情况，V 投影反映长高（X、Z 轴）方向的情况，即 XYZ 轴方向均有相应投影，但因 H、V 投影均不是特征投影，故答案不惟一，只有在 W 面投影后才有其特征投影。所谓特征投影是指一形体区别另一形体投影的特殊轮廓。如图 1-2-16 所示的 H 投影是各形体能相互区别的特征投影，而其他投影均为矩形，所以没有特征，相互之间无法区别。

由上述可知，当投影图选择合理、能够反映特征时，两个乃至一个投影（需加上必要的说明）也能准确地反映形体。但在初学阶段，三面投影图的读与绘有助于空间想像力的培养，同时三面投影图通常能准确反映形体的形状和大小。所以，三面投影图是本章学习的重点。有关投影图数量的选择将在第四章介绍。

五、三面投影图的画法

要作形体的三面投影，必须使形体在投影体系中位置平稳，然后选定形体的正面，再开始画图。画图时一般先画最能反映形体特征的投影，然后根据长对正、高平齐、宽相等的投影关系，完成其他投影。

图 1-2-17 为形体三面投影图的画法举例。

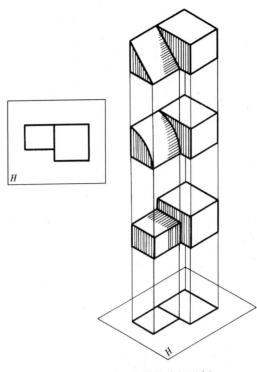

图 1-2-13 单面投影的多解示例

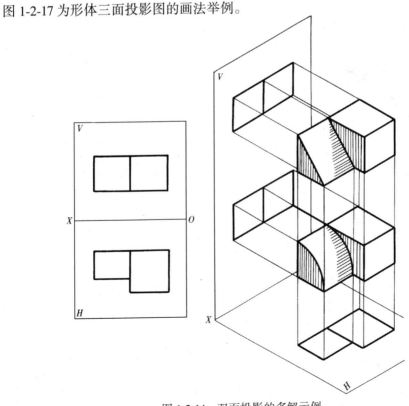

图 1-2-14 双面投影的多解示例

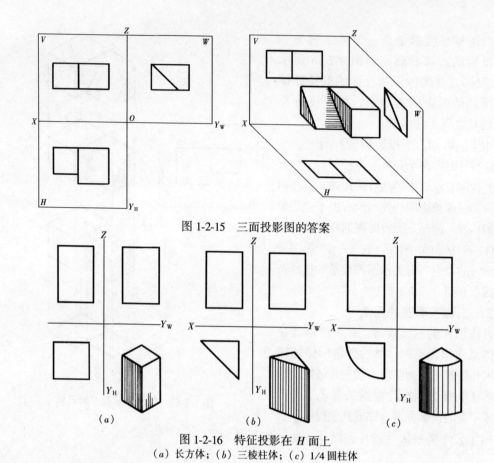

图 1-2-15 三面投影图的答案

(a) (b) (c)

图 1-2-16 特征投影在 H 面上
(a) 长方体；(b) 三棱柱体；(c) 1/4 圆柱体

(a) (b) (c)

(d) (e)

图 1-2-17 三面投影图的画法和步骤
(a) 立体图；(b) 先做 H 投影；(c) 再做 V 投影；(d) 做 W 投影；(e) 完成整体三投影

第四节　点、直线、平面的正投影规律

任何复杂的形体都可看作是由许多简单几何体所组成。几何体又可看作是由平面或曲面、直线或曲线以及点等几何元素所组成。因此，研究正投影规律应从简单的几何元素点、直线、平面开始。

一、点的投影及标记

点在任何投影面上的投影仍是点。如图 1-2-18 所示 A 点的三面投影立体图及其展开图。制图中规定，空间点用大写拉丁字母（如 A、B、C……）表示；投影点用同名小写字母表示。为使各投影点号之间有区别：H 面记作 a、b、c……；V 面记作 a'、b'、c'……；W 面记作 a''、b''、c''……。点的投影用小圆圈画出（直径小于 1mm），点号写在投影的近旁，并标在所属的投影面区域中。

二、点的三面投影规律

图 1-2-18 为空间点 A 在三投影体系中的投影，即过 A 点向 H、V、W 面作垂线（称为投影连系线），所交之点 a、a'、a'' 就是空间点 A 在三个投影面上的投影。从图中看出，由投影线 Aa、Aa' 构成的平面 P ($Aa'a_xa$) 与 OX 轴相交于 a_x，因 $P \perp V$、$P \perp H$，即 P、V、H 三面互相垂直，立体几何知识可知，此三平面两两的交线互相垂直，即 $a'a_x \perp OX$、$aa_x \perp OX$，$a'a_x \perp aa_x$，故 P 为矩形。当 H 面旋转至与 V 面重合时 a_x 不动，且 $aa_x \perp OX$ 的关系不变，所以 a'、a_x、a 三点共线，即 $a'a \perp OX$。

同理，可得到 $a'a'' \perp OZ$，$aa_{YH} \perp OY_H$，$a''a_{YW} \perp OY_W$。

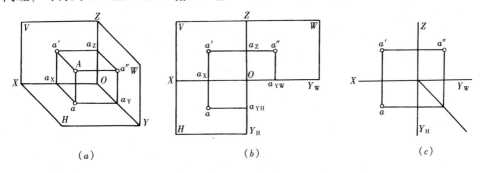

图 1-2-18　点的三面投影图
(a) 直观图；(b) 展开图；(c) 投影图

还可从图中看出：

$a'a_x = a_zO = a''a_{YW} = Aa$，反映 A 点到 H 面的距离；
$aa_X = a_{YH}O = a_{YW}O = a''a_z = Aa'$，反映 A 点到 V 面的距离；
$a'a_z = a_xO = aa_{YH} = Aa''$，反映 A 点到 W 面的距离。

综上所述，点的三面投影规律是：

(1) 点的任意两面投影的连线垂直于相应的投影轴；
(2) 点的投影到投影轴的距离，反映点到相应投影面的距离。

以上规律是"长对正、高平齐、宽相等"的理论所在。根据以上规律，只要已知点的

任意两投影，即可求其第三投影。

【例 2-1】 已知一点 B 的 V、W 面投影 b'、b''，求 b 的投影，如图 1-2-19（a）所示。

【解】（1）按第一条规律过 b' 作垂线并与 OX 轴相交于 b_X；

（2）按第二条规律在所作垂线上截取 $b_Xb = b_Zb''$ 得 H 面投影 b，即为所求。

作图时也可借助于 O 点所作 45°斜线，使得 $Ob_{YH} = Ob_{YW}$。作图过程如图 1-2-19（b），完成图如图 1-2-19（c），其他代号如 b_X、b_{YW} 等省略不写。

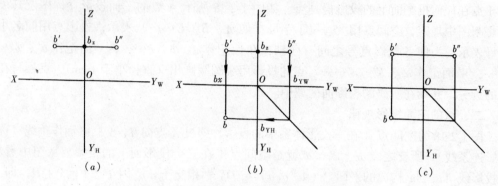

图 1-2-19 已知点的二面投影求第三面投影
（a）已知条件；（b）作图过程；（c）完成图

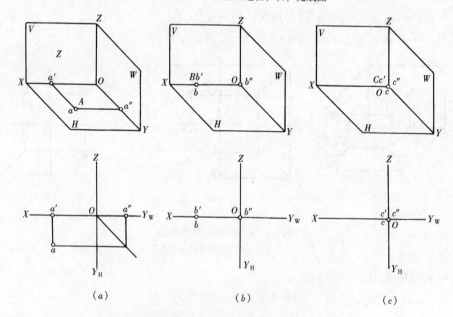

图 1-2-20 点在投影面、投影轴和投影原点处的投影
（a）点在投影面上；（b）点在投影轴上；（c）点在投影原点上

三、点的空间位置及相应投影

点的空间位置有四种：点处于悬空、点在投影面上、点在投影轴上、点在投影原点处。如图 1-2-18（a）所示的 A 点处于悬空状态，而图 1-2-20 所示的 A 点在投影面上、B 点在投影轴上、C 点在投影原点处，并画出了投影图。

四、点的投影与坐标

研究点的坐标，也是研究点与投影面的相对位置。可把三个投影面看作坐标面，投影轴看作坐标轴，如图 1-2-18 所示，这时：

A 点到 W 面的距离为 x 坐标；

A 点到 V 面的距离为 y 坐标；

A 点到 H 面的距离为 z 坐标。

空间点 A 用坐标表示，可写成 A（x，y，z）。如已知一点 A 的三投影 a、a'、a''，就可从图上量出该点的三个坐标；反之，如已知 A 点的三个坐标，就能做出该点的三面投影。

【例 2-2】 已知 B（4，6，5），求 B 点的三投影。

【解】 作图步骤如图 1-2-21 所示。

(1) 画出三轴及原点后，在 x 轴自 O 点向左量取 4mm 得 b_x 点，如图 1-2-21（a）所示。

(2) 过 b_x 引 OX 轴的垂线，由 b_x 向上量取 $z = 5$mm，得 V 面投影 b'，再向下量取 $y = 6$mm，得 H 面投影 b，如图 1-2-21（b）所示。

(3) 过 b'，作水平线与 z 轴相交于 bz 并延长，量取 $b_z b'' = b_x b$，得 W 面投影 b''，此时 b、b'、b'' 即为所求。在做出 b、b' 以后也可利用 45°斜线求出，如图 1-2-21（c）所示。

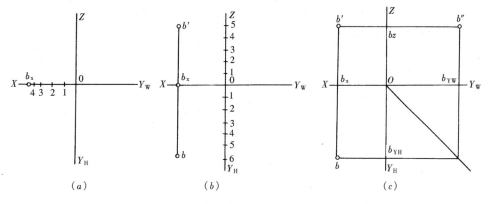

图 1-2-21 已知点的坐标，求点的三面投影

五、两点的相对位置及重影

1．两点的相对位置

空间两点的相对位置，可根据两点的三个坐标进行判别，由方位规律可知，X 轴即指

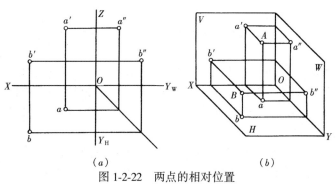

图 1-2-22 两点的相对位置
（a）投影图；（b）直观图

左右，Y 轴方向指前后，Z 轴方向指上下。从图 1-2-22（a）中可看出，$x_a < x_b$，$y_a < y_b$，$z_a > z_b$，故知 A 点在 B 点的右、后、上方，图 1-2-22（b）为其直观图。

2. 重影点及其可见性

当空间两点位于某一投影方向的同一条投影线上时，则此两点的投影重合，此重合的投影称为重影，空间的两点称为重影点。

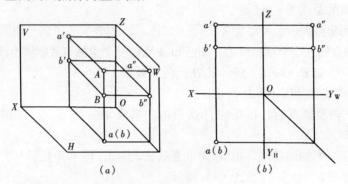

图 1-2-23 重影及其可见性的判别
（a）直观图；（b）投影图—H 面重影

如图 1-2-23（a）所示，A、B 两点在同一投影线上，且 A 在 B 之上，则 H 面 a、b 两投影重合，此重合投影称为 H 面重影，但其他两面投影则不重合。至于 a、b 两点的可见性，可从图 1-2-23（b）的 V 面投影或 W 面投影进行判别，由于 a' 高于 b'（或 a'' 高于 b''），故知 A 点在上 B 点在下，回到重影处可知 a 为可见、b 为不可见点。为了区别起见，不可见的投影点的代号写在可见点的后面，并加圆括号表示，如图 1-2-23（b）中 H 面的 a（b）。除了在 H 面上形成重影外，也可在 V、W 上形

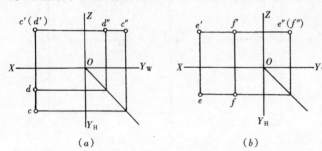

图 1-2-24　V 面及 W 面重影
（a）V 面重影；（b）W 面重影

成重影，如图 1-2-24 中的 C、D 两点的 V 面重影，及 E、F 两点的 W 面重影。

第五节　直线的正投影规律

直线是点沿着某一方向运动的轨迹。当已知直线的两个端点的投影，连接两端点的投影即得直线的投影，如图 1-2-25 所示。直线与投影面之间按相对位置的不同可分为：一般位置直线、投影面平行线和投影面垂直线三种，后两种直线称为特殊位置直线。

一、一般位置直线

对三个投影面均倾斜的直线称为一般位置直线，亦称倾斜线。

图 1-2-25（a）为一般位置直线的直观图，直线和它在某一投影面上的投影所形成的锐角，称为直线对该投影面的倾角。对 H 面的倾角用 α 表示，对 V、W 面的倾角分别用

β、γ 表示。从图 1-2-25（b）中看出，一般位置直线的投影特性为：

1. 直线的三个投影仍为直线，但不反映实长；
2. 直线的各个投影都倾斜于投影轴，并且各个投影与投影轴的夹角，都不反映该直线与投影面的真实倾角。

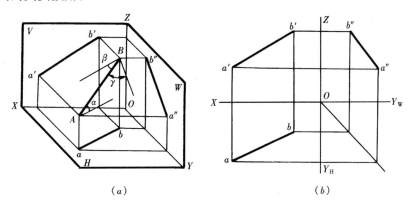

图 1-2-25　一般位置直线
（a）直观图；（b）投影图

二、投影面平行线

只平行于一个投影面，倾斜于其他两个投影面的直线，称为某投影面的平行线。它有三种状况：

(1) 水平线：与 H 面平行且与 V、W 倾斜的直线，如表 1-2-1 中的 AB 直线。
(2) 正平线：与 V 面平行且与 H、W 倾斜的直线，如表 1-2-1 中的 CD 直线。
(3) 侧平线：与 W 面平行且与 H、V 倾斜的直线，如表 1-2-1 中的 EF 直线。

由表 1-2-1 各投影面平行线的投影特性，可概括出它们的共同特性为：

投影面平行线在它所平行的投影面上的投影反映实长，且该投影与相应投影轴的夹角，反映直线与其他两个投影面的倾角；直线在另外两个投影面上的投影分别平行于相应的投影轴，但不反映实长。

投影面平行线的投影特性　　　　　　　　　　　　　　　表 1-2-1

名称	直 观 图	投 影 图	投 影 特 性
水平线			1. 水平投影反映实长 2. 水平投影与 X 轴和 Y 轴的夹角分别反映直线与 V 面的倾角 β 和 γ 3. 正面投影和侧面投影分别平行于 X 轴及 Y 轴，但不反映实长

续表

名称	直 观 图	投 影 图	投 影 特 性
正平线	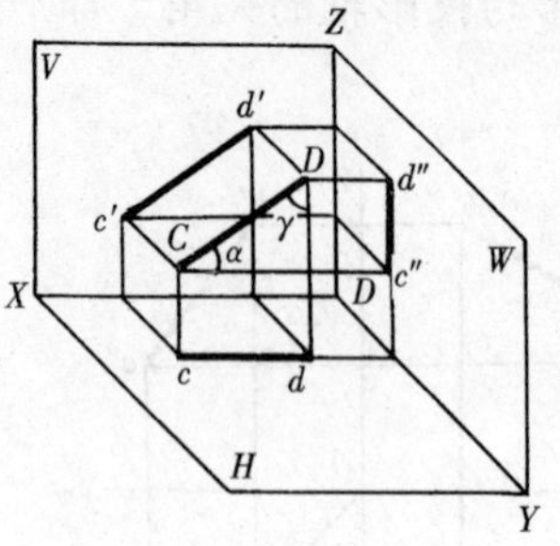	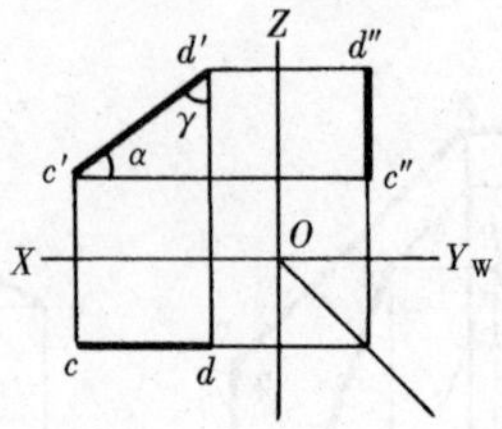	1. 正面投影反映实长 2. 正面投影与 X 轴和 Z 轴的夹角，分别反映直线与 H 面和 W 面的倾角 α 和 γ 3. 水平投影及侧面投影分别平行于 X 轴及 Z 轴，但不反映实长
侧平线	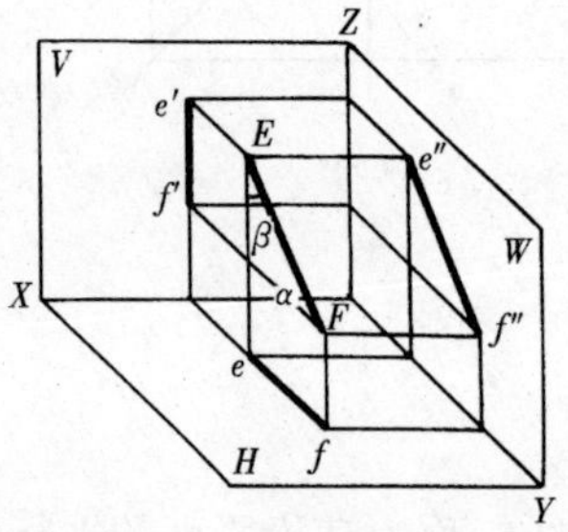	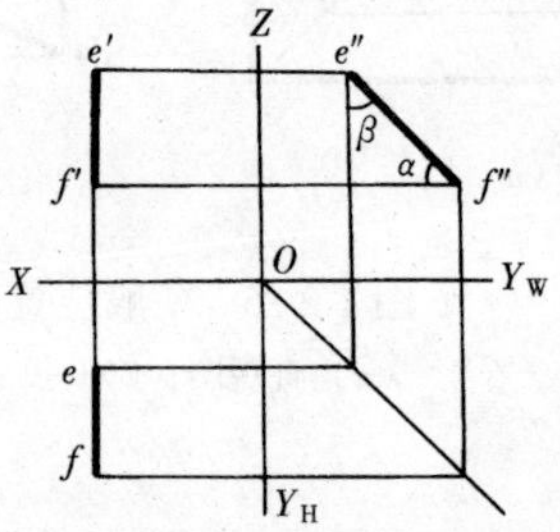	1. 侧面投影反映实长 2. 侧面投影与 Y 轴和 Z 轴的夹角，分别反映直线与 H 面和 V 面的倾角 α 和 β 3. 水平投影及正面投影分别平行于 X 轴及 Z 轴，但不反映实长

三、投影面垂直线

只垂直于一个投影面，同时平行于其他两个投影面的直线。投影面垂直线也有三种状况：

1. 铅垂线　只垂直于 H 面，同时平行于 V、W 面的直线，如表 1-2-2 中的 AB 线。
2. 正垂线　只垂直于 V 面，同时平行于 H、W 面的直线，如表 1-2-2 中的 CD 线。
3. 侧垂线　只垂直于 W 面，同时平行于 V、H 面的直线，如表 1-2-2 中的 EF 线。

综合表 1-2-2 中的投影特性，可得投影面垂直线的共同特性为：

投影面垂直线在它所垂直的投影面上的投影积聚为一点；直线在另两个投影面上的投影反映实长且垂直于相应的投影轴。

投影面垂直线的投影特性　　　　表 1-2-2

名称	直 观 图	投 影 图	投 影 特 性
铅垂线	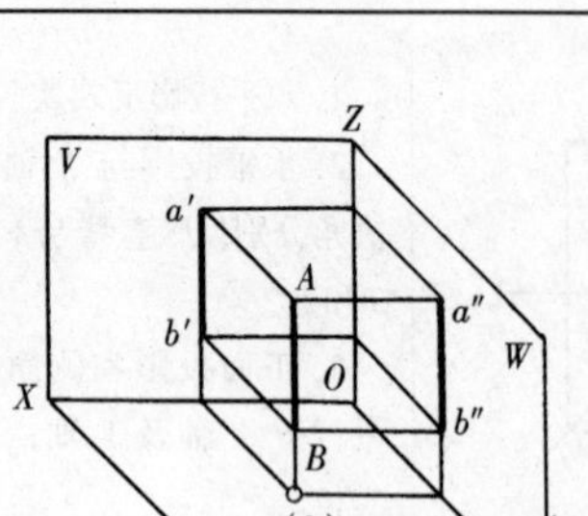	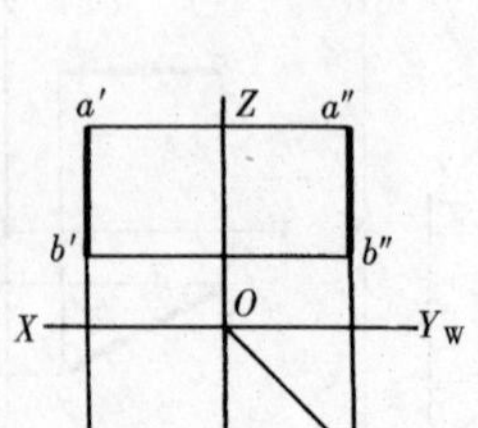	1. 水平投影积聚成一点 2. 正面投影及侧面投影分别垂直于 x 轴及 z 轴，且反映实长

续表

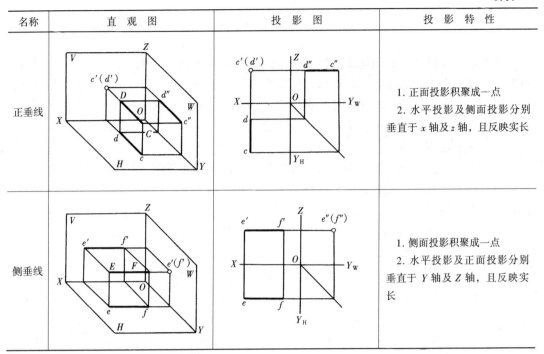

名称	直观图	投影图	投影特性
正垂线			1. 正面投影积聚成一点 2. 水平投影及侧面投影分别垂直于 x 轴及 z 轴,且反映实长
侧垂线			1. 侧面投影积聚成一点 2. 水平投影及正面投影分别垂直于 Y 轴及 Z 轴,且反映实长

四、直线投影的识读

识读直线的投影图,判别它们的空间位置,主要是根据直线在三投影面上的投影特性来确定。

【**例 2-3**】 判别图 1-2-26 所示几何体三面投影图中直线 AB、CD、EF 的空间位置。

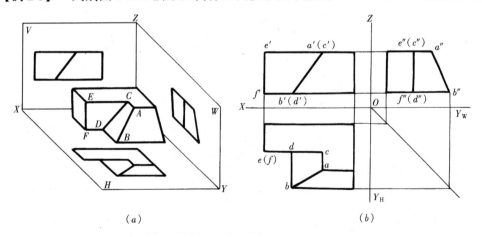

(a)　　　　　　　　　　(b)

图 1-2-26　直线的空间位置

判别:图中直线 AB 的三个投影都呈倾斜,故它为投影面的一般位置线;直线 CD 在 H 和 W 面上的投影分别平行于 OX 轴和 OZ 轴,而在 V 面上的投影呈倾斜,故它为 V 面的平行线(即正平线);直线 EF 在 H 面上的投影积聚成一点,在 V 面 W 面上的投影分别垂直于 OX 轴和 OY_W 轴,故它为 H 面的垂直线(即铅垂线)。

第六节 平面的正投影规律

平面是直线沿某一方向运动的轨迹。平面可以用平面图形来表示，如三角形、梯形、圆形等。要做出平面的投影，只要做出构成平面形轮廓的若干点与线的投影，然后连成平面图形即得。平面与投影面之间按相对位置的不同可分为：一般位置平面、投影面平行面和投影面垂直面，后两种统称为特殊位置平面。

一、一般位置平面

与三个投影面均倾斜的平面称为一般位置平面，亦称倾斜面。图 1-2-27 所示为一般位置平面的投影，从中可以看出，它的任何一个投影，既不反映平面的实形，也无积聚性。因此，一般位置平面的各个投影，为原平面图形的类似形。

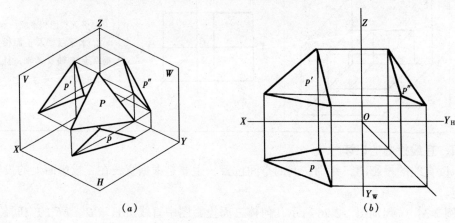

图 1-2-27 一般位置平面的投影
(a) 直观图；(b) 投影图

二、投影面平行面

平行于某一投影面，因而垂直于另两个投影面的平面，称为投影面平行面。投影面平行面有三种状况：

(1) 水平面：与 H 面平行，同时垂直于 V、W 面的平面，见表 1-2-3 中的 P 平面。

投影面平行面的投影特性　　　　　　　表 1-2-3

名称	直观图	投影图	投影特性
水平面			1. 水平投影反映实形 2. 正面投影及侧面投影积聚成一条直线，且分别平行于 X 轴及 Y 轴

续表

名称	直观图	投影图	投影特性
正平面	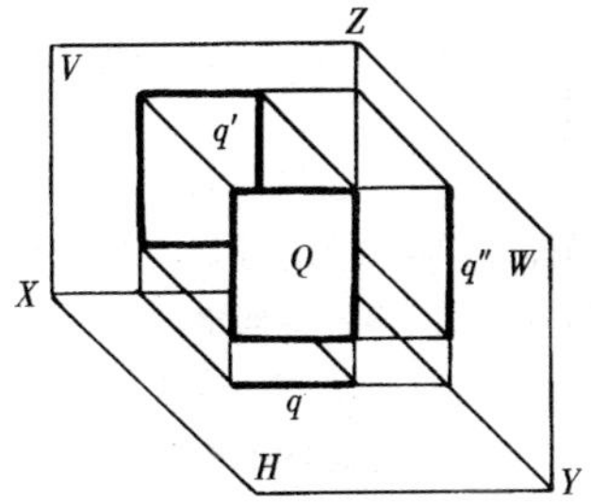	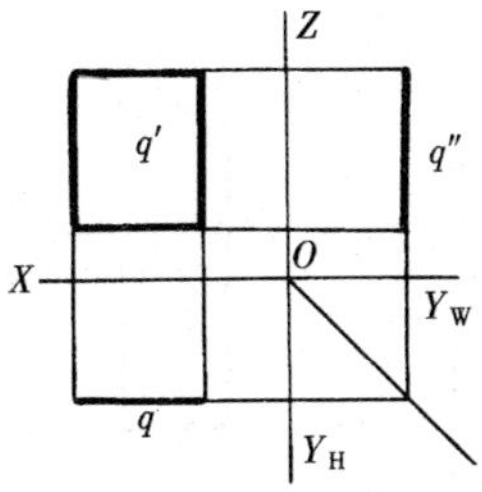	1. 正面投影反映实形 2. 水平投影及侧面投影积聚成一条直线，且分别平行于 X 轴及 Y 轴
侧平面	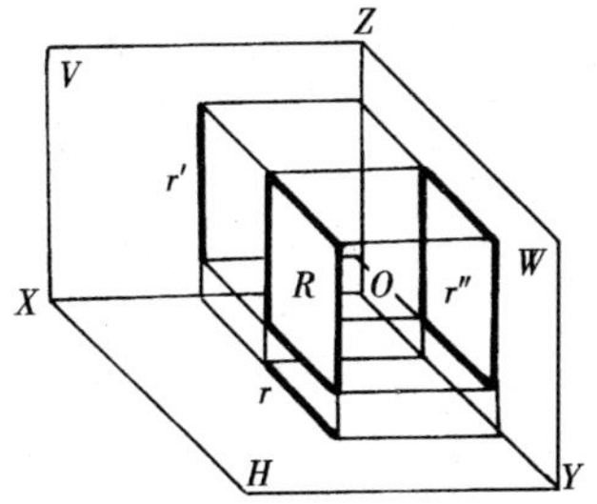	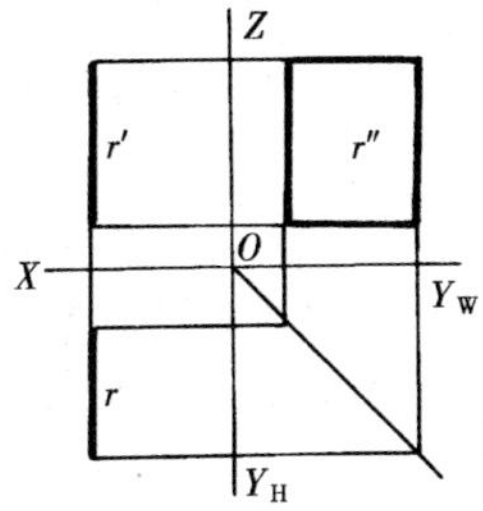	1. 侧面投影反映实形 2. 水平投影及正面投影积聚成一条直线，且分别平行于 Y 轴及 Z 轴

(2) 正平面：平行于 V 面，同时垂直于 H、W 面的平面，见表 1-2-3 中的 Q 平面。

(3) 侧平面：平行于 W 面，同时垂直于 V、H 的平面。见表 1-2-3 中的 R 平面。

综合表 1-2-3 中的投影特性，可得投影平行面的共同特性为：

投影面平行面在它所平行的投影面的投影反映实形，在其他两个投影面上投影积聚为直线，且与相应的投影轴平行。

三、投影面垂直面

垂直于一个投影面，同时倾斜于其他投影面的平面称为投影面垂直面。投影面垂直面也有三种状况：

(1) 铅垂面：垂直于 H 面，倾斜于 V、W 面的平面，见表 1-2-4 中的 P 平面。

(2) 正垂面：垂直于 V 面，倾斜于 H、W 面的平面，见表 1-2-4 中的 Q 平面。

(3) 侧垂面：垂直于 W 面，倾斜于 H、V 面的平面，见表 1-2-4 中的 R 平面。

投影面垂直面的投影特性　　　　　　表 1-2-4

名称	直观图	投影图	投影特性
铅垂面	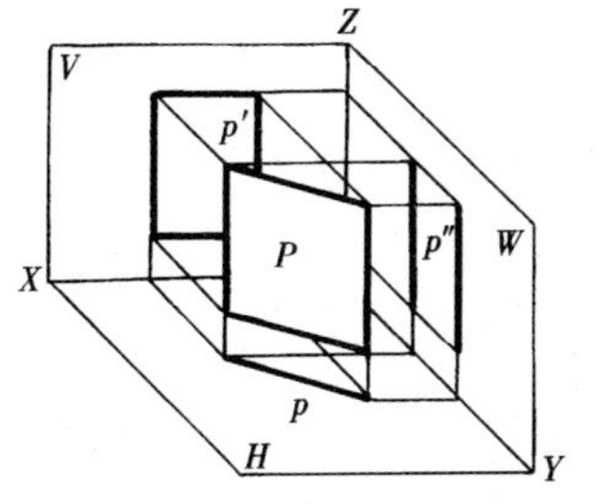	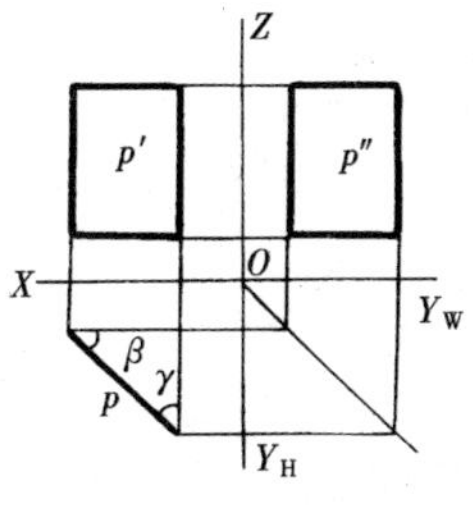	1. 水平投影积聚成一条斜直线 2. 水平投影与 X 轴和 Y 轴的夹角，分别反映平面与 V 面和 W 面的倾角 β 和 γ 3. 正面投影及侧面投影为平面的类似形

续表

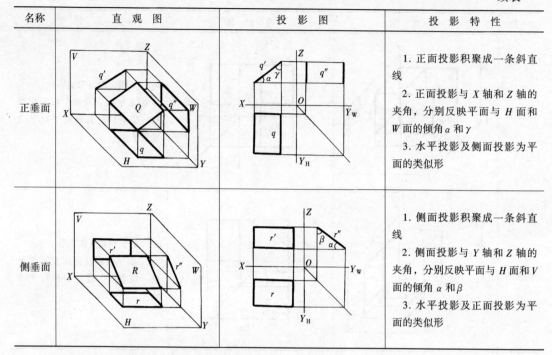

综合表 1-2-4 中的投影特性，可得投影面垂直面的共同特性为：

投影面垂直面在它所垂直的投影面上的投影积聚为一斜直线，它与相应投影轴的夹角，反映该平面对其他两个投影面的倾角；在另两个投影面上的投影反映该平面的类似形，且小于实形。

四、平面投影的识读及作图

【例 2-4】 根据直观图在三投影图上标出 P、Q、R、S 平面的投影，并完成表中的填空，如图 1-2-28 所示。

从直观图中看出 P 平面是与三投影面均倾斜的一般位置平面，故 P 的投影位置应如图 1-2-28（b）所示的 p、p′、p″线框；Q 是一个与 W 面垂直的三角形平面，是侧垂面，其 q″ 应为一条斜直线，图 1-2-28（b）中 q、q′、q″ 即为其投影位置；R 是梯形且为侧平

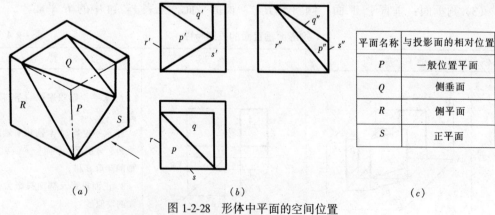

图 1-2-28 形体中平面的空间位置
（a）直观图；（b）投影图；（c）填表

面,故在 W 上应反映其实形,故 W 上的梯形线框即为 r'',而 R 的其他投影均为积聚投影,如图中的 r、r';S 是个五边形,从图中看出它是正平面,故在 V 面上反映它的实形 s',其他面上的投影都为积聚投影,且平行于相应的投影轴,如 s、s''。平面 P、Q、R 及 S 的具体位置见图 1-2-28 中的表格。

【例 2-5】 已知等腰三角形 ADC 的顶点 A,过点 A 作等腰三角形的投影。该三角形为铅垂面,高为 25mm,$\beta = 30°$,底边 BC 为水平线,长等于 20mm,如图 1-2-29(a)所示。

因等腰三角形 ABC 是铅垂面,故水平投影积聚成一条与 X 轴成 $\beta = 30°$ 角的斜直线。三角形的高是铅垂线,在正面投影反映实长(25mm)。底边 BC 在水平投影上反映实长(20mm)。因 BC 为水平线,所以正面投影 $b'c'$ 和侧立投影 $b''c''$ 平行于 X、Y_W 轴,作图过程如图 1-2-29(b)、(c)所示。

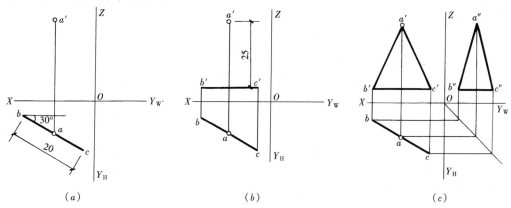

图 1-2-29 作等腰三角形的投影

(a)过 a 作 bc,与 x 轴成 30°且使 $ba = ac = 10$mm;(b)过 a' 向正下方截取 25mm,并作 BC 的正面投影 $b'c'$;
(c)根据水平投影及正面投影,完成侧面投影

思 考 题

1. 投影分哪几类?什么是正投影?
2. 正投影有哪些基本特性?正投影图有哪些特点?
3. 三面投影体系有哪些投影面?它们的代号及空间位置如何?
4. 三面投影体系是如何展开成投影图的?三个投影之间有什么关系?
5. 在投影中形体的长宽高是如何确定的?在 H、V、W 投影图上各反映哪些方向尺寸及方位?
6. 什么是基本投影面?
7. 由投影图选择立体图,如图 1-2-30 所示。
8. 根据立体图画三面投影图,比例 1∶1,尺寸从图上量取,如图 1-2-31 所示。
9. 试述点的三面投影规律。
10. 已知点的两面投影,求第三投影(图 1-2-32)。
11. 根据表中所给数据,作出各点的三面投影图(图 1-2-33)。
12. 已知表中各点的坐标,作点的三面投影图(图 1-2-34)。
13. 判别图 1-2-35 中 $ABCDE$ 五点的相对位置(填入表中),其中哪些点是重影点?
14. 作直线的第三投影,并完成填空(图 1-2-36)。
15. 试述一般位置直线、投影面垂直线、投影面平行线的投影特性。

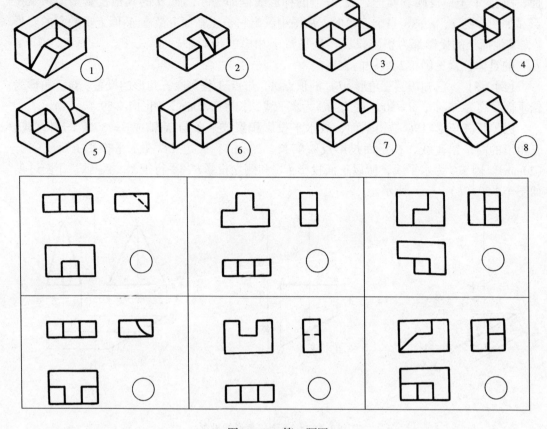

图 1-2-30　第 7 题图

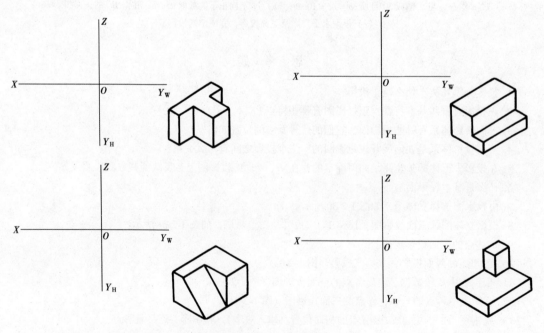

图 1-2-31　第 8 题图

46

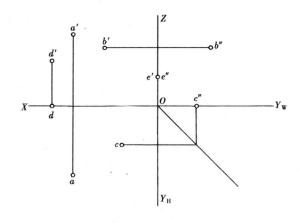

图 1-2-32 第 10 题图

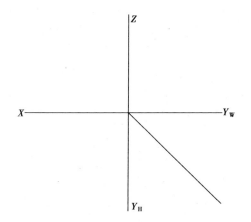

图 1-2-33 第 11 题图

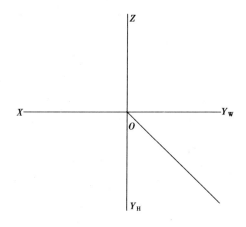

图 1-2-34 第 12 题图

16. 作直线的投影（图 1-2-37）

（一）已知直线 CD 端点 C 的两投影，CD 长 20mm 且垂直 V 面，完成其三面投影。

47

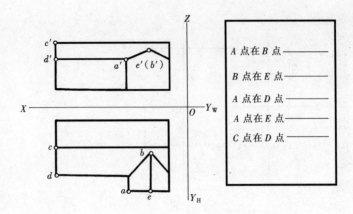

图 1-2-35 第 13 题图

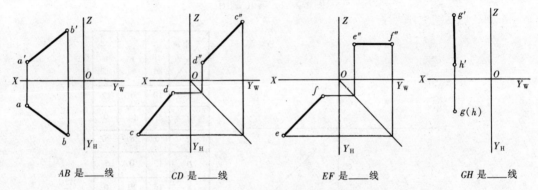

AB 是____线　　CD 是____线　　EF 是____线　　GH 是____线

图 1-2-36 第 14 题图

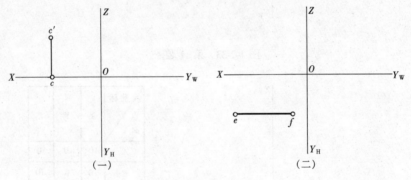

(一)　　　　　　　　　　(二)

图 1-2-37 第 16 题图

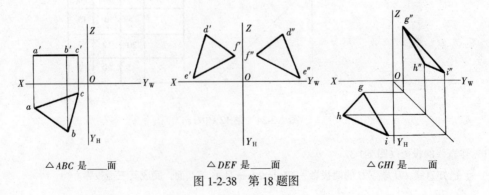

△ABC 是____面　　△DEF 是____面　　△GHI 是____面

图 1-2-38 第 18 题图

（二）已知直线 $EF /\!/ V$ 面，E、F 两点分别距 H 面 3mm 和 14mm，完成其 V、W 投影。

17. 平面的空间位置有哪些？都有哪些投影特性？

18. 补全平面的第三投影，并指出其空间位置名称（图 1-2-38）。

19. 过点 B 作平行 V 面的等边三角形，边长为 20mm，底边经 B 点且与 V 面等距，完成其 V、H 投影（图 1-2-39）。

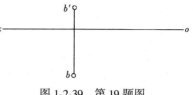

图 1-2-39　第 19 题图

实训题——读投影弯铁丝

一、目的

1. 掌握各种位置直线和平面的特征及投影特性。
2. 会识读各种位置直线、平面的投影图。
3. 训练和提高看投影图进行形体联想的空间想象和分析能力。

二、实训题内容

按照图 1-2-40 所示投影，分别弯制四个铁丝模型。

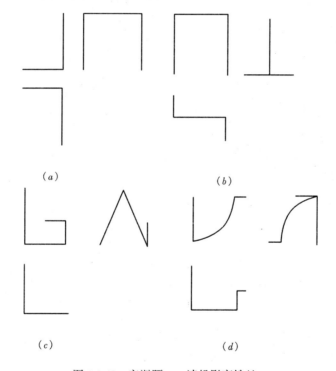

图 1-2-40　实训题——读投影弯铁丝

三、要求

1. 准备四根各 50cm 左右长度的细铁丝（或其他直径在 1mm 左右的金属线）。
2. 弯制的模型应完全对应所给的投影图才算正确。

四、弯制注意事项

1. 看图理解各投影图所反映的立体状况，综合应用所学的线面投影规律。
2. 对照投影图，用手工弯制其形状。
3. 难点在于有重叠投影关系的线条的空间想象。
4. 铁丝弯制时不能打结和合股，一根弯制一个模型，铁丝应全长使用。

第三章 基本几何体的投影

我们看到的建筑形体,都可以看成是由简单的几何形体组合而成的。如图1-3-1所示的柱和基础是由圆柱体、四棱台和四棱柱组成,而图中的台阶是由两个四棱柱和侧面的五棱柱组成。我们把这些组成建筑最简单的几何体叫做基本几何体或基本体。这些基本体是由各种形状的表面围成的,所以研究基本体的投影,实质上是研究基本体表面上的点、线、面的投影。为了研究方便,根据其表面的形状不同,把基本体分为平面体和曲面体两种。

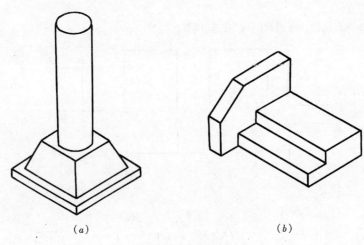

图 1-3-1 建筑形体
(a) 柱与基础;(b) 台阶

第一节 平面体的投影

基本体的表面是由平面围成的形体称为平面体。它们有棱柱、棱锥、棱台体等。

一、棱柱的投影

棱柱体是指由两个互相平行的多边形平面,其余各面都是四边形,且每相邻两个四边形的公共边都互相平行的平面围成的形体。这两个互相平行的平面称为棱柱的底面,其余各平面称为棱柱的侧面,侧面的公共边称为棱柱的侧棱,两底面之间的距离叫做棱柱体的高,如图1-3-2所示。棱柱有三棱柱、四棱柱、六棱柱等。

如图1-3-3所示为三棱柱在三面投影体系中的投影。作图前应先进行分析:图中三棱柱为平放,它的一个侧面平行于 H 面,各侧棱均垂直 W 面,此时左右的两个三角形底面也平行于 W 面,故在 W 面上三角形是其底面的实形,H 面投影的矩形外轮廓为水平侧面的实形。V 投影的外轮廓是前后两个侧面的类似性投影,上下两条横线是侧棱的实长。

作图步骤如下：
1. 作 H 面投影

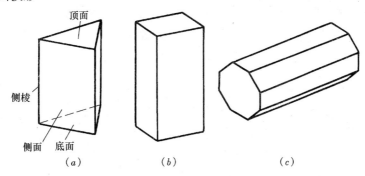

图 1-3-2 棱柱体
（a）三棱柱；（b）四棱柱；（c）六棱柱

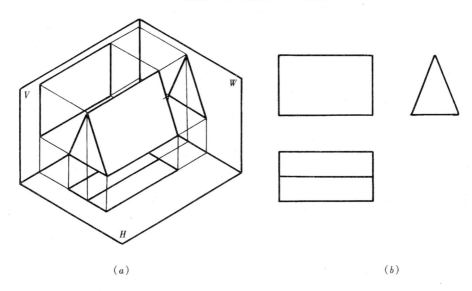

（a） （b）

图 1-3-3 三棱柱的投影
（a）直观图；（b）投影图

量取形体的长、宽尺寸，先作水平侧面的实形投影，它的投影构成了形体 H 投影的外轮廓，然后画出上方棱线的投影（在矩形轮廓的水平中央）。

2. 作 V 投影

从 H 面向上长对正并利用高度尺寸，在 V 面画出正面的投影，此矩形投影是三棱柱前后两个侧面的重影。

3. 作 W 投影

根据高平齐、宽相等可画出三角形底面的实形投影。

从上面可以看出，作三棱柱的投影，就是作其各表面的投影，按其相对位置做出（一般先从反映实形的投影开始），即为三棱柱的投影。

从图 1-3-3 看到，三棱柱的三个投影中有一个投影是三角形，而另两个投影的外轮廓为矩形。如图 1-3-4 所示为类似于房屋的五棱柱体,三面投影中有一个投影是五边形,而另两个投影的外轮廓也为矩形。从此可得出:棱柱的一个投影为多边形,另两个投影为矩形;反之当一个形体的三面投影中有一个投影为多边形,另两个投影为矩形时,就可判定该形体为棱柱体,从多边形的边数可得出棱柱的棱数。

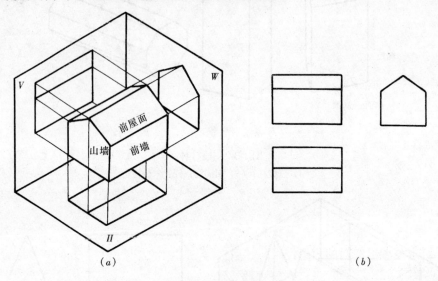

图 1-3-4　五棱柱的投影
(a) 直观图;(b) 投影图

二、棱锥体的投影

形体的表面由平面围合而成,除底面外,其他各侧面有公共顶点的形体称为棱锥体,如图 1-3-5 所示。棱柱体的底面为多边形,其余各面为侧面,相邻侧面的公共边为侧棱,从顶点向底面作垂线,顶点到垂足间的距离称为棱锥的高。根据相交于顶点的侧棱数,有三棱锥、四棱锥、五棱锥等。

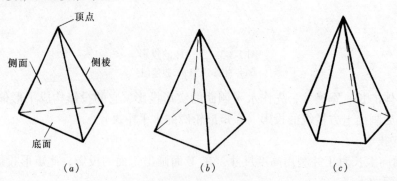

图 1-3-5　棱锥体
(a) 三棱锥体;(b) 四棱锥体;(c) 五棱锥体

下面以三棱锥为例,作棱锥的投影。如图 1-3-6 所示,为使作图方便,令三棱锥的底面平行于 H 面。

1. 作 H 面投影

由于底面平行于 H 面，所以在 H 面上反映实形。故按照作投影图先作实形投影的方法，由三角形各边尺寸和夹角画出底面的三角形轮廓，再连以棱线的投影。

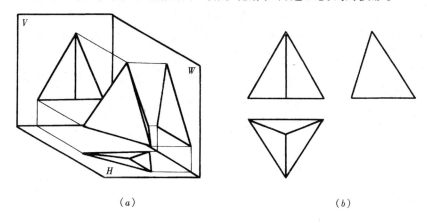

图 1-3-6　三棱锥的投影
(a) 直观图；(b) 投影图

2. 作 V 面投影

根据长对正先做出底面的积聚投影，然后根据三棱锥的高做出左右及前侧棱的投影。

3. 作 W 投影

根据宽相对和高平齐，容易做出 W 投影。

从图 1-3-6 可以看出，三棱锥的一个投影为三角形，其内部与顶点投影连线成三个三角形，正面投影和侧面投影分别为具有公共顶点的若干三角形。再从图 1-3-7 看到五棱锥

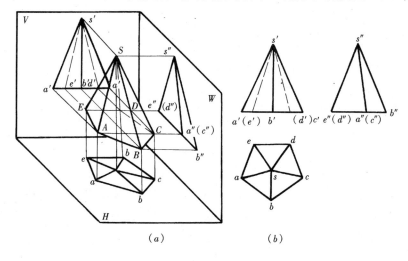

图 1-3-7　五棱锥的投影
(a) 直观图；(b) 投影图

的一个投影为五边形，内部同样是棱线连成的五个三角形，另两个投影分别为有公共顶点的若干三角形。因此，可以得出棱锥的投影中有一个投影外轮廓为多边形，内部是以该多边形的各边为底边的多个三角形，另两个投影是有公共顶点的三角形。反之，当一个形体的三个投影，其中一个投影外轮廓为多边形，内部是以该多边形为底边的三角形，另两个

53

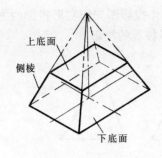

图 1-3-8 棱台体

投影都是有公共顶点的三角形，则可以判断该形体为棱锥体，多边形的边数为棱锥体的棱数。

三、棱台体的投影

用平行于棱锥底面的平面切割棱锥后，底面与截面之间剩余的部分称为棱台体，如图 1-3-8 所示。截面与原底面称为棱台的上、下底面，其余各平面称为棱台的侧面，相邻侧面的公共边称为侧棱。上、下底面之间的距离为棱台的高，棱台分别有三棱台、四棱台、五棱台等。

下面以三棱台为例，说明棱台的投影，如图 1-3-9 所示。

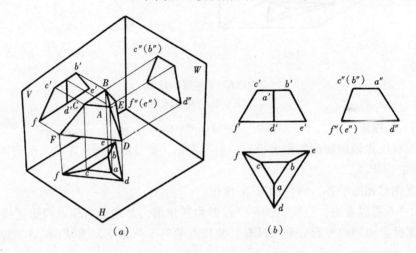

图 1-3-9 三棱台的投影
（a）直观图；（b）投影图

为作图方便，让上、下底面平行于水平投影面，EF 和 BC 棱线平行于正立投影面。

1. 作水平投影

上底面和下底面为水平面，水平投影反映实形，为两个相似的三角形。其余各侧面倾斜于水平投影面，水平投影不反映实形，是以上、下底面水平投影相应边为底边的三个梯形。

2. 作正面投影

上、下底面的正面投影积聚成平行于 OX 轴的线段，侧面 $ACFD$ 和 $ABED$ 为一般位置平面，其正面投影仍为梯形，$BCFE$ 为侧垂面，正面投影不反映实形，仍为梯形，并与另两个侧面的正面投影重合。

3. 作侧面投影

上，下底面的侧面投影分别积聚成平行于 OY 轴的线，侧垂面 $BCFE$ 也积聚成倾斜于 OZ 轴的线段，而 $ACFD$ 与 $ABED$ 重合成为一梯形。

用同样的方法作四棱台的投影，如图 1-3-10 所示。

从图 1-3-9 可见，三棱台的三个投影，其中一个投影中有两个相似的三角形，且各相应顶点相连，另两个投影都是梯形。从图 1-3-10 可见四棱台有一个投影中有两个相似的四边形，其余投影仍为梯形。这两组投影说明棱台的一个投影中有两个相似的多边形，且各相应顶点相连，构成梯形，另两个投影分别为一个或若干个梯形。反之，若一个形体的投影中有两个相似的多边形，且两多边形相应顶点相连，构成梯形，其余两个投影也为梯形，则可以判断：这个形体为棱台，从相似多边形的边数可以得知棱台的棱数。

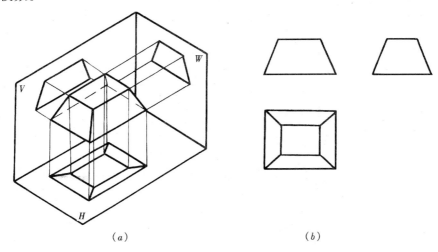

图 1-3-10　四棱台的投影
（a）直观图；（b）投影图

以上平面体棱柱、棱锥、棱台的投影，都是在做出组成平面体表面的投影后得到的，而作表面的投影实质上是作各表面的边线和点的投影相连而成，因此平面体的投影具有如下特点：

(1) 平面体的投影，实质上是点、直线和平面的投影集合。

(2) 投影图中线段的交点，可能是体表面上顶点的投影，也可能是体表面上线段的积聚投影。

(3) 投影图中的线段，可能是体上侧棱或底边的投影，也可能是体表面上侧面、底面的积聚投影。

(4) 任何一个投影图都是由若干个封闭的线框组成的，每一个封闭的线框都是一个侧面或底面的投影。

(5) 投影图中凡实线组成的线框都表示可见的平面，而线框中只要有一条虚线，则表示该平面为不可见。

四、平面体的画法和尺寸标注

（一）平面体的画法

画平面体投影图时应先画水平投影（或反映实形的投影），再按投影关系，作另两个投影，如图 1-3-11 和图 1-3-12 所示。

（二）平面体的尺寸标注

平面体只要注出它的长、宽和高的尺寸就可以确定它的大小。尺寸一般注在反映实形的投影上，尽可能集中标注在两个投影的下方和右方，必要时才注在上方和左方。一个尺寸只需标注一次，尽量避免重复。正多边形（如正五边形，正六边形）的大小可标注其外接圆的直径尺寸。平面体的尺寸标注如表 1-3-1 所示。

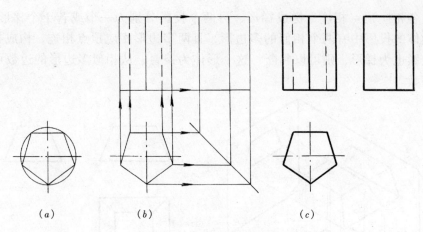

图 1-3-11 棱柱投影图的画法
(a) 画轴线、中心线及水平投影；(b) 按投影关系画其他两个投影；(c) 检查，描深图线

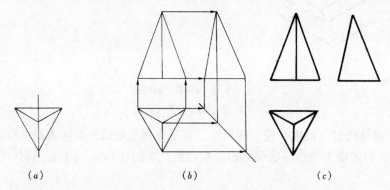

图 1-3-12 棱锥投影图的画法
(a) 画轴线及水平投影；(b) 按投影关系画其他两个投影；(c) 检查底图，描深图线

平面体的尺寸标注　　　　　　表 1-3-1

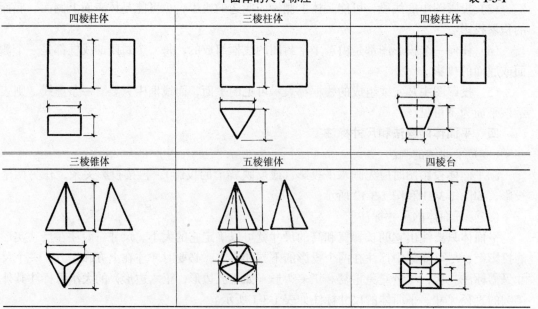

第二节 曲面体的投影

由曲面或由曲面和平面围合而成的形体称为曲面体，如圆柱、圆锥、圆台、球体等。这些几何形体在建筑工程中应用广泛。

本节所阐述的曲面体的曲面是指回转曲面，即由一直线或曲线绕一定轴回转而成。处于回转运动中的直线或曲线称为母线；母线在曲面上的停留位置称为素线。由回转曲面及回转曲面和平面围成的立体称为回转体。圆柱、圆锥、圆台、球体均为回转体。

一、圆柱体的投影

1. 圆柱体的形成

如图 1-3-13 所示，一线段 CD 绕着与其平行的另一线段 AB 旋转一周，所得轨迹如一圆柱面，线段 CD 为母线，AB 为轴线，这时的圆柱面可以看作是由母线 CD 运动过程中的所有素线的集合。如果 AB = CD，把 B 与 D、A 与 C 连起来，则形成一矩形，此时再让该矩形绕着 CD 旋转，AC、BD 两线段旋转后形成圆平面，DC 旋转后形成圆柱面，圆柱面与两个圆平面围成一回转体，叫做圆柱体。即圆柱体是由两个互相平行且相等的圆平面和一圆柱面组成的，两圆平面之间的距离叫做圆柱体的高。

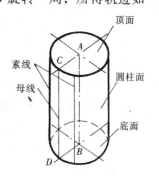

图 1-3-13 圆柱体的形成

2. 作圆柱体的投影

如图 1-3-14 所示的圆柱体，两个底面为水平面，它们的水平投影重合在一起，是反映实形的圆，其正面投影和侧面投影分别积聚成平行于 OX 轴和 OY 轴的线段，且四线段长度相等，为圆柱的直径。上下底圆积聚投影之间的距离为圆柱体的高。

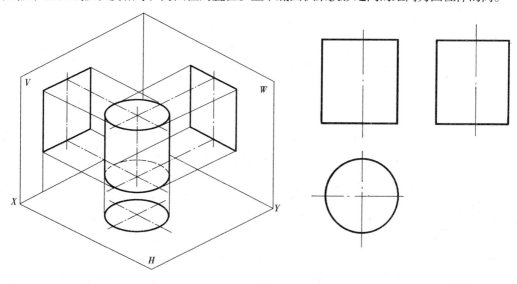

(a) (b)

图 1-3-14 圆柱体的投影
(a) 直观图；(b) 投影图

圆柱面是光滑的曲面，其上所有素线为铅垂线，因此圆柱面也垂直于水平投影面，水平投影积聚成与上、下底面水平投影全等且同心的圆。正面投影是看得见的前半个圆柱面和看不见的后半个圆柱面轮廓投影的重合，形成矩形。也可以这样说，圆柱上最左、最右两条素线的投影与上、下两底面在正立面上的投影构成矩形，侧面投影与正面投影相同，看得见的左半个圆柱面和看不见的右半个圆柱面轮廓投影重合，形成矩形，同样可以看作是圆柱面最前、最后两条素线的投影与上、下两底圆侧面投影形成矩形。因此，圆柱体的三个投影分别是：一个圆和两个全等的矩形。

二、圆锥体的投影

1. 圆锥体的形成

图 1-3-15 圆锥体的形成

如图 1-3-15 所示，线段 SA 绕着与它相交的另一线段 SO 旋转，所形成的曲面叫做圆锥面，SA 为母线，SO 为轴线，圆锥面也可看作由无数条相交于一点并与轴线 SO 保持一定角度的素线的集合，若将 SAO 连成一直角三角形，使 SAO 绕着一直角边 SO 旋转一周，AO 旋转一周形成一圆平面与 SA 旋转形成的圆锥面组成一回转体，这个回转体叫做圆锥体。S 叫做顶点，圆平面叫做底面，顶点 S 到底面的距离叫做圆锥体的高。在现代工程中圆锥体的应用也很广泛，如图 1-3-16 所示。

2. 作圆锥体的投影

如图 1-3-17 所示，圆锥体处于三面投影体系中，底面平行于水平投影面，圆锥体的高与水平投影面垂直。

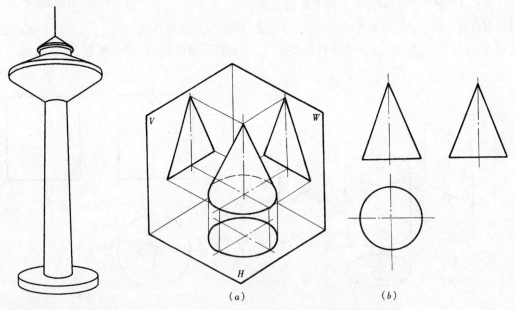

图 1-3-16 水塔形体　　图 1-3-17 圆锥体的投影

底面平行于水平投影面，其水平投影反映实形，正面投影和侧面投影分别积聚成平行于 OX 轴和 OY 轴的线，线长为底圆的直径。

圆锥面为光滑的曲面，其水平投影也为一圆，且与底面的水平投影重合，顶点的水平投影在圆心上。圆锥上最左、最右、最前、最后四条特殊素线的水平投影正好与底圆水平投影的中心线重合。圆锥面的正面投影是看得见的前半个圆锥面和看不见的后半个圆锥面轮廓投影的重合,可以看成是最左、最右素线的投影与底面的正面投影构成的等腰三角形。侧面投影是看得见的左半个圆锥面和看不见的右半个圆锥面轮廓投影重合,也是最前、最后素线的投影与底面的侧面投影构成与正面投影全等的三角形。三角形的高为圆锥体的高。因此,圆锥体的三个投影分别是:一个圆和两个全等的等腰三角形。

图 1-3-18　圆台的形成

三、圆台的投影

1. 圆台的形成

如图 1-3-18 所示,将圆锥用平行于底面的平面切割,截面和底面之间的部分即为圆台,截面和底面之间的距离是圆台的高。

2. 圆台的投影

如图 1-3-19 所示,将圆台置于三面投影体系中,上、下底圆平行于水平投影,其水平投影均反映实形,是两个直径不等的同心圆。圆台正面投影和侧面投影都是等腰梯形。梯形的高为圆台的高,梯形的上底长度和下底长度是圆台上、下底圆的直径。因此,圆台的投影分别是:一个投影中有两个同心圆,另两个投影为等腰梯形。

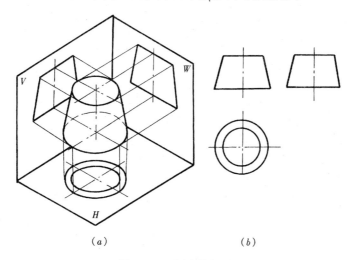

(a)　　　　　　(b)

图 1-3-19　圆台的投影
(a)直观图;(b)投影图

四、球体的投影

1. 球体的形成

如图 1-3-20 所示,一圆周绕其一直径旋转,所得轨迹为球面,直径为回转轴线,圆周为母线(曲母线),球表面的素线也是圆周,当其平行于某投影面时,称为赤道圆。球面自动封闭形成回转体,称为球体。建筑屋面也不少采用半球或球冠形成,如图 1-3-21 所示的球形屋面。

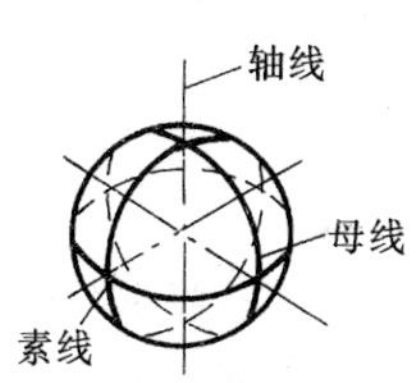

2. 作球体的投影图

如图 1-3-22 所示,球体处于三面投影体系中,球体的水平投影:上半个球面与下半个球面重合,其投影为圆,圆的直径是球体的直径。

图 1-3-20　球体的形成

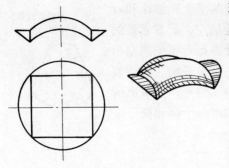

图1-3-21 球形屋面

球体的正面投影：前半个球面与后半个球面重合，其投影也是圆，直径是球体的直径。球体的侧面投影：左半个球面与右半个球面重合，投影仍为圆，直径仍为球体的直径。

所以，球体的三个投影都是圆，而且直径相等，都是球体的直径。

球体的三个投影是三个直径相等的圆，这三个圆实质上也是球体表面分别平行于三个投影面得的最大直径圆周的投影，如图1-3-22所示。图中 A 圆周是平行于水平投影面的圆（称为水平赤道圆）。其正面投影，侧面投影分别在球体正面投影、

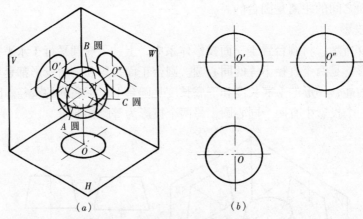

图1-3-22 球体的投影
(a) 直观图；(b) 投影图

侧面投影平行 OX、OY 轴的中心线上，B 圆周是平行于正立投影面的圆（称为正平赤道圆），水平投影和侧面投影分别在球体水平投影和侧面投影平行于 OX、和 OZ 轴的中心线上；C 圆周是平行于侧立投影面的圆（称为侧平赤道圆），其水平投影和正面投影分别在球体水平投影和正面投影平行于 OY 轴和 OZ 轴的中心线上，A、B、C 圆投影图见图1-3-23。

五、曲面体的画法和尺寸标注

1. 曲面体的画法

从前面圆柱、圆锥、圆台和球体的投影可以看出，曲面体的投影都是其轮廓线的投影，而这些轮廓在投影图中体现的是圆或特殊素线的投影。对特殊素线的投影如圆柱、圆锥是最前、最后、最左、最右四条特殊素线的投影，球体的三个投影是平行于三个投影面的三个最大圆周的投影。另外这些曲面体都是回转体，都有轴线，作图时应先做出轴线的投影和圆的实形投影，作图方法如图1-3-24所示。

2. 曲面体的尺寸标注

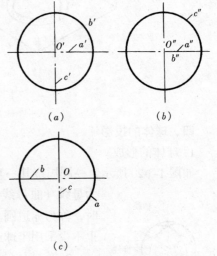

图1-3-23 球体上平行于投影面的最大圆周的投影
(a)水平赤道圆；(b)正平赤道圆；(c)侧平赤道圆

曲面体尺寸需注出其直径和高。直径标注其特征投影上即圆形投影上，高度标注在 V 和 W 投影之间，具体标注如表 1-3-2 所示。

表 1-3-2 曲面体的尺寸标注

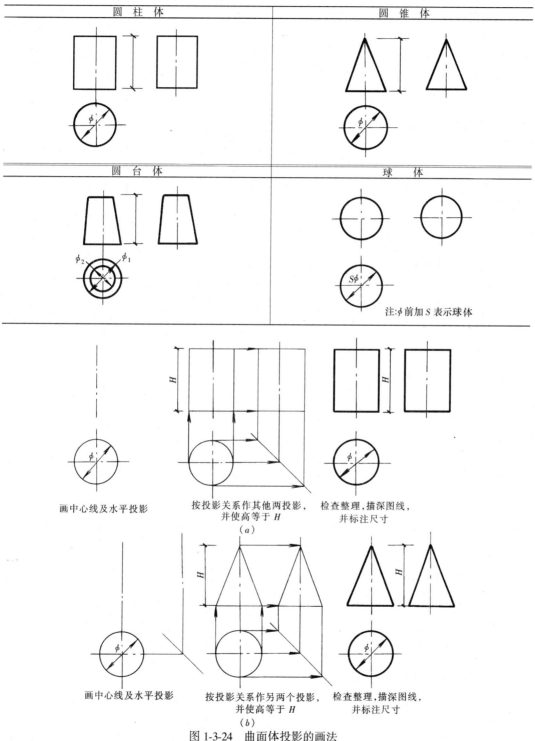

图 1-3-24　曲面体投影的画法
（a）圆柱体的投影；（b）圆锥体的投影

第三节　在基本几何体表面取点、取线的投影作图

一、平面体表面上的点和直线

平面体表面上的点和直线，实质上就是直线上的点或平面上点和直线，不同之处是平面体表面上的点和直线存在着判断可见性的问题。

（一）棱柱体表面上的点和直线

如图 1-3-25 所示，在三棱柱上有两点 K、L 和线段 MN。

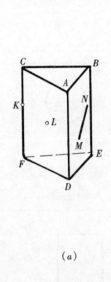
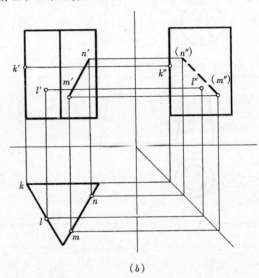

图 1-3-25　三棱柱表面上的点和线段
（a）直观图；（b）投影图

点 K 在侧棱 CF 上，该侧棱为铅垂线，水平投影积聚为一点，因此点 K 的水平投影也在该积聚点上，另两个投影分别在 CF 的正面投影和侧面投影上，且应符合点的投影规律。点 L 在侧面 ACFD 上，ACFD 为铅垂面，水平投影积聚成为一线段，点 L 的水平投影应在线段上。ACFD 的正面投影和侧面投影都是矩形，不反映实形，点 L 的正面投影和侧面投影也分别在这两个矩形中，也应符合点的投影规律。由于侧棱 CF 和侧面 ACFD 的三个投影都为可见，所以点 K 和 L 的三个投影也都可见。

线段 MN 在 ABED 上。作 MN 的投影，只要做出首尾点 M 和 N 的三个投影，再将这三个投影的同名投影连起来即可。而点 M、N 的投影作图方法和点 L 的作图方法相同，这里就不再叙述。但由于平面 ABED 的侧面投影与 ACFD 的侧面投影重合（平面 ACFD 为形体的左侧面，ABED 为右侧面），因被遮挡，所以平面 ABED 为不可见平面，因此，其中线段 MN 的侧面投影也不可见，其 W 投影中的 m″n″ 用虚线表示。

（二）棱锥体表面上的点和线

如图 1-3-26 所示，在三棱锥 SABC 上有两点 E、D 和线段 MN。

点 D 在侧棱 SA 上，SA 为一般位置直线，其三个投影既不积聚成点，也不反映实长，因而点 D 的三个投影按一般位置直线上点的投影作图。点 E 在侧面 SAB 上，该平面为一

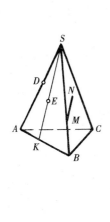
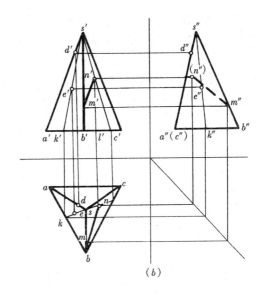

(a)　　　　　　　　　　　(b)

图 1-3-26　三棱锥表面的点和直线
(a) 直观图；(b) 投影图

一般位置平面，为了作图方便，先在平面 SAB 上过点 E 和 S 作一辅助直线与 AB 交于 K 点，则点 E 成为 SK 线上的一点。做出 SK 的三面投影 sk、s'k'、s"k"。再将点 E 的三面投影作在 SK 的三面投影上。由于侧棱 SA 与平面 SAB 的三个投影都可见，点 D 和 E 的三个投影也可见。

线段 MN 在平面 SBC 上，先做出点 M 和 N 的三面投影，再将同面投影连起来。点 M 的投影与点 D 的投影作图方法相同，点 N 的投影与点 E 的投影作图方法相同，但由于平面 SBC 的侧面投影不可见，点 N 的侧面投影也不可见，应加括号，同样 MN 的侧面投影也不可见，用虚线表示。

二、曲面体表面上的点和线

(一) 圆柱体表面上的点和线

如图 1-3-27 所示，在圆柱上有两点 M、N。点 M 在圆柱的最左素线上，该素线的水平投影积聚成为一点，在圆柱水平投影——圆周的最左一点，正面投影在圆柱正面投影的最左轮廓线上，侧面投影在圆柱侧面投影的中心线上。那么点 M 的三面投影应分别在该素线的同面投影上。点 N 不在轮廓素线上，而在圆柱面的右前方。我们知道，圆柱面是所有素线的集合，圆柱面上所有平行于圆柱轴线的线都

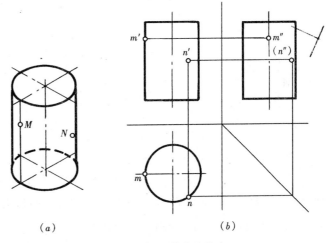

(a)　　　　　　　　　(b)

图 1-3-27　圆柱体表面的点
(a) 直观图；(b) 投影图

是素线，因此，可以过点 N 作平行于轴线的直线，则该线为圆柱体的素线，点 N 在该素线上，该素线为铅垂线，所以点 N 按直线上求点的方法可以求得。由于点 N 在圆柱体的右前方，侧面投影不可见。

作前述曲面体表面上的线段时，除了圆柱、圆锥体上的素线为直线外，其余的全部为曲线。在作图时，为了准确，应在该曲线上多作几个点（至少三个点）的投影，再用光滑的曲线将这些点连起来，并判别可见性。

【例 3-1】 已知圆柱体上两线段 AB 和 KL 的一个投影，如图 1-3-28（a）所示，完成其另两个投影。

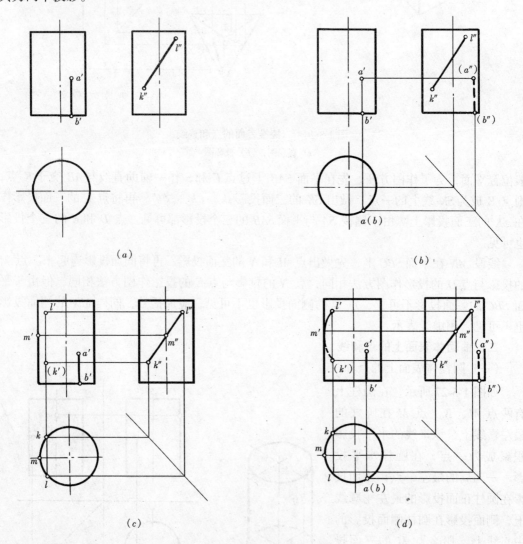

图 1-3-28　圆柱体表面上的线段

(a) 已知条件；(b) 作 AB 的投影；(c) 作 KL 的投影；(d) 用直线连 AB，用光滑曲线连 KL 并判别可见性

从图中可以看出 AB 为圆柱体上素线的一部分，所以 AB 是直线段，其水平投影积聚在圆周的前半部分，将 A、B 两点的侧面投影做出，由于 A、B 两点位于圆柱体的右前方，侧面投影不可见，用虚线将 a″b″ 连起来。

64

KL 不是素线，是曲线，为了作图准确，在 $k''l''$ 上再取一点 m''（m'' 在最左素线上，是 KL 线段正面投影的转折点，也是最左素线上的点，其水平投影和正面投影可直接做出）由于圆柱的水平投影积聚成圆周，过 k''、l'' 作 OY 轴垂线与 H 面圆周左半部分的交点为 k、l，由 k''、l''、k、l 作其正面投影 k'、l'。由于 K 在圆柱的后半部分，所以 k' 不可见，用光滑的曲线将（k'）$m'l'$ 连起来。注意：（k'）m' 在圆柱体后半部分，用虚线连接，$m'l'$ 在前半部分用实线连接。KL 线段的水平投影与圆柱面水平投影重合一起。

（二）圆锥体表面上的点和线

如图 1-3-29 所示，在圆锥上有两点 M 和 N，N 点在最右素线上，其三面投影应在该素线的同面投影上，该素线的侧面投影不可见，所以点 N 的侧面投影应加括号。

点 M 在左前方一般位置。作图时，先将 M 和顶点 S 连起来并延长与底边交于点 A，SA 即为圆锥面上的一条素线，M 点为 SA 素线上的一点，将 SA 的三个投影做出，再将 M 点的三个投影作于 SA 的三个投影上即可。这种用素线作为辅助线求圆锥体表面上点的方法，叫做素线法。

M 点的投影也可以采用纬圆法求得。

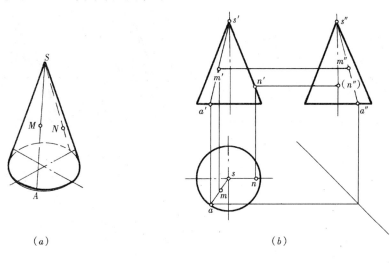

图 1-3-29　圆锥体表面的点
（a）直观图；（b）素线法找点的投影作图

如图 1-3-30 所示，圆锥体母线绕着轴线旋转，母线上任一点都随着母线转动，其转动的轨迹是垂直于圆锥体轴线的圆，这个圆叫做纬圆。纬圆水平投影是圆锥水平投影的同心圆，正面投影和侧面投影是平行于 OX 轴和 OY 轴的线，线长是纬圆的直径。当已知 M 的正面投影求其他两个投影时，可过 m' 作平行于 OX 轴的线与圆锥左、右轮廓线交于 b'、d'，$b'd'$ 即为纬圆的正面投影。以 $b'd'$ 为直径，以 S 为圆心在圆锥水平投影中作圆，即为辅助圆（纬圆）的水平投影。过 m' 作 OX 轴的垂线交纬圆水平投影于 m，再利用点的投影规律做出点的侧面投影。这种利用纬圆为辅助线作回转体曲表面上点的方法叫做纬圆法。

【例 3-2】　已知圆锥体表面上的线段 AB 的正面投影，求其水平投影和侧面投影，如图 1-3-31 所示。

圆锥面上的线段除素线是直线外，其余的全为曲线。因此，线段 AB 是曲线，为了作

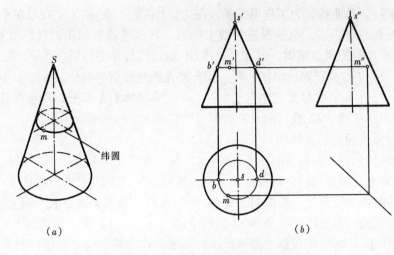

图 1-3-30 用纬圆法求圆锥体表面的点
(a) 直观图；(b) 纬圆法找点的投影作图

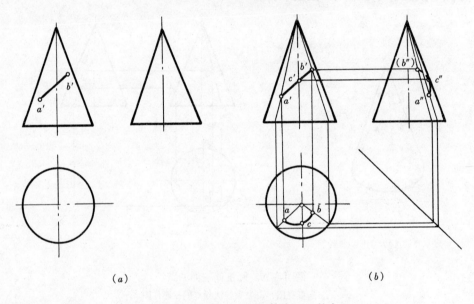

图 1-3-31 用纬圆法求圆锥体表面上的点
(a) 已知条件；(b) 作线段的投影

图准确，在 AB 线段上另取一点 C，将 C 取在最前素线上，这样点 C 也是线段 AB 侧面投影的转折点。点 C 在最前素线上，先作侧面投影，再由侧面投影作水平投影。

点 B 在右前侧面上，而点 A 在左前侧面上，它们均不在特殊素线上，用素线法或纬圆法作。图中采用素线法。用光滑的曲线将 A、B、C 三点连起来，注意 BC 线段的侧面投影不可见，用虚线表示。

(三) 球体表面上的点和线

由于球体的素线为曲线，其表面上点和线的投影只能利用纬圆法求得。

如图 1-3-32 所示，球体表面上有 M、N、K 三点。

点 M 在平行于水平投影面的最大圆周（即水平赤道圆）上，也在球体的最前一点，

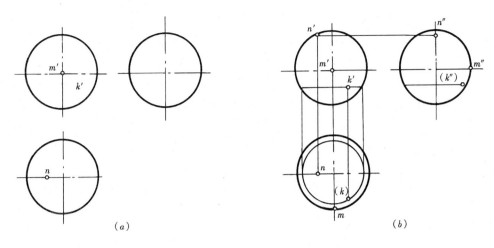

图 1-3-32 球体表面上的点
(a) 已知条件；(b) 作表面点的投影

所以其水平投影和侧面投影都在球体水平投影和侧面投影的最前方。

点 N 在球体水平投影平行于 OX 轴的中心线上，该中心线是球体上平行于正立面的最大圆周的水平投影，所以点 N 在球体上平行于正立面的最大圆周上（即正平赤道圆上，并在左上位置），该圆周的正面投影是球体正面投影的圆，侧面投影在球体侧面投影的竖向中心线位置上。

点 K 在一般位置，且为球面的右前下方，可用纬圆法求得，k、k″在 H、W 面上为不可见点。纬圆的作图方法与圆锥体纬圆的作图方法完全相同，这里不再重叙。

【例 3-3】 如图 1-3-33，已知球体上点 A 和线段 BC 的一个投影，作另两个投影。

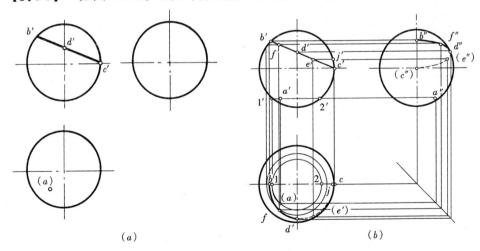

图 1-3-33 球体表面上的点
(a) 已知条件；(b) 作表面点、线的投影

点 A 不在球体的三个特殊圆周上，而在球面的左前下方，利用纬圆法可求该点的其他两面投影。以球体水平投影的圆心为圆心，以圆心到点 A 的水平投影"(a)"的距离为半径作圆，此圆即为过 A 点纬圆的水平投影，该水平投影与横向中心线交于 1 点和 2 点，

过 1 点和 2 点作 OX 轴的垂线，延长与球体正面投影圆周下半部分（因为点 A 在球体下半部分）的交点 $1'$、$2'$。连 $1'$、$2'$ 即为纬圆的正面投影，点 A 的正面投影是过 a 作 OX 轴垂线与 $1'2'$ 的交点。利用 a 和 a'，可求得侧面投影 a''，a'' 在球面的左侧故可见。作 BC 投影时，先在 BC 上取点 D，即 BC 与球体上侧平赤道圆的交点。其侧面投影在球体侧面投影的圆周上。点 C 在球体的最右方，水平投影在球体水平投影最右方，侧面投影在圆周的中心上，其 W 投影不可见。点 B 在正平赤道圆上，该圆周的水平投影在球体水平投影的横向中心线上，侧面投影在球体侧面投影的竖向中心线上。将点 B 的水平投影和侧面投影直接做出即可。为提高作图的准确性，需在间隔较大处内插中间点，E、F，方法同上。最后将 B、D、E、C 四点用光滑的曲线连起来。由于 C 点侧面投影不可见，所以 DC 的侧面投影应用光滑的虚线连接。

从上面作曲面体表面上的点和线的过程中可以看出，作图时应先分析点或线段所在曲面体表面上的位置后，再进行作图，并应注意以下几点：

（1）如果点在曲面体的特殊素线上，如圆柱、圆锥、圆台的四条特殊素线和球体上三个特殊圆周，则按线上点作图。

（2）如果点不在特殊线上，则应用积聚性法（圆柱）、素线法（圆锥）、纬圆法（圆锥、圆台和球体）作图。

（3）如为曲面体上的线段，为了作图准确，应在曲线首尾点之间取若干点（一般至少应在特殊线上取一点或中间取一点），用光滑曲线连起来，并判别可见性。

思 考 题

1. 什么叫基本几何体、分哪几类？举例说明。
2. 棱柱体、棱锥体的投影有什么特点？
3. 什么是母线？什么是素线？简述圆锥体是怎样形成的。
4. 基本几何体表面的点、线的可见性是如何判别的？
5. 什么是素线法、什么是纬圆法、各有什么适用范围？
6. 已知五棱柱高 20mm，底面与 H 面平行且相距 5mm，试作五棱柱的三面投影图（图 1-3-34）。

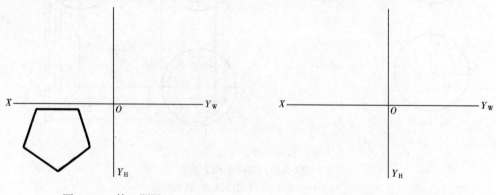

图 1-3-34　第 6 题图　　　　　　　　图 1-3-35　第 7 题图

7. 已知正四棱锥体底面边长 15mm、高 20mm，底面与 H 面平行，相距 5mm，且有一底边与 V 面成 30°，试作此正四棱锥体的三面投影图（图 1-3-35）。

8. 补出平面体的第三面投影，并作其表面上的点与直线的另两面投影（图 1-3-36）。

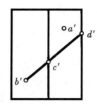
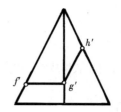
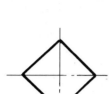
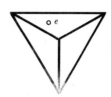

图 1-3-36　第 8 题图

9. 做出曲面体表面上的点和线的另两面投影（图 1-3-37）。

1.
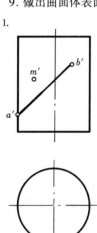

2.
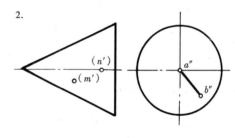
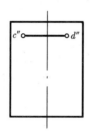

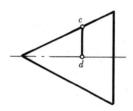

3.

4.
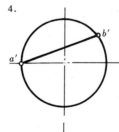

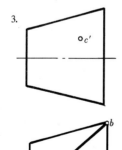
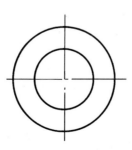
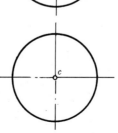

图 1-3-37　第 9 题图

实训题——基本形体投影作图

一、目的
1. 掌握基本形体的投影特性，根据长对正、宽相等、高平齐作出相应的投影图。
2. 掌握由两面投影联想和补出第三投影，提高空间想象力。

二、内容
1. 铅笔抄绘图 1-3-38 所示的投影图，并补出缺画的第三面投影。
2. 图幅 A4，按照题图量取的尺寸放大一倍画出（比例 2:1）。

三、要求
1. 画出图框、标题栏，如图 1-1-7 所示。
2. 按图示线型、线宽抄绘图样，补出缺画的投影。
3. 图内汉字写 7 号字，数字写 3.5 号字。
4. 曲面体呈现对称图形时，应画出对称中心线（细单点长划线）。

四、绘图步骤
1. 在 A2 图板上固定图纸（A4 白图纸）。
2. 画图框、标题栏稿线（用 2H 铅笔）。
3. 布置图面，做到均衡匀称。
4. 画图形稿线（注意先上后下、先左后右、先曲线后直线、先虚线后实线）。
5. 检查和修改。
6. 按图示要求加深加粗图线（粗线 0.7mm、中线 0.35mm、细线 0.18mm，用 2B 铅笔），标注汉字及尺寸，汉字写长仿宋体。
7. 标题栏中图名为"基本几何体投影练习"（7 号长仿宋字）。
8. 写汉字前打好字格，阿拉伯数字可只打字高线。

五、作业完成时间
大约 3 学时。

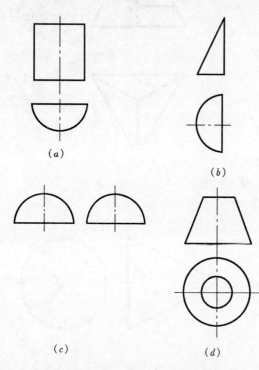

图 1-3-38 实训题——基本形体投影作图

第四章 组合体的投影

我们日常见到的建筑物或其他工程形体，都是由简单形体所组成，如图1-4-1所示高层建筑是由四棱台、圆柱体、长方体、球体等组合而成。本章主要介绍组合体投影图的画法、识读及尺寸标注。

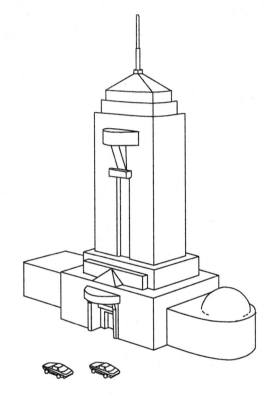

图1-4-1 高层建筑形体

第一节 组合体投影图的画法

一、组合体的组合方式

由基本形体组合而成的形体称为组合体。组合体从空间形态上看，要比前面所学的基本形体复杂。但是，经过观察也能发现它们的组成规律，它们一般由三种组合方式组合而成：

1. 叠加式

把组合体看成由若干个基本形体叠加而成，如图1-4-2（a）所示。

2. 切割式

组合体是由一个基本形体，经过若干次切割而成的，如图1-4-2（b）所示。

71

3. 混合式

把组合体看成既有叠加又有切割所组成，如图1-4-2（c）所示。

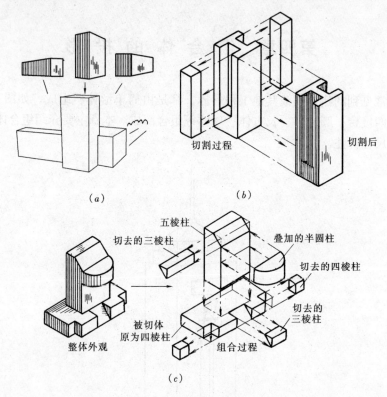

图1-4-2 组合方式
（a）叠加式组合体；（b）切割式组合体；（c）混合式组合体

二、组合体投影图的画法

画组合体投影图也有规律可循，通常先将组合体进行形体分析，然后按照分析，从其基本体的作图出发，逐步完成组合体的投影。

（一）形体分析

一个组合体，可以看成由若干基本形体按一定组合方式、位置关系组合而成。对组合体中基本形体的组合方式、位置关系以及投影特性等进行分析，弄清各部分的形状特征及投影表达，这种分析过程称为形体分析。

如图1-4-3所示为房屋的模型，从形体分析的角度看，它是叠加式的组合体：屋顶是三棱柱，屋身和烟囱是长方体，而烟囱一侧小屋则是由带斜面的长方体构成。位置关系中烟囱、小屋均位于大屋形体的左侧，它们的底面都位于同一水平面上。由图1-4-3（b）可见其选定的正面方向，所以在正立投影上反映该形体的主要特征和位置关系，侧立投影反映形体左侧及屋顶三棱柱的特征，而水平投影则反映各组成部分前后左右的位置关系，如图1-4-3（c）所示。

值得注意的是，有些组合体在形体分析中位置关系为相切或平齐时，其分界处是不应画线的，如图1-4-4所示，否则与真实的表面情况不符。

（二）确定组合体在投影体系中的安放位置

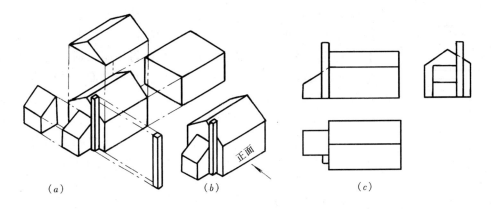

图 1-4-3 房屋的形体分析及三面正投影图
(a) 形体分析；(b) 直观图；(c) 房屋的三面正投影图

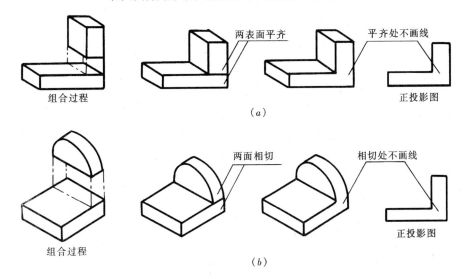

图 1-4-4 形体表面的平齐与相切
(a) 表面平齐；(b) 表面相切

在作图前，需对组合体在投影体系中的安放位置进行选择、确定，以利于清晰、完整地反映形体。

1. 符合平稳原则

形体在投影体系中的位置，应重心平稳，使其在各投影面上的投影图形尽量反映实形，符合日常的视觉习惯及构图的平稳原则。如图 1-4-3 所示的房屋模型，体位平稳，其墙面均与 V、W 面平行，反映实形。

2. 符合工作位置

有些组合体类似于工程形体，比如像建筑物、水塔等，在画这些形体投影图时，应使其符合正常的工作位置，以利理解，如图 1-4-5 所示为水塔的两面投影，不能躺倒画出。

3. 摆放的位置要显示尽可能多的特征轮廓

形体在投影体系中的摆放位置很多，但最好使其主要的特征面平行于基本投影面，使其反映实形。通常我们把组合体上特征最明显（或特征最多）的那个面，平行正立投影面

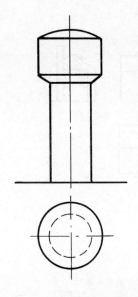

图 1-4-5 水塔的两面投影

摆放，使正立投影反映特征轮廓。如建筑物的正立面图，一般都用于反映建筑物主要出入口所在墙面的情况，以表达建筑物的主要造型及风格。对于较抽象的形体，则将最能区别于其他形体的那个面作为特征来确定，如三棱柱的三角形侧面，圆柱的圆形底面等。

（三）确定投影图的数量

确定的原则是：以最少的投影图，反映尽可能多的内容。如果特征投影选择合理，同时又符合组合体中基本形的表达要求，有的投影即可省略。如图 1-4-6 所示为混合式的组合体，它的底板是半圆柱圆孔和长方体组成，上部为长方体挖去半圆槽而成。对圆柱、圆孔形体一般只需两个投影即可表达清楚，但对长方体，则需三个投影。而对于该组合体来说，上部为长方体上挖去半圆槽，所以具有区别一般长方体的特征，所以该组合体只需两个投影图即可表达。

（四）选择比例和图幅

为了作图和读图的方便，最好采用 1:1 的比例。但工程物体有大有小，无法按实际大小作图，所以必须选择适当的比例作图。当比例选定以后，再根据投影图所需面积大小，选用合理的图幅。

（五）作投影图

画组合体投影的已知条件有两种：一是给出组合体的实物或模型；二是给出组合体的直观图。不论哪一种已知条件，在作组合体投影时，一般应按以下步骤进行：

1. 对组合体进行形体分析；

2. 选择摆放位置，确定投影图数量；

3. 选择比例与图幅；

4. 作投影图。

其中作图步骤是：

（1）布置投影图的位置、根据组合体选定的比例、计算每个投影图的大小，均衡匀称地布置图位，并画出各投影图的基准线；

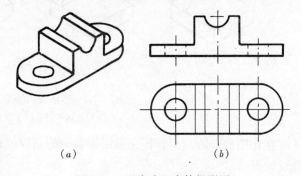

图 1-4-6 混合式组合体投影图
（a）直观图；（b）投影图

（2）按形体分析分别画出各基本形体的投影图；

（3）检查图样底稿，校核无误后，按规定的线型、线宽描深图线。

【例 4-1】 已知图 1-4-7（a）的组合体，画出它的三面正投影图。

作图方法：

1. 形体分析

该组合体类似于一座建筑物，它由左、中、右三个长方体作为墙身，中间的屋顶为三棱柱，左右屋顶为斜四棱锥体，前方雨篷为 1/4 圆柱体的若干基本形体叠加而成。

2. 选择摆放位置及正立投影方向

摆放位置如图1-4-7（a）所示，其中长箭头为正立投影方向，因为该方向显示了中间房屋的雨篷位置及其屋顶的三角形特征，同时也反映了左右房屋的高低情况及其屋顶的特征（也为三角形），故该方向反映的特征最多。

3. 作投影图（如图1-4-7（b）、（c）、（d）所示）

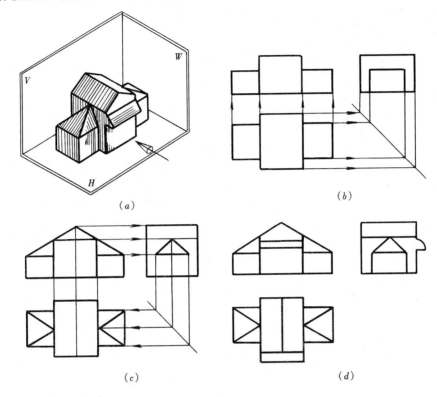

图 1-4-7 画组合体投影图

(a) 摆放位置；(b) 画墙身；(c) 画屋顶；(d) 画雨篷并完成全图

(1) 按形体分析和叠加顺序画图。先画三组墙身的长方体投影。从H面开始画，再画V、W投影。

(2) 叠加屋顶的三面投影，从反映实形较多的V面投影开始，然后画H和W面投影。

(3) 画雨篷形体的三面投影，先从W投影开始，因为此投影上反映1/4圆柱的圆弧特征。

(4) 检查稿图有无错误和遗漏。

(5) 加深加粗图线，完成作图。

【例4-2】 画出图1-4-8（a）所示组合体的三面投影图。

作图方法：

1. 形体分析

该组合体是由下方叠加两个高度较小的长方体，左方叠加一个三棱柱体，以及后方叠加长方体，同时在其略靠中的位置挖去一个半圆柱体及长方体后组合而成的组合体，属于既有叠加又有切割的混合式组合体。

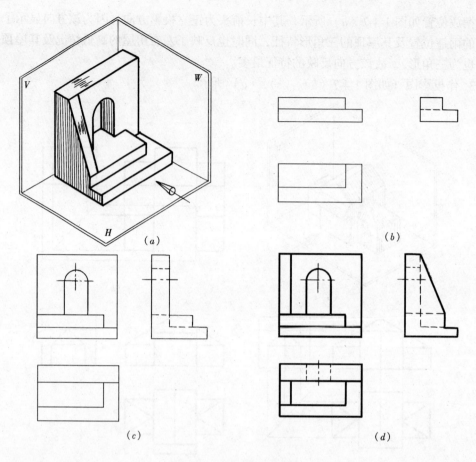

图 1-4-8 画组合体投影图
(a)摆放位置；(b)画下方长方体；(c)叠加后方长方体并挖孔；(d)叠加左侧三棱柱,完成作图

2. 选择摆放位置及正立投影方向

摆放位置及正立投影方向如图 1-4-8（a）所示，使孔洞的特征反映在正立投影上。

3. 作投影图

（1）按形体分析先画下方两长方体的三投影。如图 1-4-8（b）所示，先从 V 面投影开始作图。

（2）画出后方长方体及挖去孔洞的三投影，如图 1-4-8（c）所示。先作反映实形的 V 面投影，再作其他投影。

（3）作出叠加左方三棱柱的三面投影，如图 1-4-8（d）。先作反映实形的 W 面投影，再作 H、V 投影，因 W 投影方向孔洞、台阶形轮廓均不可见，故用虚线表示。

（4）检查并加深加粗图线，完成作图。

第二节 组合体投影图的尺寸标注

在实际工程中，没有尺寸的投影图是不能用于施工生产和制作的。组合体投影图也只有标注了尺寸，才能明确它的大小。

一、组合体尺寸的组成

组合体尺寸由三部分组成：定形尺寸、定位尺寸和总体尺寸。

1. 定形尺寸

用于确定组合体中各基本形体自身大小的尺寸称为定形尺寸。通常由长、宽、高三项尺寸来反映。这部分内容在第三章已有介绍。

2. 定位尺寸

用于确定组合体中各基本形之间相互位置的尺寸称为定位尺寸。定位尺寸在标注之前需要确定定位基准。所谓定位基准，就是某一方向定位尺寸的起止位置。对于由平面体组成的组合体，通常选择形体上某一明显位置的平面或形体的中心线作为基准位置。通常选择平面体的左（或右）侧面作为长度方向的基准；选择前（或后）侧面作为宽度方向的基准；选择上（或下）底面作为高度方向的基准。对于土建类形体，一般选择下底面作为高度方向的基准；若形体有对称性，可选择其对称中心线作为某方向的基准。

对于有回转轴的曲面体的定位尺寸，通常选择其回转轴（即中心线）作为定位基准，不能以转向轮廓线作为定位基准。

3. 总体尺寸

确定组合体总长、总宽、总高的外包尺寸称为总体尺寸。

二、组合体的尺寸标注

组合体尺寸标注之前也需进行形体分析，弄清反映在投影图上的有哪些基本形体，然后注意这些基本形体的尺寸标注要求，做到简洁合理。各基本形体之间的定位尺寸一定要先选好定位基准，再行标注，做到心中有数，无遗漏。总体尺寸标注时注意核对其是否等于各分尺寸之和，做到准确无误。

由于组合体形状变化多，定形、定位和总体尺寸有时可以兼代。组合体各项尺寸一般只标一次。

【例 4-3】 标注图 1-4-8（d）所示组合体投影图的尺寸。

1. 形体分析

该形体是由位于下方的两个长方体、后方高度较大的长方体（其中挖去了 1/2 圆柱体和一个小长方体）、在左侧的三棱柱体经叠加切割后组合而成。组合体中挖去或切去的部分也认为是形体。所以该组合体共有六个基本形体。故定形、定位尺寸，需针对这六个形体分别标注。

2. 尺寸标注

(1) 标定形尺寸

尺寸标注一般按从小到大的顺序进行，并把一个基本形体的长、宽、高依次标完后再标出其他形体的尺寸，以防遗漏。现从小形体开始标注，如 1/2 圆柱孔的定形尺寸为 V 面的 $R4$ 及 H 面的 6；长方孔高和长的定形尺寸为 V 面的 11 和 8（半圆孔直径），宽为 H 面上的 6；后方长方体的长和高为 V 面上的 28、27，宽也为 H 面上的 6。注意：在 W 面上三棱柱反映其高和宽，尺寸分别为 19 和 8，长在 V 面的对应线框内，尺寸为 3。其余小尺寸均为下方两长方体的定形尺寸，如图 1-4-9 所示。

(2) 标定位尺寸

先定基准面：长度方向以形体左侧面、宽度方向以后侧面、高度方向以下底面作为定位尺寸的基准。

从图中看出：1/2圆柱孔长度方向的定位尺寸为 V 面的14，高度方向为 11+2×4=19（间接定出），宽度方向因孔的后侧面与宽度基准重合而不需标注；长方孔的长、宽定位与圆孔相同，所不同的是高度定位尺寸为 V 面的 4+4=8（亦为间接定出）；后方长方体及下方长方体因其侧面与相应长宽高基准面重合，故不需标准定位尺寸。三棱柱的定位尺寸宽为 H 面上的6，高为 V 面上的 4+4=8，长度方向定位尺寸因其左侧面与基准面重合不需标注。

(3) 标总体尺寸

从图中可见，总长为28、总高为27、总宽为20。

三、尺寸标注中的注意事项

尺寸标注合理、布置清晰，对于识图和施工制作都会带来方便，从而提高工作效率，避免错误发生，所以十分重要。在布置组合体尺寸时，除应遵守第一篇第一章第一节尺寸标注的有关规定外，还应做到以下几点：

(1) 尺寸一般应布置在图样之外，以免影响图样清晰。所以，在画组合体投影图时，应注意适当拉大两投影图的间距。但有些小尺寸，为了避免引出的距离过远，也可标注在图内，如图 1-4-9 中的 R4 和 3，但尺寸数字尽量不与图线相交。

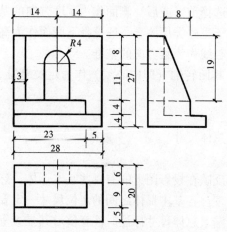

图 1-4-9　组合体的尺寸标注

(2) 尺寸排列要注意大尺寸在外，小尺寸在内，并在不出现尺寸重复的前提下，尽量使尺寸构成封闭的尺寸链，如图 1-4-9 中 V 面上竖向的两道尺寸，以符合建筑工程图上尺寸的标注习惯。

(3) 反映某一形体的尺寸，最好集中标在反映这一形体特征的投影图上。如图 1-4-9 中半圆孔及长方孔的定形尺寸，除孔深尺寸外，均集中标在了 V 面投影图上。

(4) 两投影图相关的尺寸，应尽量标在两图之间，以便对照识读。

(5) 为使尺寸清晰、明显，尽量不在虚线图形上标注尺寸。如图 1-4-9 中的圆孔半径 R4，注在了反映圆孔实形的 V 投影上，而不注在 H 面的虚线上。

(6) 斜线的尺寸，采用标注其竖直投影高和水平投影长的方法，如图 1-4-9 所示 W 面上的 8 和 19，而不采用直接标注斜长的方法。

第三节　组合体投影图的识读

组合体形状千变万化，由投影图想像空间形状往往比较困难，所以掌握组合体投影图的识读规律，对于培养空间想像力、提高识图能力，以及今后识读专业图，都有很重要的作用。

一、识读的方法

识读组合体投影图的方法有形体分析法、线面分析法等方法。

（一）形体分析法

与绘制组合体投影的形体分析一样，此时分析投影图上所反映的组合体的组合方式，各基本形体的相互位置及投影特性，然后想像出组合体空间形状的分析方法，即为形体分析法。

一般来说，一组投影图中总有某一投影反映形体的特征要多些。比如正立面投影通常用于反映形体的主要特征，所以，从正立面投影（或其他有特征投影）开始，结合另两个投影进行形体分析，就能较快地想像出形体的空间形状。如图 1-4-10 所示的投影图，特征比较明显的是 V 面投影，结合观察 W、H 面投影可知，该形体是由下部两个长方体上叠加一个中间偏后位置的长方体（后表面与下部两长方体的后表面平齐），然后再在其上叠加一个宽度与中间长方体相等的半圆柱体组合而成。在 W 投影上主要反映了半圆柱、中间长方体与下部长方体之间的前后位置关系，在 H 投影上主要反映下部两个长方体之间的位置关系。综合起来就很容易地想像出该组合体的空间形状。

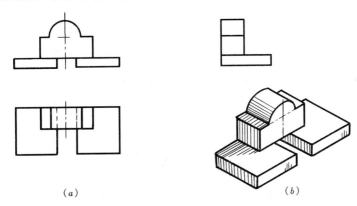

图 1-4-10　形体分析法
（a）投影图；（b）直观图

（二）线、面分析法

为了读懂较复杂的组合体的投影图，还需用另一种方法——线面分析法。它是由直线、平面的投影特性，分析投影图中线和线框的空间意义，从而想像其空间形状，想出整体的分析方法。这种方法在运用时，需用到本篇第二章所介绍的直线、平面的投影特性。

观察图 1-4-11（a）所示，并注意各图的特征轮廓，可知该形体为切割体。因为 V、H 面投影有凹形，且 V、W 投影中有虚线，那么 V、H 投影中的凹形线框代表什么意义呢？经"高平齐"、"宽相等"对应 W 投影，可得一斜直线如图 1-4-11（b）。根据投影面垂直面的投影特性可知该凹形线框代表一个垂直于 W 面的凹字形平面（即侧垂面）。结合 V、W 面的虚线投影可知，该形体为顶面有侧垂面的四棱柱在后方中间切去一个小四棱柱后得到的组合体，如图 1-4-11（b）中的直观图。

二、识读要点

识读投影图除注意运用以上方法外，还需明确以下几点，以提高识读速度及准确性。

（一）联系各个投影想像

要把已知条件所给的投影一并联系起来识读，不能只注意其中一部分。如图 1-4-12（a）所示，若只把视线注意在 V、H 上，则至少可得右下方所列的三种答案。

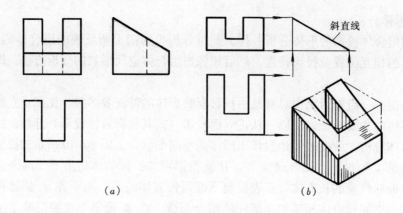

图 1-4-11 线、面分析法
(a) 投影图；(b) 线面分析过程

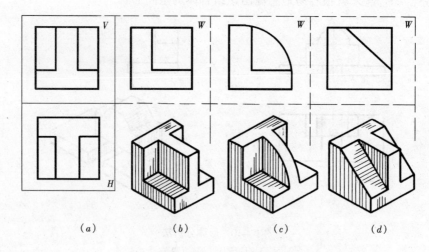

图 1-4-12 把已知投影联系起来看
(a) 只注意 V、H；(b) 答案1；(c) 答案2；(d) 答案3

由于答案没有惟一性，显然不能用于施工制作。只有把 V、H 面投影和 1-4-12 (b)、(c)、(d) 中任何一个作为 W 投影联系起来识读，才能有惟一准确的答案。

（二）注意找出特征投影

图 1-4-13 所示的 H 投影，均为各自形体的特征投影（或称特征轮廓）。能使一形体区别于其他形体的投影，称为该形体的特征投影。找出特征投影，有助于想像组合体空间形状。

（三）明确投影图中直线和线框的意义

在投影图中，每条线、每个线框都有它的具体意义。如一条直线表示一条棱线、还是一个平面？一个线框表示一个曲面、还是平面？这些问题在识读过程中是必须弄清的，是识图的主要内容之一，必须予以足够的重视。

1. 投影图中直线的意义

由图 1-4-14 (a) 可知，该形体为一个三棱锥体，在 V 面三角形投影的两腰线中，左面一条表示锥体的左侧棱线，而右面一条则表示锥体的右侧面（或表示右前及右后侧棱）。图 1-4-14 (b) 的 V 投影也为三角形，但对照 H 面的圆形投影可知，该形体为圆锥体，V 面三

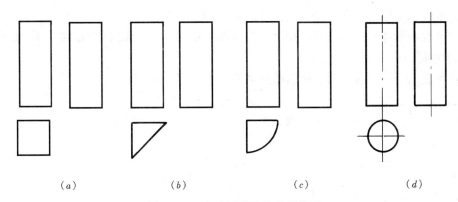

图 1-4-13 H 面投影均为特征投影
（a）长方体；（b）三棱柱体；（c）1/4 圆柱体；（d）圆柱体

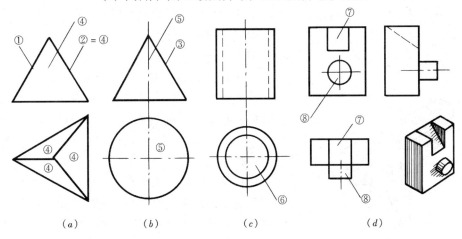

图 1-4-14 投影图中线和线框的意义
（a）三棱锥体；（b）圆锥体；（c）圆筒体；（d）带有槽口并叠加圆柱的形体

角形投影的两条腰线，表示的是圆锥曲面左右转向素线的投影，它既不是棱线也不是平面。

由上述可知，投影图中的一条直线，一般有三种意义：

（1）可表示形体上一条棱线的投影（图 1-4-14a 中的①）；

（2）可表示形体上一个平面的积聚投影（图 1-4-14a 中的②）；

（3）可表示曲面体上转向素线的投影，但在其他投影中，应有一个具有曲线图形的投影（图 1-4-14b 中的③）。

2. 投影图中线框的意义

图 1-4-14（a）、（b）中 V 面投影的线框均为等大三角形，可前者表示平面（前侧面及后侧面），而后者则表示圆锥曲面；再对应 H 投影可知，投影有曲线的，则其对应的 V 投影线框肯定是圆锥曲面，反之其对应的一般是平面。

再观察图 1-4-14（c）的两面投影，H 面的内圆表示圆柱上有圆孔的投影，圆孔在 V 上不可见，故用虚线表示；图 1-4-14（d）表示有斜槽和正前方叠加有圆柱的组合体投影图，它们在 V、H 面上的投影均用线框来表示。

由上述可知，投影图中的一个线框，一般也有三种意义：

(1) 可表示形体上一个平面的投影（图 1-4-14a 中的④）；

(2) 可表示形体上一个曲面的投影，但其他投影图应有一曲线形的投影与之对应（图 1-4-14b 中的⑤）；

(3) 可表示形体上孔、洞、槽或叠加体的投影（图 1-4-14c 中的⑥和图 1-4-14d 中的⑦、⑧）。

然而，一条直线、一个线框在投影图中的具体意义，还需联系具体投影图及其投影特性来分析才能确定。

三、识图步骤

1. 认识投影抓特征

大致浏览已知条件有几个投影图，并注意找出特征投影。如图 1-4-15 所示柱头的投影有三个：V 面投影反映了柱头构造的主要特征，上部为梁、下部为柱，梁下的梯形部分为梁托，H、V 投影反映了这些构件间的位置关系。

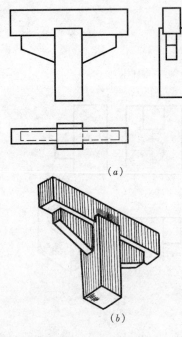

图 1-4-15 柱头的投影

2. 形体分析对投影

注意特征投影后，就着手形体分析。首先注意组合体中各基本形体的组成、表面间的相互位置怎样。如图 1-4-15 所示柱头各构件均为四棱柱体，叠加组合时以柱子为中心，上部为大梁，左右为梁托，柱子与其他构件的前后表面不平齐，所以在 H、V 投影上梁托与梁的前后表面投影与柱身的投影不重合，空间有错落，H 面上梁托不可见，用虚线表示。然后利用"三等关系"对投影，检查分析结果是否正确。

3. 综合起来想整体

对于图 1-4-15 的投影经以上两步的分析，即可想像出图中所给出的立体形状了。形体的投影图比较复杂、较难理解时，就需进行线面分析。

4. 线面分析解难点

即用线面分析法对难理解的线和线框，根据其投影特性进行分析，同时根据本节提出的线和线框的意义进行判断和选择，然后想出形体细部或整体的形状，如图 1-4-11 所示的分析过程就是一个例子。现再举例说明。

【例 4-4】 识读图 1-4-16 的三投影图，想出其空间形状。

识读过程如下：

(1) 认识投影抓特征

从三投影的外轮廓看，形体无明显特征，三个投影的外轮廓均为矩形线框，所以由此联想的形体仅为长方体，如图 1-4-17 所示。然而，各投影图内部还有很多线框，尚需经过形体分析、线面分析才能确定。

(2) 分析形体对投影

各投影图内均有不同形状的线框，而外轮廓却平直方正，无突出的线框，说明该形体是长方体经切割若干次后形成的较复杂的形体。

(3) 线面分析攻难点

细看投影图中各线框可发现，W 投影上的斜直线及与它相连的两个三角形 s''、t''（见图 1-4-18a 中的 W 投影），是内部线框中的主要特征。由上面分析，已知该形体为切割长方体得到的，所以 W 面上的两个三角形线框，有可能是切去两个三棱柱、或切去两个三棱锥、或切去一个三棱柱和一个三棱锥的投影。看来，切去三棱锥的情况是不可能的，因为在 V、H 面投影内无三角形线框的投影与之对应，所以，形体最终只能是切去两个三棱柱（长度小于长方体的长度），W 面投影上的两个三角形线框即为其特征。

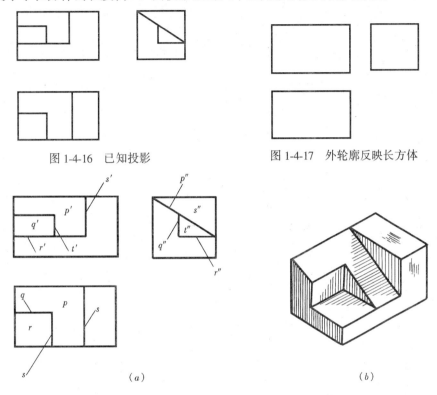

图 1-4-16　已知投影　　　　图 1-4-17　外轮廓反映长方体

图 1-4-18　线面分析及直观图

具体线面分析如下（如图 1-4-18a 中的标注）：

W 面上的斜直线（记作 P''）是形体切去一个三棱柱后的一个表面的积聚投影，对应的 V 面投影是倒"L"线框 P'，再对应 H 面投影也为倒"L"形线框（记作 P）。故由投影特性，可知 P 面为侧垂的倒"L"形平面。

W 面上的竖向短直线 q''，经高平齐对 V 面得"口"形线框 q'，以宽相等对 H 面投影得一水平短线 q，所以据投影特性可知，为一"口"形的正平面。

W 面内的横直线 r''，向 V 对投影可得一横直线 r' 与之平齐，经 r'' 向 H 面对投影则有一矩形线框 r 与之"宽相等"，而 r 和 r' 也能"长对正"。所以 W 面 r'' 也代表一个平面，且为矩形水平面。

W 面内的两个三角形线框 s''、t''，经对投影，也都符合侧平面的投影特性，读者可自行分析。其中 s'' 线框是切去第一个大三棱柱后留下的端面的实形投影，t'' 线框是切去第二个三棱柱后留下的端面投影。

(4) 综合起来想整体

立体状况如图 1-4-18（b）所示。

第四节　组合体投影图的补图与补线

识读组合体投影图，是识读专业施工图的基础。由三面投影图联想空间形体是训练识图能力的一种有效方法。但也可通过给出两面投影补画第三投影（简称补图或知二求三）；或给出不完整的有缺线的三面投影，补全图样中图线的方法（简称补线），来训练画图和识图能力。

补图或补线过程中所用的分析方法，仍是形体分析法和线面分析法，或通过画轴测图帮助构思的方法。但它们与给出三投影图的识图过程比较，在答案的多样性、解题的灵活性以及投影知识的综合应用上，都将有所加大。

无论是补图还是补线，都是基于点、直线、平面及基本形体投影特性的熟练掌握基础上的。

一、补图

【例 4-5】　识读图 1-4-19（a）的两面投影，补出 H 面投影。

（一）识读

(1) 粗看已知投影图，最醒目的是在 V 上有半圆曲线，结合 W 上虚线分析，可知形体下部挖去了一个半圆柱体。再注意其他外轮廓投影，可知形体是由长方体切去左、右下方两个三棱柱及正下方的半圆柱体，又在上方叠加了一前一后的两长方体而成，如图 1-4-19（b）所示。

(2) 在线面分析时，一般先从斜线、曲线等有显著特征的投影开始。本例 V 面上的斜直线，是切去左右两角以后的侧表面的积聚投影，该平面的形状，经对应 W 投影可得一矩形线框。所以，V 面投影中左右侧的两条斜直线代表的是两个矩形正垂面。根据正垂面的投影特性，还需在 H 面上对应画出框形线框。V 面半圆曲线代表正垂位置的半圆柱曲面的积聚投影，所以，在 H 面上的对应位置还应画上圆柱面的矩形投影（靠点画线的两虚线）。上方两长方体的位置特征在 W 上反映，在 H 面作出的将是一上一下两个长方

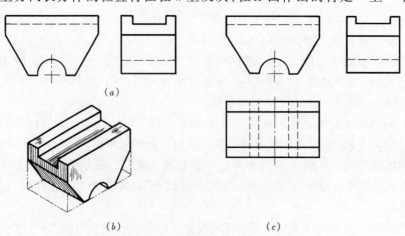

图 1-4-19　由两面投影求第三面投影

(a) 已知的两面投影；(b) 直观图；(c) 补出 H 面投影后的三面投影

形实线框，如图 1-4-19（c）所示。

（二）补图——画出 H 面投影

(1) 先画未切割时的长方体 H 投影；

(2) 再画切去左、右两角以后形成两正垂面的矩形线框，以及底部半圆槽的矩形线框（用虚线表示）；

(3) 最后画出上部叠加长方体后的 H 投影；

(4) 检查后加深加粗图线，画出半圆槽的中心线，如图 1-4-19（c）所示。

【例 4-6】 已知形体的 H、V 投影，如图 1-4-20（a）所示，完成其 W 投影。

（一）分析：

1. 认识投影抓住形体大的特征

根据图 1-4-20（a）两投影的外轮廓，可想象出是由长方体切去两个三棱柱后形成的，如图中（b）、（c）所示。

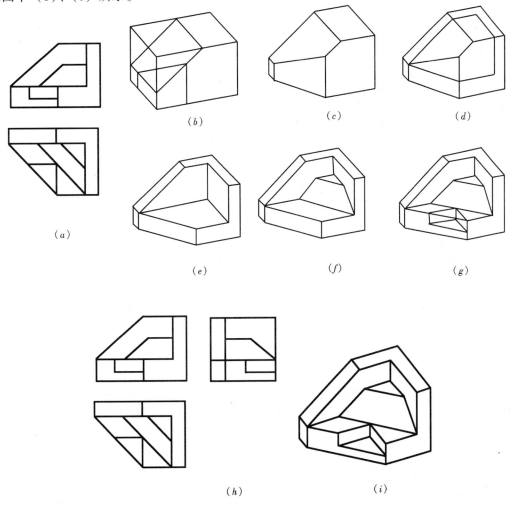

图 1-4-20

(a) 已知投影；(b) 由外轮廓特征想形体；(c) 初步确定形体；(d) 移图法想象；(e) 切割形体的想象；(f) 中间形体为三棱台；(g) 前方切去小三棱柱的想象；(h) 补出的第三面投影；(i) 答案的立体图

2.利用投影关系,建立并联并想象

观察 V、H 投影内部的"⌐"和"¬"线(是两个投影中"长对正"的图线),用移图法画在图(d)上,可联想成同时向下、向后切割左上形体形成的一个新形体,如图(e)所示。

3.应用线面分析法想象形体细部

(1) V 投影内部有梯形线框,与 H 投影中的斜向梯形线框长对正,同时 H 中梯形线框右侧有三角形线框,与 V 中梯形的上底横线对齐,据此可想象出该形体为三棱台,如图(f)所示。两投影中的梯形线框应为一般位置平面,故在 W 投影中亦应是梯形投影。

(2) H 投影中的左下三角形线框,对应于 V 面中的小矩形,经联想该处切去一个三棱柱体,如图(g)所示。

4.综合分析、联想整体

联想的形体的外观如图(i)所示。

(二)补画 W 投影

补出的投影,如图(h)所示。步骤如下:

1.根据如图(c)所示的形体分析,画出 W 投影外轮廓为矩形。
2.由图(d)、(e)的分析,画出 W 投影内部的"丨"字线。
3.在 W 中画出三棱台侧面的梯形线框投影,该线框为一般位置平面。
4.最后画出切去左前方三棱柱的投影。

【例 4-7】 已知形体 V、H 投影,如图 1-4-21(a)所示,完成其 W 投影。

(一)识读

(1)根据 V、H 投影的外轮廓可想出如图 1-4-21(b)所示的五棱柱体,它是由长方体切去左前角而成,但这仅仅是外部特征。

(2)进一步对投影、分析形体,可知该形体是既有叠加又有切割的混合式组合体。

首先组合体的下方形体是个有斜面(反映在 V 面是一条斜线)的五棱柱体,后方叠加了一个长方体,右前上方又叠加一个既像三棱柱又像长方体,或者还可能是有圆柱曲面的三棱柱体,有这么多答案的原因是已知该位置的两投影都没有明显的特征。对于本题右侧的矩形框代表三棱柱、或圆柱曲面的三棱柱是正确的,对于这部分投影线框,至少有两个答案,如图 1-4-21(c)所示。对多答案的投影,一般选择常人容易联想的、尽量简单的那个答案,所以,对于该部分形体则选三棱柱为最终答案。

(3)进行线面分析。由 H 面中的斜直线对 V 面投影的相应线框,可得其为铅垂位置的六边形平面,所以根据铅垂面的投影特性,在 W 面的对应位置上,也应有一个六边形的线框。同理,V 面上的斜直线经对应 H 面投影可知,该斜直线代表一个梯形的正垂面,所以根据正垂面的投影特性,在 W 面对应位置上也应画一个梯形线框。立体的想像过程如图 1-4-21(d)~(f)所示。这种想像过程,相当于把某个投影面的正投影图,平移后画到了形体外轮廓直观图上,然后按已知条件及分析出的结论,向内部切割或进行叠加,帮助在较短时间内想出该立体的形状,这种方法称移图法。

(4)结合图 1-4-21(c)中的选择,可想出该组合体的整体形状,如图 1-4-21(f)所示。

(二)补图

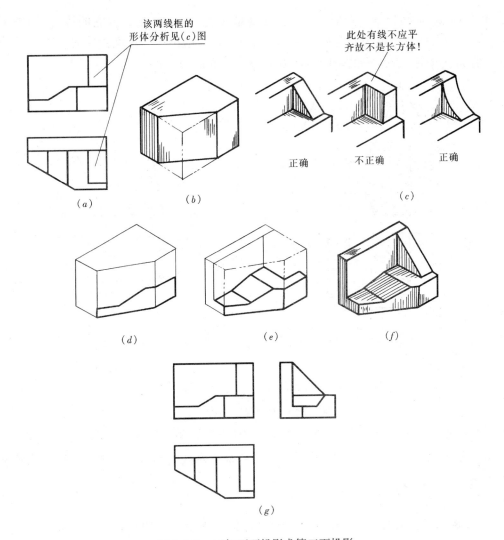

图 1-4-21 已知两面投影求第三面投影

(a) 已知两面投影;(b) 抓特征:五棱柱;(c) 右前方形体的分析;(d) 下方形体前表面的直观图;
(e) 下方形体与后部上方形体的直观图;(f) 整体外观;(g) 补出 W 面后的三面投影

(1) 先画图 1-4-21(b) 外轮廓形体的 W 投影。
(2) 再由下向上画出六边形和梯形线框。
(3) 最后画出右前上方三棱柱的三角形线框,并擦去多余图线。
(4) 检查后加深加粗、完成作图,如图 1-4-21(g) 所示的 W 投影。

由以上举例可知,由两投影求第三投影,答案有时不止一个。如图 1-4-22(a) 所示由 V、W 投影求 H 投影时,图中列出了三种答案。对于多解题目的处理原则是:

(1) 只要符合投影关系(长对正、高平齐、宽相等),任一种答案均可。
(2) 土建类形体优先考虑。
(3) 直线的意义按平面的积聚投影→棱线的投影→曲面体转向轮廓线的投影的顺序考虑,答案必在其中。
(4) 如果两已知投影都是平面的积聚投影时,往往其形状的确定成了难点。如图

1-4-22（a）V、W 投影中三角形底边线，无疑是代表一个水平面，但它的答案至少想出三种，一般以选择简单的为好。如果像图 1-4-22（b）给出 V、H 面投影时，求 W 面投影比较容易且答案也是惟一的，原因是 H 面反映了底面的形状特征。

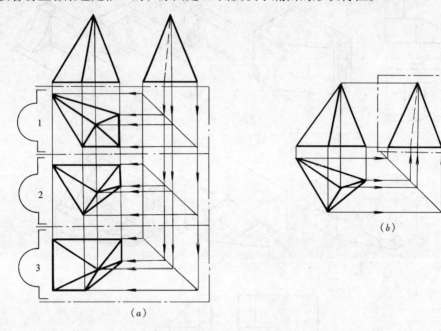

图 1-4-22 棱锥体的多种答案
(a) 棱锥体的多种答案；(b) 由 V、H 投影补 W 投影，答案容易确定

补图是识图的练习方法，不是施工图，故局部多解的情况时常遇到，如无特殊要求，一般只答一解。

二、补线

【例 4-8】 试补出图 1-4-23（a）所示 H 面投影图上缺画的图线。

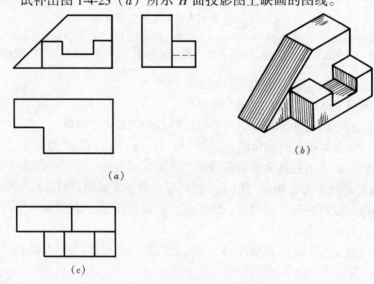

图 1-4-23 补出 H 面上缺画的图线

（一）分析

观察 V 面外轮廓可知，形体是带有正垂面（斜直线表示）的四棱柱体，再看 W 面外轮廓可知，在四棱柱前，还有一个高度较小的长方体，中间横向有一条虚线。再对应 V 面可见，该长方体中间切去一个小长方体，形成一个凹字形槽口。

由此可知，V 面的斜直线是代表一个矩形的正垂平面，因为 W 面上对应的投影是一个矩形线框，所以在 H 面投影上也应对应画出一个类似的矩形线框，前方形体 V 投影显凹字形的折线，即是三个水平面及两个侧平面，所以 H 面对应位置是三个矩形线框，呈"四"字形，直观图如图 1-4-23（b）所示。

（二）补线

(1) 根据以上分析，先画后方四棱柱上正垂面的 H 面投影，它是一个矩形线框。
(2) 画出前方形体的 H 面投影，它是一个"四"字形线框。
(3) 检查并加深加粗，完成作图，如图 1-4-23（c）所示。

思 考 题

1. 什么叫做组合体？组合体的组合方式有几种？
2. 画组合体投影图时有哪些主要步骤？
3. 什么是形体分析法和线面分析法？
4. 组合体应标注哪三类尺寸？标注尺寸时应注意哪些问题？
5. 由直观图画形体的三面正投影图，比例 1:1，不标尺寸，如图 1-4-24 所示。
6. 已知组合体的两面投影，完成其第三面投影，如图 1-4-25 所示。

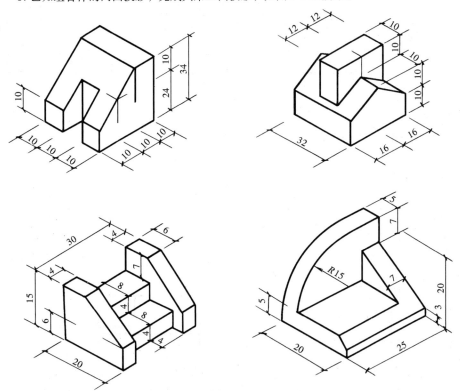

图 1-4-24　第 5 题图

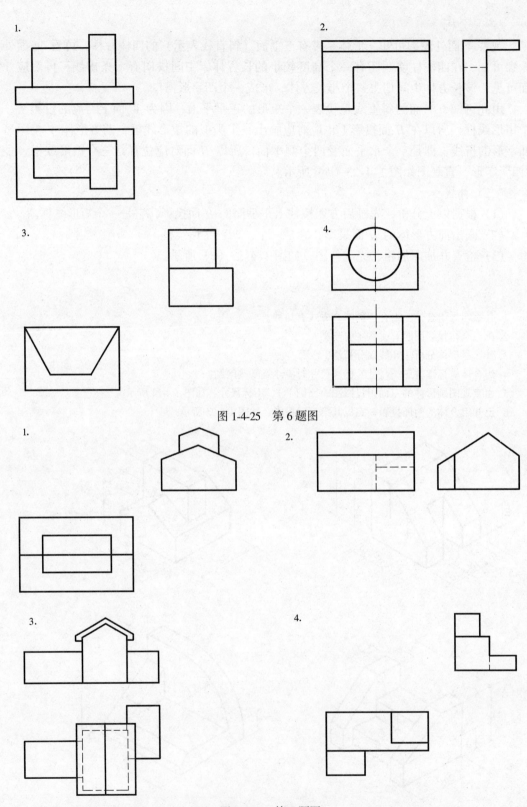

图 1-4-25　第 6 题图

图 1-4-26　第 7 题图

7. 已知建筑形体的两面投影（图 1-4-26），试完成其第三面投影。
8. 根据直观图补绘投影图中缺画的图线，如图 1-4-27 所示。
9. 补绘投影图中缺画的图线，如图 1-4-28 所示。

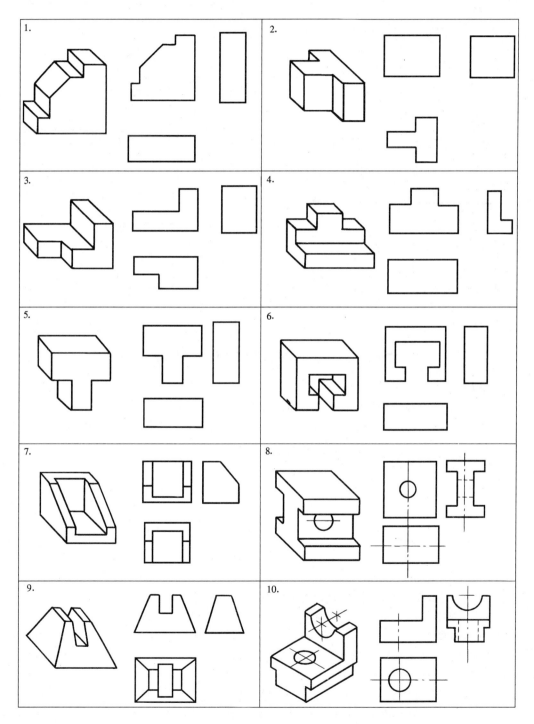

图 1-4-27　第 8 题图

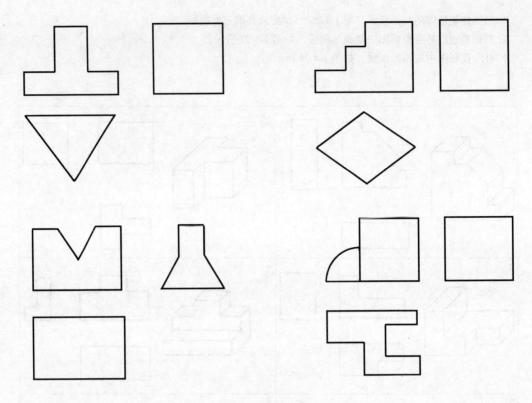

图 1-4-28 第 9 题图

实训题——组合体投影作图与尺寸标注练习

一、目的

1. 熟练掌握组合体投影作图及读图中的形体分析法。
2. 掌握组合体投影的绘制步骤（先从特征投影开始，再画其他投影，根据形体分析的步骤绘图）。
3. 掌握组合体投影的尺寸标注内容和标注方法。
4. 正确识读组合体投影图，正确应用线面分析法。

二、内容

1. 绘制图 1-4-29 所示组合体的三面投影图，并标注尺寸。
2. 备 A4 图幅铅绘白图纸两张，每题一张图纸。注意不画立体图。
3. 比例自定，铅笔抄绘。

三、要求

1. 画出图框、标题栏，如图 1-1-7 所示。
2. 根据图示立体及尺寸绘制相应投影，并在投影图中标注尺寸。
3. 图内汉字写 7 号字，数字写 3.5 号字。

四、绘图步骤

1. 在 A2 图板上固定图纸（白图纸）。
2. 画图框、标题栏稿线（用 2H 铅笔）。
3. 对组合体进行形体分析，明确其主要的特征面，将特征面反映在 V 面。
4. 注意完整详尽地标注组合体的定形、定位、总体尺寸，从里到外标注，注意尺寸排列不超过三道。做到在实形投影上标注尺寸。

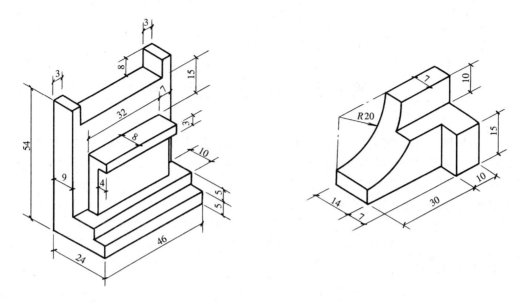

图 1-4-29 实训题——组合体立体图

5. 标注尺寸时,两投影之间应留有 35mm 左右的空隙。

6. 布置图面,做到均衡匀称。

7. 画图形稿线时要画得轻细,稿图画完后再标注尺寸(注意先上后下、先左后右、先曲线后直线、先虚线后实线)。

8. 检查和修改。

9. 按图示要求加深加粗图线(粗线 0.7mm、中线 0.35mm、细线 0.18mm,用 2B 铅笔),标注汉字及尺寸,汉字写长仿宋字。

10. 标题栏中图名为"组合体投影及尺寸标注练习"。

11. 写汉字前打好字格,阿拉伯数字可只打字高线。

五、完成时间

每题大约 2 学时(按先画好图框、标题栏和栏内文字后的时间计算),教师可要求课堂上两学时完成并交图。学生应提前画好图框和标题栏。

第五章 轴测投影

正投影图具有作图简便、能反映实形、便于标注尺寸等优点，但缺点是立体感差，常需将一个物体的多个投影图结合起来一起分析，才能联想出整体形状，识图较难。为了便于读图和表达，在工程上用一种具有较强立体感的投影图来表达形体作为辅助图样，这样的图称为轴测图，如图 1-5-1 所示。

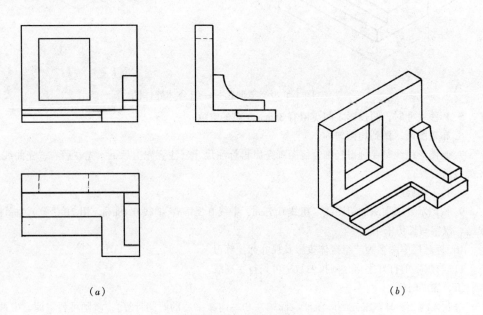

图 1-5-1 形体的正投影和轴测投影
（a）正投影图；（b）轴测投影图

第一节 轴测投影的形成与分类

一、轴测投影的形成

轴测投影是将形体以及确定形体空间位置的直角坐标轴一起向某一投影面进行平行投影，所得到的能够反映形体三个侧面形状的立体图称为轴测投影（简称轴测图）。形成轴测投影的那个投影面称为轴测投影面，通常用 P 作代号，如图 1-5-2 所示。图中 O_1X_1、O_1Y_1、O_1Z_1 是空间直角坐标轴 OX、OY、OZ 的轴测投影，称为轴测轴。在 P 面上，相邻轴测轴之间的夹角，称为轴间角。

二、轴测投影的分类

轴测投影根据投影线与轴测投影面的夹角不同分为两类：

（一）正轴测投影

平行投影的方向垂直于轴测投影面，且空间直角坐标轴 OX、OY、OZ 均倾斜于轴测投影面时所形成的轴测投影，简称正轴测。

（二）斜轴测投影

平行投影的方向倾斜于轴测投影面，而空间直角坐标轴中有两根坐标轴平行于轴测投影面时所形成的轴测投影，简称斜轴测。

三、轴测投影的特性

轴测投影属于平行投影，所以轴测投影具有平行投影中的所有特性。

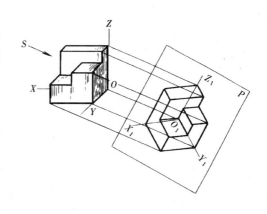

图 1-5-2　轴测投影的形成

由于空间形体的直角坐标轴可与投影面 P 倾斜，其投影都比原来长度短，它们的投影与原来长度的比值，称为轴向变形系数，分别用 p、q、r 表示，即：

$$p = O_1X_1/OX, \quad q = O_1Y_1/OY, \quad r = O_1Z_1/OZ$$

轴测投影具有以下特性：

（一）直线的轴测投影仍然是直线。

（二）空间互相平行的直线段，其轴测投影仍然互相平行。所以与坐标轴平行的线段，其轴测投影也平行于相应的轴测轴。

（三）只有与轴平行的线段，才与轴测轴发生相同的变形，其长度才按轴向变形系数 p、q、r 来确定和测量。

第二节　常用轴测投影的画法

在实际应用中常用的轴测投影有正等测、正面斜二测和水平斜二测等，这些轴测投影绘制比较简便，应用较多。

一、正等测投影的画法

空间形体的三个坐标轴与轴测投影面的倾角相等，且投影线垂于投影面 P 时得到的投影就是正等测投影，简称正等测，如图 1-5-1 即为其形成过程的立体图，是正轴测投影的一种。

由于三个坐标轴与轴测投影面的倾角相等，它们的轴向变形系数也就相等。经计算，可知：

$$p = q = r = 0.82$$

轴向变形系数为 0.82，作图时就需要计算，显得烦琐。故实际应用时常把它简化为 1，即简化系数为 $p = q = r = 1$，即与轴平行的线段按实际量取画出。但这样画出来的图形，要比实际的大一些，即各轴向线段的长度是实长的 1.22 倍。

由于形体的三个坐标轴，与轴测投影面的倾角相等，则三个轴测轴之间的夹角也一定相等，即每两个轴测轴之间的轴间角均为 120°，如图 1-5-3（a）所示。作图时，规定把 O_1Z_1 轴画成铅垂线，故其余两轴与水平俯角应为 30°，可直接用三角板配合丁字尺来作图，所以正等轴测图的轴测轴画法比较简便，如图 1-5-3（b）所示。

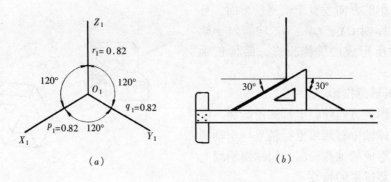

图 1-5-3 正等测轴测轴的画法

画正等测轴测图时,首先应对形体的正投影图作初步分析。为使形体表示清楚,应确定形体在坐标轴间的方位,即合适的观看角度,通常以选择坐标原点形式来反映。然后画出轴测轴,并按轴测轴方向及正等测的轴向变形系数(用简化系数为1),确定形体各顶点及主要轮廓线段的位置,最后画出形体的轴测投影图。作图时应当注意,平行于坐标轴的线段,在轴测图中应与对应的轴测轴平行,而且只有这种平行于坐标轴的线段,才按简化系数1量取。

根据形体特点,通过形体分析可选择各种不同的作图方法,如叠加法、切割法和坐标法等。

【例 5-1】 作图 1-5-4（a）所示组合体的正等测图。

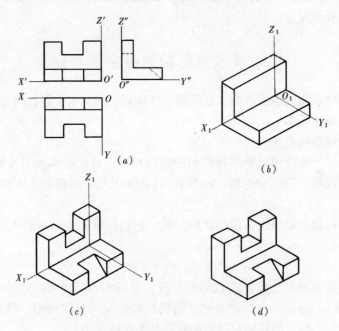

图 1-5-4 组合体正等测轴测图的画法

从图中看出,该组合体是一个综合式的组合体,既有叠加,也有切割。组合方式是,先由两个长度相等的四棱柱上下叠加,且上面四棱柱上方被切去一个小四棱柱,下面四棱柱的前方被切去一个小三棱柱。作图时应按先叠加后切割的方法作图,作图步骤如图

1-5-4 所示。其步骤如下：

（1）画正等测轴测轴。

（2）在正投影图上定坐标原点 O，本题选择在形体的右后下方，如图 1-5-4（a）所示。

（3）根据正投影，按1:1量取图中尺寸（采用简化系数为1），作出底部和上部叠加的长方体的轴测图，如图 1-5-4（b）所示。

（4）根据形体分析，对上下形体进行切割作图，如图 1-5-4（c）所示。

（5）擦去不可见图线和轴测轴等，对图样检查后进行加深处理，完成作图，如图 1-5-4（d）所示。

曲面体正等测图的做法主要反映在圆的轴测图的画法。当形体上带有平行于坐标面的圆时，该圆的正等测图是椭圆，如图 1-5-5 所示。各椭圆的长轴都在圆的外切正方形轴测图的长对角线上，短轴都在短的对角线上，长轴的方向分别与相应的轴测轴垂直，短轴的方向分别与相应的轴测轴平行。椭圆的作图方法常采用四心法近似地作图，如图 1-5-6 为平行于 OX 轴和 OY 轴所决定的坐标面的圆正等测图的作图步骤：

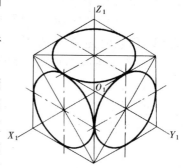

图 1-5-5 各坐标平面内的圆的正等测图

如图 1-5-5 为不同坐标平面内圆的正等测举例。圆的正等轴测图的近似画法（简称四心法）如下：

（1）先画出圆的外切正四边形的正等测为一菱形，同时作出其两个方向的直径 a_1c_1 及 b_1d_1（图 1-5-6b）。

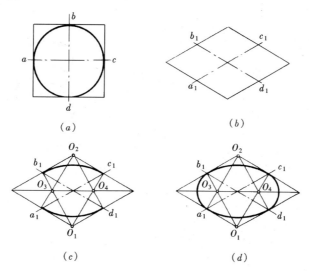

图 1-5-6 圆的正等测图的画法——四心法

（2）菱形的两个钝角的顶点为 O_1 及 O_2，连 O_1b_1 和 O_1c_1，分别交菱形的长对角线于 O_3、O_4，得四个圆心 O_1、O_2、O_3、O_4（图 1-5-6c）。

(3) 以 O_1b_1 为半径，分别以 O_1 和 O_2 为圆心，作上下两段弧线，再以 O_3b_1 为半径，分别以 O_3 和 O_4 为圆心，作左右两段弧线，即得圆的正等测图样——椭圆，如图 1-5-6 (d) 所示。

【例 5-2】 画出如图 1-5-7 (a) 所示形体的正等测图。

分析已知条件可知，圆柱体高度为 Z_1，在前上方切去一个高为 Z_2 的 1/2 圆柱体，故该形体为切割型组合体。因圆柱体上下底圆平行于水平面，所以上下底圆的轴测图为长轴水平的椭圆。作图步骤为：

(1) 画轴测轴并画圆柱轴线，在轴线上量取圆柱高度 Z_1，再在上下两个端点分别作圆外切正四边形的正等轴测图——菱形，如图 1-5-7 (b)。

(2) 在上下两菱形内，用四心法作椭圆，并作上下两椭圆左右的两条切线，如图 1-5-7 (c)。

(3) 量取切口高度 Z_2 作切口处半圆的正等轴测图，同时画出其他相应的轮廓线，如图 1-5-7 (d)。

(4) 擦去辅助线，加深图线即得带切口圆柱的正等测图，如图 1-5-7 (e)。

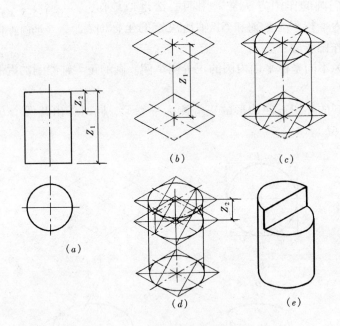

图 1-5-7 带切口圆柱的正等测图

二、斜轴测投影的画法

当投影线互相平行且倾斜于轴测投影面时，得到的投影称为斜轴测投影，其图形简称斜轴测图。斜轴测投影又可分为正面斜轴测和水平斜轴测两种。

（一）正面斜轴测

当形体的 OX 轴和 OZ 轴决定的坐标面平行于轴测投影面，而投影线倾斜于轴测投影面时，得到的轴测投影称为正面斜轴测投影。如图 1-5-8 (a) 所示，由于 OX 轴与 OZ 轴平行于轴测投影面，所以 $p = r = 1$，$\angle X_1O_1Z_1 = 90°$，而 $\angle X_1O_1Y_1$ 与 $\angle Y_1O_1Z_1$ 常取 135°，

$q = 0.5$，这样得到的投影图，形体的正立面不发生变形，只有宽度变为原宽度一半，这样轴测图也称为正面斜二测。

工程图中，表达管线空间分布时，常将正面斜轴测图中的 q 取 1，即 $p = q = r = 1$，叫做斜等测图。

（二）水平斜轴测图

如图 1-5-9（a）所示，当形体的 OX 轴和 OY 轴所确定的坐标面（水平面）平行于轴测投影面，而投影线与轴测投影面倾斜一定角度时，所得到的轴测投影称为水平斜轴测。由于 OX 轴与 OY 轴平行于轴测投影面，所以 $p = q = 1$，$\angle X_1 O_1 Y_1 = 90°$，而 $\angle Z_1 O_1 X_1$ 取 $120°$，$r = 0.5$，画图时，习惯把 $O_1 Z_1$ 画成铅直方向，则 $O_1 X_1$ 和 $O_1 Y_1$ 分别与水平线成 $30°$ 和 $60°$。当 $p = q = 1$，而 $r = 0.5$ 的轴测图也称为水平斜二测。水平斜二测常用于画建筑物的鸟瞰图。在水平斜轴测中，将 r 取为 1 时，即 $p = q = r = 1$，叫做水平斜等测。

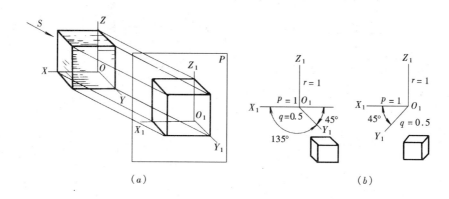

图 1-5-8 正面斜轴测投影的形成
（a）形成；（b）轴测轴、轴间角和轴向变形系数

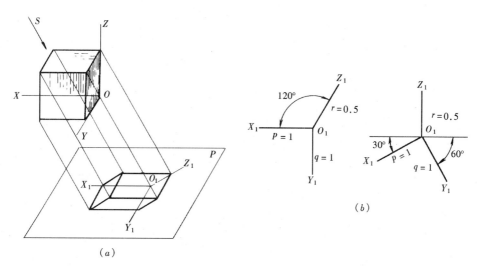

图 1-5-9 水平斜轴测投影的形成
（a）形成；（b）轴测轴、轴间角和轴向变形系数

【例5-3】 作出如图1-5-10（a）所示物体的正面斜轴测

该形体是由两个四棱柱、一个五棱柱叠加而成，其中左上方的五棱柱是由四棱柱切去一角而得。作图时，采用先叠加后切割的方法，作图步骤如图1-5-10（b）、（c）、（d）所示。

由于在作正面斜轴测图时，形体OX轴和OZ轴决定的坐标面（正立面）平行于轴测投影面，所以该面在轴测投影时不变形，根据这个特点，对于一些正立面较复杂且反映实形（如有圆孔等）、而其Y轴方向截面又一致的形体，可以采用这一作图方法，以简化作图。如图1-5-11所示。

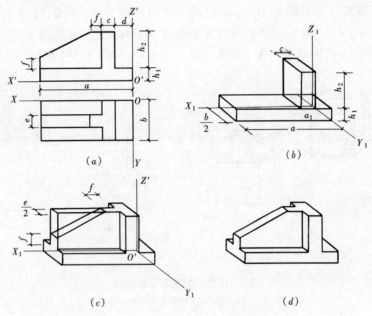

图1-5-10 组合体正面斜轴测图的画法
(a)在正投影图中定坐标轴和坐标原点O；(b)画轴测轴，并作两个四棱柱的轴测图；
(c)叠加第三个四棱柱，并切去左上角三棱柱；(d)擦去多余图线进行描深加粗

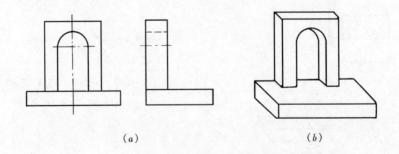

图1-5-11 带有平行于正面的圆孔形体的正面斜轴测图
(a)正投影图；(b)正面斜轴测图

【例5-4】 作如图1-5-12（a）所示的水平斜轴测图。

该形体外部形状为四棱体，内部自上而下切去两个四棱柱沉孔，选择坐标原点在形体

的右后下方位置，轴向变形系数定为 $p=q=r=1$，作图步骤如图 1-5-12 所示。

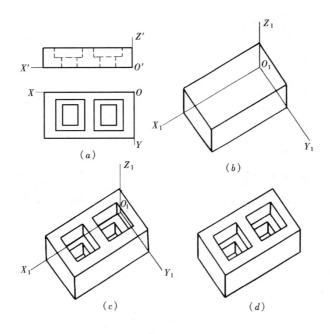

图 1-5-12　组合体水平斜轴测的作图方法
(a) 正投影图；(b) 画轴测轴将 H 投影轮廓旋转 30°画出，完成外
形四棱柱的轴测图；(c) 切割中间两四棱柱沉孔；(d) 擦去多余的
图线、加深加粗，得形体的水平斜轴测图

当曲面体中的圆形平行于由 OX 轴和 OZ 轴决定的坐标面（即轴测投影面）时，其轴测投影仍是圆。而当圆平行于其他两个坐标面时，其轴测投影将变成椭圆，如图 1-5-13 所示。对呈现椭圆的轴测图形，作图时采用八点法。作图步骤如图 1-5-14 所示，具体步骤为：

(a) 在正投影图上，把圆心作为坐标原点，直径 AC 和 BD 分别在 OX 轴和 OY 轴上，作圆的外切四边形 EFGH，切点分别为 A、B、C、D，将对角线连起来与圆周交于 1、2、3、4 四点。以 HD 为直角三角形斜边作 45°直角三角形 HMD，再以 D 为圆心，以 DM 为半径作圆弧和 HG 交于 N 点，过 N 作 NE 平行线与对角线交于 1、4 点，利用对称性再求出 2、3 点。

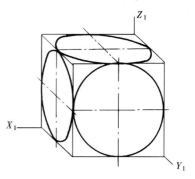

图 1-5-13　平行于坐标面的圆的
正面斜轴测图

(b) 作轴测轴 O_1X_1、O_1Y_1，并在其上取 A_1、B_1、C_1、D_1 四点，使得 $A_1O_1=O_1C_1=AO$，$B_1O_1=D_1O_1=1/2BO$（按斜二测作图），过 A_1、B_1、C_1、D_1 四点分别作 O_1X_1 轴、O_1Y_1 轴的平行线，四线相交围成平行四边形 $E_1F_1G_1H_1$，该平行四边形即为圆外切四边形的正面斜二测图，A_1、B_1、C_1、D_1 四点为切点。

(c) 以 H_1D_1 为斜边作等腰直角三角形 $H_1M_1D_1$，以 D_1 为圆心，D_1M_1 为半径作弧，交 H_1G_1 于 N_1、K_1，过 N_1、K_1 作 E_1H_1 的平行线与对角线交于 1_1、2_1、3_1、4_1 四点。

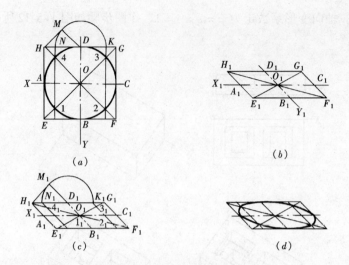

图 1-5-14 八点法作椭圆

（d）依次用曲线板将 A_1、1_1、B_1、2_1、C_1、3_1、D_1、4_1、A_1 连起来即得圆的正面斜一测图。

【例 5-5】 作如图 1-5-15（a）所示的正面斜二测图。

该形体为叠加式组合体，下面由一个四棱柱和一个半圆柱前后叠加而成，上面由一个四棱柱和一个半圆柱上下叠加而成，上面的半圆柱的圆平行于 OX 和 OZ 轴决定的坐标面，轴测投影后不变形，仍为圆；下面的半圆柱的圆平行于 OX 和 OY 轴决定的坐标面，轴测投影图用八点法作。

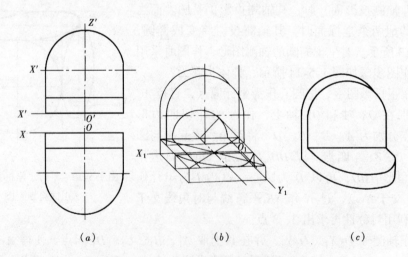

图 1-5-15 曲面体正面斜轴测图画法

（a）正投影图，选择坐标轴及坐标原点；（b）先作两个四棱柱叠加，并作上方半圆柱。用四心法作前半圆柱。沿 Y_1 轴轴向变形系数 $q = 0.5$；
（c）擦去多余的图线，描深加粗，得形体的正面斜二测图

思 考 题

1. 轴测投影是怎样形成的，有哪些特性？
2. 什么是轴向变形系数，正等测的简化轴向变形系数是多少？
3. 根据正投影，作正等测图，如图 1-5-16 所示。

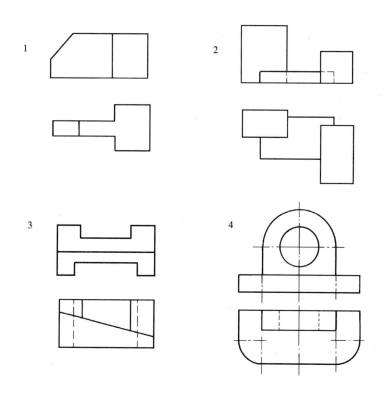

图 1-5-16　第 3 题图

4. 根据正投影，作正面斜二测（$p = r = 1$，$q = 0.5$），如图 1-5-17 所示。

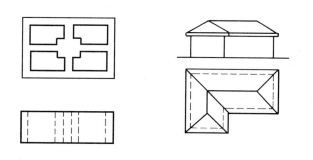

图 1-5-17　第 4 题图

实训题——轴测投影作图

一、目的

掌握正等测投影的形成、轴向变形系数的要求，轴测投影方向的选择和画图的步骤。

二、内容

根据图 1-5-18 所示正投影，补出第三投影并作其形体的正等测图。

三、要求

1. 铅笔抄绘如图 1-5-18 的正投影图、补其第三面投影，并画出各自物体的正等测图。

2. 准备两张 A3 图纸，按 2:1 绘制，每题画一张 A3 图纸。

3. 根据形体分析进行作图，如形体是上下叠加式组合的，则按照自下而上的顺序绘图。

4. 在本次所作正等测图形中只画可见线，省略不可见的虚线。

5. 作好稿图注意检查，擦取多余稿线后进行加粗加深图样。

6. 圆形的正等测图可采用四心法（图 1-5-6）或坐标法绘制（图 1-5-19）。坐标法画椭圆的方法是：

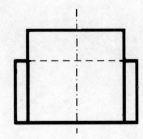

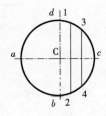

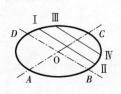

图 1-5-18　补出形体的第三投影，并作其正等测图

图 1-5-19　坐标法画出圆的正等测图

（1）通过圆心在轴测轴上作两直径的轴测图，定出四端点 A、B、C、D。

（2）再利用坐标，作出平行于直径的各弦的轴测图。平行弦可根据圆的大小多做几根，如 12、34 等，做出的正等测图为ⅠⅡ、ⅢⅣ。

（3）用圆滑曲线连接相邻的弦的端点（如顺时针连接 D、Ⅰ、Ⅲ、C、Ⅳ、Ⅱ、B 等相邻各点），即得圆的轴测图——椭圆。此法也适用于圆的其他轴测图，是一种通用的画法。

7. 图内汉字写 7 号字，数字写 3.5 号字。

四、绘图注意事项

1. 先按 2:1 绘制正投影图。右侧空出绘制轴测图的位置。

2. 绘制的稿线应轻细，图中不标尺寸。

3. 正等测图按照抄绘好的正投影图形的尺寸绘制。

4. 粗线按 0.7mm、细线按 0.18mm 绘制。

5. 最好用曲线板连接椭圆弧，连接时注意光滑圆润。

五、完成时间

每题大约 2 学时（按先画好图框、标题栏和栏内文字后的时间计算），教师可要求课堂上 2 学时完成并交图。学生应提前画好图框和标题栏。

第六章 剖面图和断面图

在本章之前的正投影图都是直接反映形体外观的，当形体内部有空腔或孔、洞、槽不可见时，需借助于虚线来表达，如图 1-6-1（a）所示。当虚线较多时，往往会增加识图的难度，同时也不利于内部构造和标注尺寸。在实际应用中为能反映形体内部的构造、材料和尺寸，同时也便于识图，人们想到了将形体假想剖开后表达内部投影的方法——剖面图或断面图，在工程设计中得到广泛的应用。

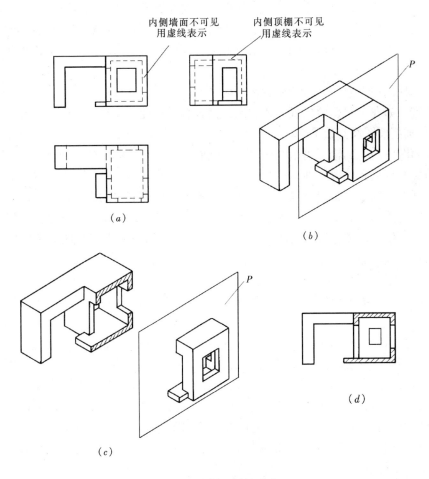

图 1-6-1 剖面图的形成
（a）正投影图；（b）剖切平面 P 剖切时的直观图；（c）移去剖切平面和前面的形体；
（d）在 V 投影面得到的剖面图

第一节　剖面图的种类和画法

一、剖面图的形成

剖面图是假想用一个剖切平面将物体剖切，移去介于观察者和剖切平面之间的部分，对剩余部分向投影面所做的正投影图。剖切平面通常为投影面平行面或垂直面，剖面图的形成如图1-6-1所示。在（b）图中剖切平面 P 沿门洞窗口进行剖切，剖切平面与 V 面平行，在图（c）移去前面部分和剖切平面 P 后，再将建筑形体向 V 面投影，得到图（d）所示的剖面图，图中反映了剖切到的建筑形体的材料图例和构造，同时也反映出剖切位置后方的所有可见形体投影，图中不出现虚线。

二、剖面图的表达

（一）确定剖切平面的位置

作形体的剖面图，首先应确定剖切平面的位置，使剖切后得到的剖面图清晰、反映实形、便于理解内部的构造组成，并对剖切形体来说应具有足够的代表性。如图1-6-1所示剖切位置选择在门窗洞口处，并使 P 面平行于 V，这样所得剖面轮廓和后方形体投影均反映实形，清晰地反映了该形体的内外组成特征，左门右窗、屋顶及室内地面等相应轮廓均变成了实线。

故在选择剖切平面位置时除注意使剖切平面平行于投影面外，还需使其经过形体有代表性的位置，如孔、洞、槽位置（孔、洞、槽若有对称性则应经过其中心线）。

（二）画剖面图及其数量

在剖面图中剖切到轮廓用粗实线表示。剖面图的剖切是假想的，所以在画剖面图以外的投影图形时仍以完整形体画出。

确定剖面图数量，原则是以较少的剖面图来反映尽可能多的内容。选择时通常与形体的复杂程度有关。较简单的形体可只画一个，而较复杂的则应画多个剖面图，以能反映形体内外特征、便于识读理解为目的。如图1-6-2所示，选用两个剖面图就较好地反映了形体的空间状况。

（三）剖切符号和画法

由于剖面图本身不能反映剖切平面的位置，就必须在其他投影图上标出剖切平面的位置及剖切形式。在建筑工程图中用剖切符号表示剖切平面的位置及其剖切开以后的投影方向。《房屋建筑制图统一标准》中规定剖切符号由剖切位置线及剖视方向线组成，均以粗实线绘制。剖切位置线的长度为6~10mm，剖视方向线应垂直于剖切位置线，长度应短于剖切位置线，宜为4~6mm。绘图时，剖切符号不应与图面上的图线相接触。为了区分同一形体上的几个剖面图，在剖切符号上应用阿拉伯数字加以编号，数字应写在剖视方向线一边。在剖面图的下方应写上带有编号的图名，如图1-6-2中的"1-1剖面图"、"2-2剖面图"，在填图名下方画出图名线（粗实线）。

（四）画材料图例

在剖切时，剖切平面将形体切开，从剖切开的截面上能反映形体所采用的材料。因此，在截面上应表示该形体所用的材料。《房屋建筑制图统一标准》中将常用建筑材料做了规定画法，如表1-6-1所示。

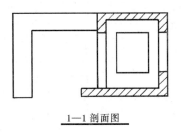
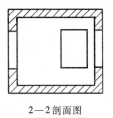

1—1 剖面图　　　　　　　　2—2 剖面图

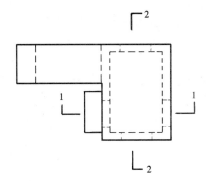

图 1-6-2　剖面图及其剖切符号

建筑材料图例　　　　　　　　表 1-6-1

序号	名称	图例	说明	序号	名称	图例	说明
1	自然土壤		包括各种自然土壤	8	耐火砖		包括耐酸砖等
2	夯实土壤						
3	砂、灰土		靠近轮廓线点较密的点	9	空心砖		包括各种多孔砖
4	砂砾石碎砖三合土			10	饰面砖		包括铺地砖、陶瓷锦砖、人造大理石等
5	天然石材		包括岩层、砌体、铺地、贴面等材料	11	混凝土		1. 本图例仅适用于能承重的混凝土及钢筋混凝土 2. 包括各种标号、骨料、添加剂的混凝土 3. 在剖面图上画出钢筋时不画图例线 4. 如断面较窄，不易画出图例线，可涂黑
6	毛石						
7	普通砖		1. 包括砌体、砌块 2. 断面较窄，不易画出图例线，可涂红	12	钢筋混凝土		

续表

序号	名称	图例	说明	序号	名称	图例	说明
13	焦渣矿渣		包括与水泥、石灰等混合而成的材料	19	石膏板		
14	多孔材料		包括水泥珍珠岩、沥青珍珠岩、泡沫混凝土、非承重加气混凝土、泡沫塑料、软木等	20	金属		1. 包括各种金属 2. 图形小时可涂黑
				21	网状材料		1. 包括金属、塑料等网状材料 2. 注明材料
15	纤维材料		包括麻丝、玻璃棉、矿渣棉、木丝板、纤维板等	22	液体	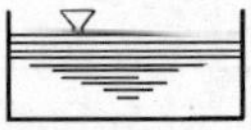	注明名称
16	松散材料		包括木屑、石灰、木屑、稻壳等	23	玻璃	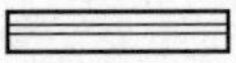	包括平板玻璃、磨砂玻璃、夹丝玻璃、钢化玻璃等
17	木材		1. 上图为横断面，为垫木、木砖或木龙骨 2. 下图为纵断面	24	橡胶		
				25	塑料		包括各种软、硬塑料、有机玻璃
18	胶合板		应注明×层胶合板	26	防水卷材		构造层次多和比例较大时采用上面图例
				27	粉刷		本图例点以较稀的点

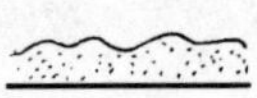

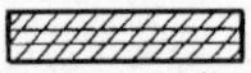

三、画剖面图应注意的问题

1．为了使图形更加清晰，剖面图形中一般不画虚线。

2．由于剖切是假想的，每次剖切都是在形体保持完整的基础上的剖切。其他投影图也按整体投影画出（如图1-6-2中的H面投影）。

3．如未注明形体的材料时，应在相应的位置画出同向、同间距并与水平线成45°角的细实线（也称剖面线）。画剖面线时，同一形体在各个剖面图中剖面线的倾斜方向和间距要一致。

四、剖面图的种类与画法

由于形体的形状变化多样，对形体作剖面图时所剖切的位置、方向和范围也不同，常用的剖面图有：全剖面图、半剖面图、阶梯剖面图、展开剖面图和局部剖面图五种。

（一）全剖面图

用一个剖切平面将形体完整地剖切开，得到的剖面图，称为全剖面图。全剖面图一般常应用于不对称的形体，或虽然对称，但外形比较简单，或在另一投影中已将它的外形表达清楚的形体。图 1-6-2 即为全剖面图的举例。

再如图 1-6-3 所示的水槽形体，该形体虽然对称，但比较简单，分别用正平面、侧平面剖切形体得到 1-1 剖面图、2-2 剖面图，剖切平面经过了溢水孔和池底排水孔的中心线，剖切位置如图1-6-3（b）所示。

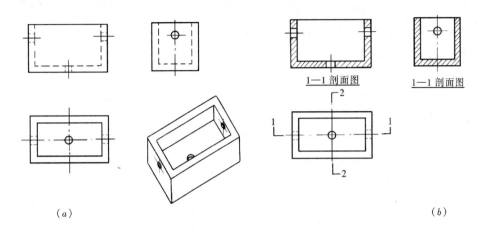

图 1-6-3　水槽的全剖面图
(a) 外观投影图；(b) 全剖面图

（二）半剖面图

如果形体是对称的，画图时常把形体投影图的一半画成剖面图，另一半画成外形图，这样组合而成的投影图叫做半剖面图。这种作图方法可以节省投影图的数量，而且从一个投影图可以同时观察到立体的外形和内部构造。

如图 1-6-4 所示，为一个杯形基础的半剖面图，在正面投影和侧面投影中，都采用了半剖面图的画法，以表示基础的外部形状和内部构造。

画半剖面图时，应注意：

（1）半剖面图和半外形图应以对称面或对称线为界，对称面或对称线画成细点单点长

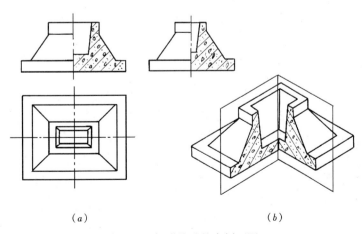

图 1-6-4　杯形基础的半剖面图

画线。

(2) 半剖面图一般应画在水平对称轴线的下侧或竖直对称轴线的右侧。

(3) 半剖面图一般不画剖切符号和编号,图名沿用原投影图的图名。

(三) 阶梯剖面图

如图 1-6-5 所示,形体上有两个孔洞,但这两个孔洞不在同一轴线上,如果作一个全剖面图,不能同时剖切两个孔洞,因此,可以考虑用两个相互平行的平面通过两个孔洞剖切。如图 1-6-5,这样在同一个剖面图上将两个不在同一方向上的孔洞同时反映出来。这种用两个或两个以上互相平行的剖切平面将形体剖开,得到的剖面图叫做阶梯剖面图。

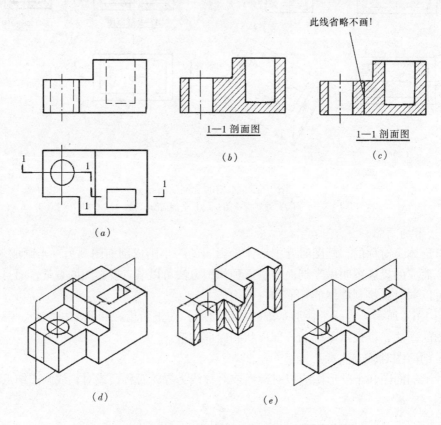

图 1-6-5 阶梯剖面图的形成
(a) 两投影及阶梯剖切符号;(b) 阶梯剖面图;(c) 省略图线;
(d) 剖切直观图;(e) 剖切开的直观图

需注意,由于剖切平面是假想的,所以剖切平面转折处由于剖切而使形体产生的轮廓线不应在剖面图中画出。在画剖切符号时,剖切平面的阶梯转折用粗折线表示,线段长度一般为 4~6mm,折线的突角外侧可注写剖切编号,以免与图线相混。

(四) 展开剖面图

当形体有不规则的转折,或有孔洞槽而采用以上三种剖切方法都不能解决,可以用两个相交剖切平面将形体剖切开,所得到的剖面图,经旋转展开,平行于某个基本投影面后再进行正投影称为展开剖面图。

如图 1-6-6 为一个楼梯展开剖面图,由于楼梯的两个梯段间在水平投影图上成一定夹角，如用一个或两个平行的剖切平面都无法将楼梯表示清楚，因此可以用两个相交的剖切平面进行剖切，移去剖切平面和观察者之间的部分，将剩余楼梯的右面部分旋转至正立投影面平行后，便可得到展开剖面图，在图名后面加"展开"二字，并加上圆括号。

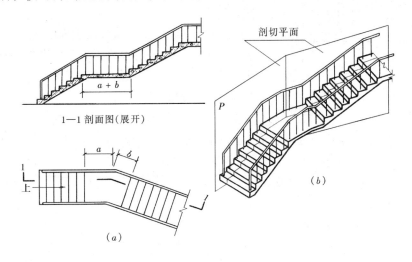

图 1-6-6　楼梯的展开剖面图
(a) 两投影和展开剖切符合；(b) 直观图

在绘制展开剖面图时，剖切符合的画法如图 1-6-6a 的 H 投影所示，转折处用粗实线表示每段长度为 4~6mm。

（五）局部剖面图

当形体仅需一部分采用剖面图就可以表示内部构造时，可采用将该部分剖开形成局部剖面的形式，称为局部剖面图。局部剖面图的剖切平面也是投影面平行面。如图 1-6-7 (a) 所示，水槽形体借助于正平剖切平面将左侧的溢水孔、池壁及排水孔经孔洞的中心线剖切开来，图 1-6-7 (b) 反映了内部构造和材料形式，其他部位保留外观投影。

画局部剖面图时应注意：

(1) 局部剖面图部分用波浪线分界，不标注剖切符号和编号。图名沿用原投影图的名称。

(2) 波浪线应是细线，与图样轮廓线相交。注意也不要画成图线的延长线。

(3) 局部剖面图的范围通常不超过该投影图形的 1/2。

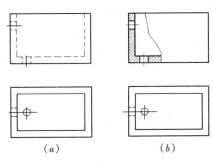

图 1-6-7　局部剖面图
(a) 投影图；(b) 局部剖面图

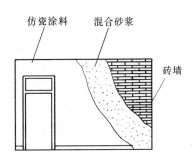

图 1-6-8　墙体的分层剖面图

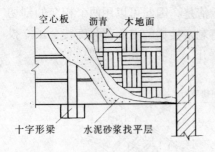

图 1-6-9 木地板的分层剖面图

（六）分层剖面图

对一些具有分层构造的工程形体，可按实际情况用分层剖开的方法得到其剖面图，称为分层剖面图。

如图 1-6-8 所示是用分层剖面图表示的一面墙的构造情况，以两条波浪线为界，分别画出三层构造：内层为砖墙、中层为混合砂浆找坡层、面层为仿瓷涂料罩面。在画分层剖面图时，应按层次以波浪线分界，波浪线不与任何图线重合。

图 1-6-9 是表示木地面分层构造的剖面图，把剖切到的地面，一层一层的剥离开来，在剖切的范围中画出材料图例，有时还加注文字说明。

总之，剖面图是工程中应用最多的图样，必须熟练其画图方法、能准确理解和识读各种剖面图，提高识图能力。

第二节 断面图的种类及画法

一、断面图的形成

对于某些单一杆件或需要表示构件某一部位的截面形状时，可以只画出形体与剖切平面相交的那部分图形，即假想用剖切平面将形体剖切后，仅画出剖切平面与形体接触的部分的正投影称为断面图，简称断面。如图 1-6-10 所示，带牛腿的工字形柱子的 1-1、2-2 断面图，从图中可知该柱子上柱与下柱的形状不同。断面图有移出断面图、重合断面图、中断断面图三种形式。

二、断面图与剖面图的区别

（1）断面图只画形体被剖切后剖切平面与形体接触的那部分，而剖面图则要画出被剖切后剩余部分的投影，即剖面图不仅要画剖切平面与形体接触的部分，而且还要画出剖切平面后面没有被切到但可以看得见的部分，如图 1-6-11（a）所示。

（2）断面图和剖面图的剖切符号不同，断面图的剖切符号只画剖切位置线，长度为 6～10mm 的粗实线，不画剖视方向线。而标注断面编号的一侧即为投影方向一侧。如图 1-6-11（b）所示的编号"1"写在剖切位置线的右侧，表示剖开后自左向右投影。

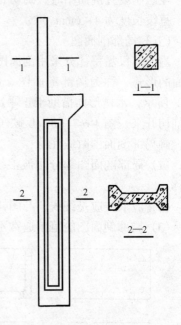

图 1-6-10 断面图

三、断面图的种类和画法

断面图有移出断面、重合断面、中断断面三种。

（一）移出断面

将形体某一部分剖切后所形成的断面移画于主投影图的一侧，称为移出断面。断面图

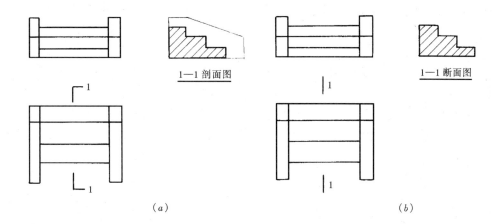

图 1-6-11 剖面图与断面图的区别
(a) 剖面图的画法；(b) 断面图的画法

的轮廓要画成粗实线，轮廓线内画图例符号，如图 1-6-12 所示的梁的断面图中画出了钢筋混凝土的材料图例。

断面图应在形体投影图的附近，以便识读，断面图也可以适当地放大比例，以利于标注尺寸和清晰地显示其内部构造。

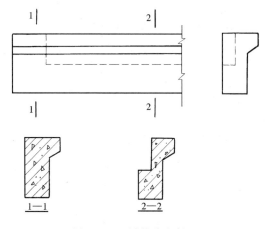

图 1-6-12 梁的移出断面
及其画法

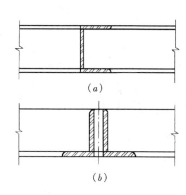

图 1-6-13 重合断面图
(a) 槽钢的重合断面图；
(b) 双角钢的重合断面图

(二) 重合断面图

将断面图直接画于投影图中二者重合在一起，称为重合断面图。如图 1-6-13 所示为一槽钢和背靠背双角钢的重合断面图，断面图轮廓及材料图例画成细实线。

重合断面图不画剖切位置线亦不编号，图名沿用原图名。

重合断面图通常在整个构件的形状一致时使用，断面图形的比例与原投影图形比例应一致。

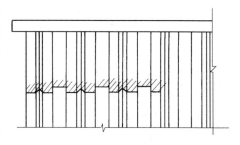

图 1-6-14 墙面的重合断面图——装饰图案

其轮廓可能是闭合的（如图 1-6-13），也可能是不闭合的（如图 1-6-14），当不封闭时应于断面轮廓线的内侧加画图例符号。

（三）中断断面

对于单一的长向杆件，也可以在杆件投影图的某一处用折断线断开，然后将断面图画于其中，不画剖切符号，如图 1-6-15 所示的槽钢杆件中断断面图。同样钢屋架的大样图也常采用中断断面的形式表达其各杆件的形状，如图 1-6-16 所示。中断断面的轮廓线用粗实线，断开位置线可为波浪线、折断线等，但必须为细线，图名沿用原投影图的名称。

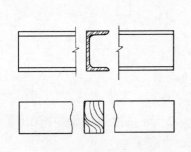

图 1-6-15 槽钢和木材的中断断面图　　图 1-6-16 钢屋架采用中断断面图表示杆件

思 考 题

1. 什么是剖面图，什么是断面图？说出它们之间的区别。
2. 剖面图有什么用途？剖切方式有哪几种？它们有何特点？剖切符号如何绘制？
3. 断面图的剖切符号在绘制时有什么要求？
4. 画全剖面图、半剖面和阶梯剖面图应注意哪些问题？
5. 将水池的 V、W 改画成 1-1、2-2 剖面图，如图 1-6-17 所示。

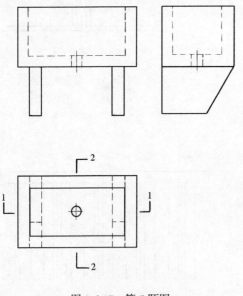

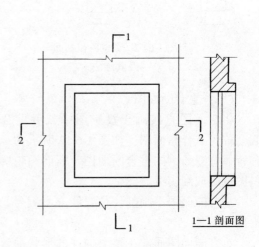

图 1-6-17　第 5 题图　　　　　　　图 1-6-18　第 6 题图

6. 已知窗口墙体立面图和 1-1 剖面图，画其 2-2 剖面图，如图 1-6-18 所示。

实训题——剖面图与断面图

一、目的
1. 明确剖面图、断面图的形成和种类。
2. 掌握剖切符号、材料图例和相应的表达方法。
3. 熟练掌握全剖面图、阶梯剖面图、半剖面图、移出断面图、重合断面图等常见图样的画法。
4. 熟练掌握常用建筑装饰材料图例的画法。

二、内容
用 A3 图幅铅绘纸，按 2:1 比例抄绘图 1-6-19、图 1-6-20、图 1-6-21。

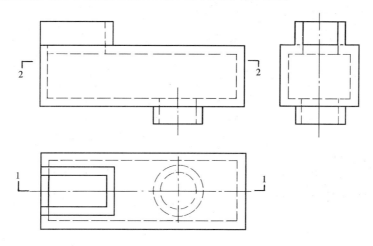

图 1-6-19 剖面图练习 1：抄绘三投影，并画出 1-1、2-2 剖面图

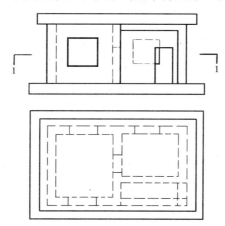

图 1-6-20 剖面图练习 2：画 1-1 剖面图，
并画出 W 投影。

三、要求
1. 抄绘已知条件、补出相应的剖面图和断面图。
2. 剖断面图例按砖材画出。
3. 写出剖面图、断面图图名，注意剖切符号的画法（剖切符号长约 6~10mm，投影方向线 4~6mm 粗实线绘制）。图名字用 7 号长仿宋字书写，阿拉伯数字用 3.5 号字。

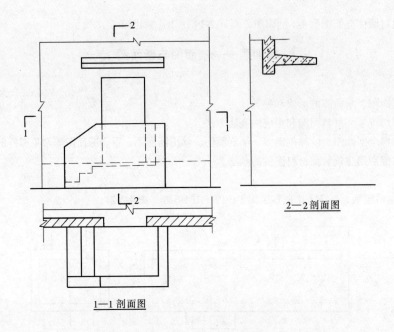

图 1-6-21　剖面图练习 3：抄绘投影图并画全 2-2 剖面图

4．剖切到的轮廓用粗实线（0.7mm）、未剖切但能看到的用中实线（0.35mm）、材料图例线用细线（0.18mm）绘制。

5．画好稿图应检查后再加深加粗。注意图面的整洁和规范。

6．每题均以画在一张 A3 图纸上为准。

第二篇

建 筑 构 造

建筑包括建筑物和构筑物，建筑物是供人们在其中生产、生活或进行其他活动的房屋，而人们不在其中生产、生活的建筑叫构筑物。建筑物主要是指房屋建筑，按使用功能分为民用建筑、工业建筑和农业建筑。建筑构造主要研究房屋建筑的构造组成和各组成部分的作用、要求、材料、做法及其相互间的联系。本篇只研究民用与工业建筑构造，其中第一至第七章介绍民用建筑构造，第八章介绍工业建筑构造。

第一章 概　述

第一节　民用建筑的构造组成和分类

民用建筑是供人们居住、生活和从事各类公共活动的建筑。

一、民用建筑的构造组成及其要求

房屋建筑是由若干个大小不等的室内空间组合而成的，而空间的形成又需要各种各样实体来组合，这些实体称为建筑构配件。一般民用建筑由基础、墙或柱、楼地层、楼梯、屋顶、门窗等构配件组成（图 2-1-1）。

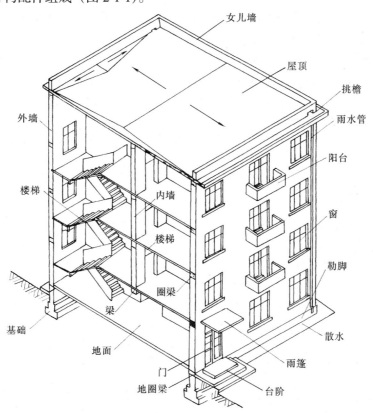

图 2-1-1　建筑物的组成

各组成部分的作用及构造要求分述如下：

（一）基础

基础是建筑物最下面埋在土层中的部分，它承受建筑物的全部荷载，并把荷载传给下面的土层——地基。

基础应该坚固、稳定、耐水、耐腐蚀、耐冰冻，不应早于地面以上部分先破坏。

(二) 墙或柱

对于墙承重结构的建筑来说，墙承受屋顶和楼地层传给它的荷载，并把这些荷载连同自重传给基础；同时，外墙也是建筑物的围护构件，抵御风、雨、雪、温差变化等对室内的影响，内墙是建筑物的分隔构件，把建筑物的内部空间分隔成若干相互独立的空间，避免使用时的互相干扰。

当建筑物采用柱作为垂直承重构件时，墙填充在柱间，仅起围护和分隔作用。

墙和柱应坚固、稳定，墙还应重量轻、保温（隔热）、隔声和防水。

(三) 楼地层

楼层指楼板层，它是建筑物的水平承重构件，将其上所有荷载连同自重传给墙或柱；同时，楼层把建筑空间在垂直方向划分为若干层，并对墙或柱起水平支撑作用。地层指底层地面，承受其上荷载并传给地基。

楼地层应坚固、稳定。地层还应具有防潮、防水等功能。

(四) 楼梯

楼梯是楼房建筑中联系上下各层的垂直交通设施，供人们上下楼层和紧急疏散使用。楼梯应坚固、安全、有足够的疏散能力。

(五) 屋顶

屋顶是建筑物顶部的承重和围护部分，它承受作用在其上的风、雨、雪、人等的荷载并传给墙或柱，抵御各种自然因素（风、雨、雪、严寒、酷热等）的影响；同时，屋顶形式对建筑物的整体形象起着很重要的作用。

屋顶应有足够的强度和刚度，并能防水、排水、保温（隔热）。

(六) 门窗

门的主要作用是供人们进出和搬运家具、设备，紧急时疏散用，有时兼起采光、通风作用。窗的作用主要是采光、通风和供人眺望。

门要求有足够的宽度和高度，窗应有足够的面积；据门窗所处的位置不同，有时还要求它们能防风沙、防水、保温、隔声。

建筑物除上述基本组成部分外，还有一些其他的配件和设施，如：阳台、雨篷、烟道、通风道、散水、勒脚等。

二、建筑物的分类与分级

人们根据建筑物的使用功能、规模大小、重要程度等常常将它们分门别类、划分等级，以便根据其所属的类型和等级，掌握建筑物的标准和采取相应的构造做法。

(一) 民用建筑的分类

1. 按功能分

(1) 居住建筑：主要是指供家庭或集体生活起居用的建筑物，如：住宅、宿舍、公寓等。

(2) 公共建筑：主要是指供人们进行各种社会活动的建筑物，如：行政办公建筑、文教建筑、科研建筑、托幼建筑、医疗建筑、商业建筑、生活服务建筑、旅游建筑、体育建筑、展览建筑、交通建筑、电信建筑、娱乐建筑、园林建筑、纪念建筑等。

2. 按层数分

(1) 低层建筑：主要指1～3层的住宅建筑。

（2）多层建筑：主要指 4~6 层的住宅建筑。

（3）中高层建筑：主要指 7~9 层的住宅建筑。

（4）高层建筑：指 10 层以上的住宅建筑和总高度大于 24m 的公共建筑及综合性建筑（不包括高度超过 24m 的单层主体建筑）。

（5）超高层建筑：高度超过 100m 的住宅或公共建筑均为超高层建筑。

3．按规模和数量分

（1）大量性建筑：指建造量较多、规模不大的民用建筑。如居住建筑和为居民服务的中小型公共建筑（如中小学校、托儿所、幼儿园、商店、诊疗所等）。

（2）大型性建筑：指单体量大而数量少的公共建筑，如大型体育馆、火车站、航空港等。

（二）民用建筑的等级

1．按耐久年限分

根据建筑物的主体结构，考虑建筑物的重要性和规模大小，建筑物按耐久年限分为四级。

一级：耐久年限为 100 年以上，适用于重要建筑和高层建筑。

二级：耐久年限为 50~100 年，适用于一般性建筑。

三级：耐久年限为 25~50 年，适用于次要建筑。

四级：耐久年限在 15 年以下，适用于临时性建筑。

2．按耐火等级分

建筑物的耐火等级是根据建筑物主要构件的燃烧性能和耐火极限确定的，共分四级，各级建筑物所用构件的燃烧性能和耐火极限，不应低于表 2-1-1 的规定。

建筑构件的燃烧性能和耐火极限　　　　表 2-1-1

构件名称		耐火等级			
		一级	二级	三级	四级
墙	防火墙	非燃烧体 4.00h	非燃烧体 4.00h	非燃烧体 4.00h	非燃烧体 4.00h
	承重墙、楼梯间、电梯井的墙	非燃烧体 3.00h	非燃烧体 2.50h	非燃烧体 2.50h	难燃烧体 0.50h
	非承重外墙、疏散走道两侧的隔墙	非燃烧体 1.00h	非燃烧体 1.00h	非燃烧体 0.50h	难燃烧体 0.25h
	房间隔墙	非燃烧体 0.75h	非燃烧体 0.50h	难燃烧体 0.50h	难燃烧体 0.25h
柱	支承多层的柱	非燃烧体 3.00h	非燃烧体 2.50h	非燃烧体 2.50h	难燃烧体 0.50h
	支承单层的柱	非燃烧体 2.50h	非燃烧体 2.00h	非燃烧体 2.00h	燃烧体
梁		非燃烧体 2.00h	非燃烧体 1.50h	非燃烧体 1.00h	难燃烧体 0.50h
楼板		非燃烧体 1.50h	非燃烧体 1.00h	非燃烧体 0.50h	难燃烧体 0.25h
屋顶承重构件		非燃烧体 1.50h	非燃烧体 0.50h	燃烧体	燃烧体

续表

构件名称	耐火等级			
	一级	二级	三级	四级
疏散楼梯	非燃烧体 1.50h	非燃烧体 1.00h	非燃烧体 1.00h	燃烧体
吊顶（包括吊顶搁栅）	非燃烧体 0.25h	难燃烧体 0.25h	难燃烧体 0.15h	燃烧体

（1）燃烧性能：指建筑构件在明火或高温作用下是否燃烧，以及燃烧的难易程度。建筑构件按燃烧性能分为非燃烧体、难燃烧体和燃烧体。

非燃烧体：指用非燃烧材料制成的构件。如砖、石、钢筋混凝土、金属等，这类材料在空气中受到火烧或高温作用时不起火、不微燃、不碳化。

难燃烧体：指用难燃烧材料制成的构件。如沥青混凝土、板条抹灰、水泥刨花板、经防火处理的木材等，这类材料在空气中受到火烧或高温作用时难燃烧难碳化，离开火源后，燃烧或微燃立即停止。

燃烧体：指用燃烧材料制成的构件。如木材、胶合板等，这类材料在空气中受到火烧或高温作用时，立即起火或燃烧，且离开火源继续燃烧或微燃。

（2）耐火极限：对任一建筑构件按时间－温度标准曲线进行耐火试验，从构件受到火的作用时起，到构件失去支持能力或完整性被破坏，或失去隔火作用时为止的这段时间，就是该构件的耐火极限，用小时表示。

第二节　建筑构造的基本要求和影响因素

一、建筑构造的基本要求

确定建筑构造做法时，应根据实际情况，综合分析，具体应满足下列基本要求。

（一）满足建筑功能的要求

建筑物应给人们创造出舒适的使用环境。根据其用途、所处的地理环境不同，对建筑构造的要求就不同，如影剧院和音乐厅要求具有良好的音响效果，展览馆则对光线效果要求较高；寒冷地区的建筑应解决好冬季的保温问题，炎热地区的建筑则应有良好的通风隔热能力。在确定构造方案时，一定要综合考虑各方面因素，来满足不同的功能要求。

（二）确保结构安全的要求

建筑物的主要承重构件如梁、板、柱、墙、屋架等，需要通过结构计算来保证结构安全；而一些建筑配件尺寸如扶手的高度、栏杆的间距等，需要通过构造要求来保证安全；构配件之间的连接如门窗与墙体的连接，则需要采取必要的技术措施来保证安全。结构安全关系到人们的生命与财产安全，所以，在确定构造方案时，要把结构安全放在首位。

（三）注重综合效益

在进行建筑构造设计时，要考虑其在社会发展中的作用，尽量就地取材，降低造价，注重环境保护，提高其社会、经济和环境的综合效益。

（四）适应建筑工业化的要求

建筑工业化是提高建筑速度，改善劳动条件，保证施工质量的必由之路。因此，在选择构造做法时，应配合新材料、新技术、新工艺的推广，采用标准化设计，为构配件生产工厂化、施工机械化创造条件，以适应建筑工业化的要求。

（五）满足美观要求

建筑的美观主要是通过对其内部空间和外部造型的艺术处理来体现的。一座完美的建筑除了取决于对空间的塑造和立面处理外，还受到一些细部构造如栏杆、台阶、勒脚、门窗、挑檐等的处理的影响，对建筑物进行构造设计时，应充分运用构图原理和美学法则，创造出有较高品位的建筑。

二、影响建筑构造的因素

建筑物建成后，要受到各种自然因素和人为因素的作用，在确定建筑构造时，必须充分考虑各种因素的影响，采取必要措施，以提高建筑物的抵御能力，保证建筑物的使用质量和耐久年限。

影响建筑构造的因素有以下三个方面：

（一）荷载的作用

作用在房屋上的力统称为荷载，这些荷载包括建筑自重，人、家具、设备、风雪及地震荷载等。荷载的大小和作用方式均影响着建筑构件的选材、截面形状与尺寸，这都是建筑构造的内容。所以在确定建筑构造时，必须考虑荷载的作用。

（二）人为因素的作用

人在生产、生活活动中产生的机械振动、化学腐蚀、爆炸、火灾、噪声、对建筑物的维修改造等人为因素都会对建筑物构成威胁。在进行构造设计时，必须在建筑物的相关部位，采取防振、防腐、防火、隔声等构造措施，以保证建筑物的正常使用。

（三）自然因素的影响

我国地域辽阔，各地区之间的气候、地质、水文等情况差别较大，太阳辐射、冰冻、降雨、风雪、地下水、地震等因素将对建筑物带来很大影响，为保证正常使用，在建筑构造设计中，必须在各相关部位采取防水、防潮、保温、隔热、防震、防冻等措施。

第三节 建筑的结构类型

建筑物的组成部分中，有的起承重作用、有的起围护作用、有的保证建筑物的正常使用功能。我们把承受建筑物的荷载，保证建筑物结构安全的部分，如承重墙、柱、楼板、屋架、楼梯、基础等称为建筑构件，建筑构件相互连接形成的承重骨架，称为建筑结构。民用建筑的结构类型有如下两种分类方法：

一、按主要承重结构的材料分

（1）土木结构：是以生土墙和木屋架作为建筑物的主要承重结构，这类建筑可就地取材，造价低，适用于村镇建筑。

（2）砖木结构：是以砖墙或砖柱、木屋架作为建筑物的主要承重结构，这类建筑称砖木结构建筑。

（3）砖混结构：是以砖墙或砖柱、钢筋混凝土楼板、屋面板作为承重结构的建筑，这是当前建造数量最大，普遍被采用的结构类型。

（4）钢筋混凝土结构：建筑物的主要承重构件全部采用钢筋混凝土制作，这种结构主要用于大型公共建筑和高层建筑。

(5) 钢结构：建筑物的主要承重构件全部采用钢材来制作。钢结构建筑与钢筋混凝土建筑相比自重轻，但耗钢量大，目前主要用于大型公共建筑。

二、按建筑结构的承重方式分

(1) 墙承重结构：用墙承受楼板及屋顶传来的全部荷载的，称为墙承重结构。土木结构、砖木结构、砖混结构的建筑大多属于这一类（图 2-1-2）。

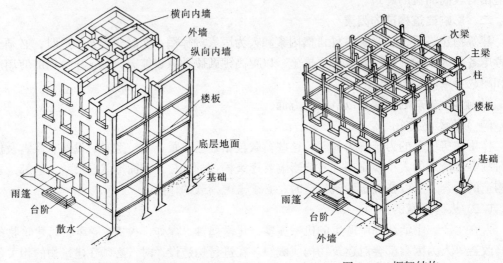

图 2-1-2 墙承重结构　　　　　图 2-1-3 框架结构

(2) 框架结构：用柱、梁组成的框架承受楼板、屋顶传来的全部荷载的，称为框架结构。框架结构建筑中，一般采用钢筋混凝土结构或钢结构组成框架，墙只起围护和分隔作用。框架结构用于大跨度建筑、荷载大的建筑及高层建筑（图 2-1-3）。

(3) 内框架结构：建筑物的内部用梁、柱组成的框架承重，四周用外墙承重时，称为内框架结构建筑。内框架结构常用于内部需较大通透空间但可设柱的建筑，如底层为商店的多层住宅等（2-1-4）。

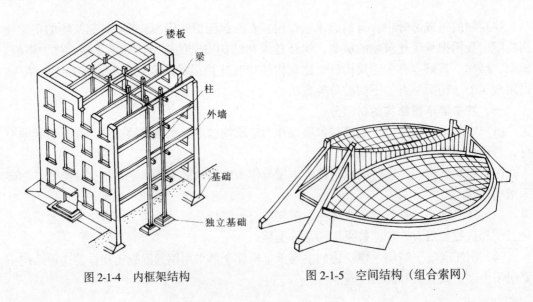

图 2-1-4 内框架结构　　　　　图 2-1-5 空间结构（组合索网）

(4) 空间结构：用空间构架如网架、薄壳、悬索等来承受全部荷载的，称空间结构建筑。这种类型建筑适用于需要大跨度、大空间而内部又不允许设柱的大型公共建筑，如体育馆、天文馆等（图2-1-5）。

第四节 钢筋混凝土的基本知识

一、钢筋和混凝土的共同工作

混凝土是由水泥、石子、砂子和水按一定比例拌合后，架设模板浇捣成型，在适当的温、湿度条件下经过一定时间硬化而成的人造石材，它克服了天然石材难于加工成型的缺点，具有与天然石材相似的特点：即有很高的抗压强度，而抗拉强度却很小。若用这种不配钢筋的素混凝土做成梁，因梁是受弯构件，在荷载作用下，梁上部受压下部受拉，梁就会因受拉而断裂［图2-1-6（a）］，尽管混凝土的抗压强度比抗拉强度高出几倍甚至几十倍，但其承压能力不能得到充分利用。钢筋则有很强的抗拉和抗压强度，为了充分发挥材料的力学性能，在梁的受拉区配置适量的钢筋，把混凝土和钢筋这两种材料结合在一起共同工作，使混凝土主要承受压力，钢筋主要承受拉力，这种配有钢筋的混凝土称钢筋混凝土，钢筋混凝土梁的承载力不仅得到很大提高，且其受力特性也得到显著改善，梁的破坏是伴随着裂缝的开展而出现，克服了突然性［图2-1-6（b）］。

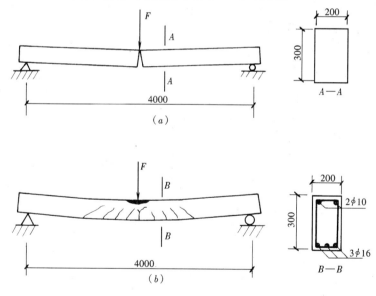

图2-1-6 梁的破坏情况对比
（a）素混凝土梁；（b）钢筋混凝土梁

二、钢筋混凝土构件的类型和特点

（一）按施工方法分

钢筋混凝土构件按施工方法分，有现浇钢筋混凝土构件和预制装配式钢筋混凝土构件两种。

(1) 现浇钢筋混凝土构件：是在施工现场架设模板、绑扎钢筋、浇灌混凝土，经过养护达到一定强度后,拆除模板而成的构件。这种构件的整体性强,抗震性好,能适应各种建筑构件形状的变化,但模板用量大,施工工序多,劳动强度大,工期长,且受季节影响较大。

(2) 预制装配式钢筋混凝土构件:是先把钢筋混凝土构件在预制厂或施工现场预制好,然后安装到建筑物中去的构件。这种构件与现浇构件相比,施工劳动强度低,节省模板,现场湿作业量少,施工进度快,便于组织工厂化、机械化生产,为进一步提高施工质量和文明施工创造了条件。

(二) 按受力特点分

钢筋混凝土构件按受力特点,分为普通钢筋混凝土构件和预应力钢筋混凝土构件两种。

(1) 普通钢筋混凝土构件:普通钢筋混凝土构件中,受拉区钢筋下方有混凝土保护层,而混凝土的抗拉强度低,容易在构件受拉区出现裂缝 [图2-1-6(b)]。裂缝的开展将使钢筋暴露在外,在大气作用下锈蚀,断面减少,从而降低构件的承载能力,这是普通钢筋混凝土构件的主要缺点。

(2) 预应力钢筋混凝土构件:为了克服普通钢筋混凝土构件的缺点,在构件受力前先预加压力,使构件在工作时产生的拉应力被预加的压力抵消一部分,推迟裂缝的出现,这就是预应力钢筋混凝土构件。预应力钢筋混凝土构件的优点是:构件的刚度大、抗裂能力强,可以充分发挥高强材料的力学性能,节约钢材和水泥,减轻构件自重。

预应力钢筋混凝土构件的预加压力是通过张拉钢筋实现的,张拉钢筋的方法有先张法和后张法两种。先张法是先张拉钢筋,后浇灌混凝土,待混凝土达到一定强度时放松钢筋,钢筋收缩使混凝土产生预加压力。先张法一般只用于成批生产的小型构件中,如空心板、屋面板等。后张法则是先浇灌混凝土,在构件中预留放置钢筋的孔道,待混凝土达到一定的强度后,把钢筋从孔道中穿入,张拉钢筋并将钢筋两端锚固在构件上,孔道中灌浆,钢筋收缩使构件产生压应力。后张法一般适用于制作大型构件。

第五节 建 筑 变 形 缝

一、变形缝类型及要求

变形缝是为防止建筑物在外界因素(温度变化、地基不均匀沉降及地震)作用下产生变形,导致开裂,甚至破坏而预留的构造缝隙。

变形缝按其使用性质分三种类型:伸缩缝、沉降缝和防震缝。

1. 伸缩缝

建筑物受温度变化影响时,会产生胀缩变形,建筑物的体积越大,变形就越大,当建筑物的长度超过一定限度时,会因变形过大而开裂。为避免这种情况发生,通常沿建筑物高度方向设置缝隙,将建筑物断开,使建筑物分隔成几个独立部分,各部分可自由胀缩,这种构造缝称为伸缩缝。

伸缩缝要求把建筑物的墙体、楼板层、屋顶等地面以上部分全部断开,基础因埋在土中,受温度变化影响较小,不需断开。

伸缩缝的宽度一般为20~30mm,其位置和间距与建筑物的结构类型、材料、施工条件及当地温度变化情况有关。设计时应根据有关规范的规定设置(表2-1-2、表2-1-3)。

砌体建筑伸缩缝的最大间距　　　　　　　　　　　　　　　　　表 2-1-2

砌体类型	屋顶或楼层结构类别		间距（mm）
各种砌体	整体式或装配整体式钢筋混凝土结构	有保温层或隔热层的屋顶、楼层	50
		无保温层或隔热层的屋顶	40
	装配式无檩体系钢筋混凝土结构	有保温层或隔热层的屋顶、楼层	60
		无保温层或隔热层的屋顶	50
	装配式有檩体系钢筋混凝土结构	有保温层或隔热层的屋顶、楼层	75
		无保温层或隔热层的屋顶	60
黏土砖、空心砖砌体	黏土瓦或石棉瓦屋顶；木屋顶或楼层；砖石屋顶或楼层		100
石砌体			80
硅酸盐块砌体和混凝土块砌体			75

注：1. 层高大于 5m 的混合结构单层建筑，其伸缩缝间距可按表中数值乘以 1.3，但当墙体采用硅酸盐砌块和混凝土砌块砌筑时，不得大于 75mm；
　　2. 温度较高且变化频繁地区和严寒地区不采暖的建筑物墙体伸缩缝的最大间距，应按表中数值予以适当减小。

钢筋混凝土结构伸缩缝的最大间距（mm）　　　　　　　　　　　表 2-1-3

结构类别		室内或土中	露天
排架结构	装配式	100	70
框架结构	装配式	75	50
	现浇式	55	35
剪力墙结构	装配式	65	40
	现浇式	45	30
挡土墙、地下室墙等类结构	装配式	40	30
	现浇式	30	20

注：1. 当屋面板上部保温或有隔热措施时，对框架剪力墙的伸缩缝间距，可按表中露天栏的数值选用，对排架结构的伸缩缝间距，可按表中室内栏的数值适当减小；
　　2. 排架结构的柱高低于 8m 时，易适当减小伸缩缝的间距；
　　3. 伸缩缝的间距应考虑施工条件的影响，必要时（如材料收缩较大或室内结构因施工时外露时间较长）易适当减小伸缩缝的间距。

2. 沉降缝

为防止建筑物因其高度、荷载、结构及地基承载力的不同，而出现不均匀沉降，以致发生错动开裂，沿建筑物高度设置竖向缝隙，将建筑划分成若干个可以自由沉降的单元，这种垂直缝称为沉降缝。

符合下列条件之一者应设置沉降缝：①当建筑物相邻两部分有高差；②相邻两部分荷载相差较大；③建筑体形复杂，连接部位较为薄弱；④结构形式不同；⑤基础埋置深度相差悬殊；⑥地基土的地耐力相差较大。

设沉降缝时，要求从基础到屋顶所有构件均设缝断开，其宽度与地基的性质和建筑物的高度有关，地基越软弱、建筑的高度越大，沉降缝的宽度也越大（表 2-1-4）。

沉降缝的宽度　　表 2-1-4

地基情况	建筑物高度	沉降缝的宽度（mm）
一般地基	<5m	30
	5～10m	50
	10～15m	70
软弱地基	2～3 层	50～80
	4～5 层	80～120
	6 层以上	>120
湿陷性黄土地基		≥30～70

3. 防震缝

地震波由震源向四周扩展，引起环状波动，使建筑物产生上下、左右、前后多方向的震动，但对建筑物防震来说，一般只考虑水平方向地震波的影响。

在地震区建造房屋，应力求体形简单，重量、刚度对称并均匀分布，建筑物的形心和重心尽可能接近，避免在平面和立面上的突然变化。在地震设防烈度为7~9度的地区，当建筑体形复杂或各部分的结构刚度、高度、重量相差较大时，应在变形敏感部位设缝，将建筑物分为若干个体形规整、结构单一的单元，防止在地震波的作用下互相挤压、拉伸，造成变形破坏，这种缝隙叫防震缝。

地震设防烈度为8度、9度地区的多层砌体建筑物，有下列情况之一时应设防震缝：①建筑物立面高差在6m以上；②建筑物有错层，且楼板错层高差较大；③建筑物各部分结构刚度、质量截然不同。

防震缝的宽度，在多层砖混结构中按设防烈度的不同取50~100mm；在多层钢筋混凝土框架结构建筑中，建筑物的高度不超过15m时为70mm，当建筑物高度超过15m时，缝宽见表2-1-5。

防震缝的宽度　　　　表2-1-5

设防烈度	建筑物高度	缝　宽
7度	每增加4m	在70mm基础上增加20mm
8度	每增加3m	在70mm基础上增加20mm
9度	每增加2m	在70mm基础上增加20mm

设置防震缝时，一般基础可不断开，但在平面复杂的建筑中，当建筑各相连部分的刚度差别很大时，必须将基础分开。在地震设防区，建筑物的伸缩缝和沉降缝应按防震缝的要求处理。

第六节　建筑工业化和建筑模数协调

一、建筑工业化的意义和内容

建筑业是国民经济的支柱行业之一，应该走在各部门的前列，为这些部门建造厂房和设施，进行相应的居住区建设，所以被称为国民经济的先行。而长期以来建筑业分散的手工业生产方式与大规模的经济建设很不适应，必须改变目前这种落后状况，尽快实现建筑工业化。发展建筑工业化的意义在于能够加快建设速度，降低劳动强度，减少人工消耗，提高施工质量和劳动生产率。

建筑工业化是指用现代工业的生产方式来建造房屋，它的内容包括四个方面，即建筑设计标准化、构件生产工厂化、施工机械化和管理科学化。其中，建筑设计标准化是实现建筑工业化的前提，构件生产工厂化是建筑工业化的手段，施工机械化是建筑工业化的核心，管理科学化是建筑工业化的保证。

为保证建筑设计标准化和构件生产工厂化，建筑物及其各组成部分的尺寸必须统一协调，为此我国制定了《建筑模数协调统一标准》（GBJ2—86）作为建筑设计的依据。

二、建筑模数的协调

（一）建筑模数与模数数列

1. 建筑模数

建筑模数是选定的尺寸单位，作为建筑构配件、建筑制品以及有关设备尺寸间互相协调中的增值单位，包括：基本模数和导出模数。

(1) 基本模数：是模数协调中选定的基本尺寸单位，数值为100mm，其符号为M，即1M = 100mm。

(2) 导出模数：导出模数分为扩大模数和分模数。

扩大模数是基本模数的整数倍数。其中水平扩大模数基数为3、6、12、15、30、60M，相应的尺寸分别是300、600、1200、1500、3000、6000mm；竖向扩大模数的基数是3、6M，相应的尺寸是300、600mm。

分模数是基本模数的分数值，其基数是1/10、1/5、1/2M，对应的尺寸是10、20、50mm。

2．模数数列

模数数列是以选定的模数基数为基础而展开的数值系统。建筑物中的所有尺寸，除特殊情况外，都必须符合表2-1-6中模数数列的规定。

3．模数数列的应用

(1) 水平基本模数1M～20M的数列，主要用于门窗洞口和构配件截面等处。

模数数列（单位 mm）　　　　　　　　　表 2-1-6

基本模数	扩 大 模 数						分 模 数		
1M	3M	6M	12M	15M	30M	60M	1/10M	1/5M	1/2M
100	300	600	1200	1500	3000	6000	10	20	50
100	300	600	1200	1500	3000	6000	10	20	50
200	600	1200	2400	3000	6000	12000	20	40	100
300	900	1800	3600	4500	9000	18000	30	60	150
400	1200	2400	4800	6000	12000	24000	40	80	200
500	1500	3000	6000	7500	15000	30000	50	100	250
600	1800	3600	7200	9000	18000	36000	60	120	300
700	2100	4200	8400	10500	21000		70	140	350
800	2400	4800	9600	12000	24000		80	16	400
900	2700	5400	10800		27000		90	180	450
1000	3000	6000	12000		30000		100	200	500
1100	3300	6600			33000		110	220	550
1200	3600	7200			36000		120	240	600
1300	3900	7800					130	260	650
1400	4200	8400					140	280	700
1500	4500	9000					150	300	750
1600	4800	9600					160	320	800
1700	5100						170	340	850
1800	5400						180	360	900
1900	5700						190	380	950
2000	6000						200	400	1000
2100	6300								
2200	6600								
2300	6900								
2400	7200								
2500	7500								
2600									
2700									
2800									
2900									
3000									
3100									
3200									
3300									
3400									
3500									
3600									

(2) 竖向基本模数 1M~36M 的数列，主要用于建筑物的层高、门窗洞口和构配件截面等处。

(3) 水平扩大模数 3、6、12、15、30、60M 的数列，主要用于建筑物的开间或柱距、进深或跨度、构配件尺寸和门窗洞口等处。

(4) 竖向扩大模数 3M 的数列，主要用于建筑物的高度、层高和门窗洞口等处。

(5) 分模数 1/10、1/5、1/2M 的数列，主要用于缝隙、构造节点、构配件截面等处。

（二）几种尺寸及其关系

为了保证建筑制品、构配件等有关尺寸的统一与协调，《建筑模数协调统一标准》规定了标志尺寸、构造尺寸、实际尺寸及其相互间的关系（图 2-1-7）。

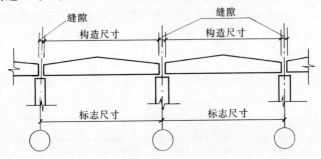

图 2-1-7 几种尺寸间的关系

（1）标志尺寸：用以标注建筑物定位轴线间的距离（如开间或柱距、进深或跨度、层高等）以及建筑构配件、建筑组合件、建筑制品、有关设备位置界限之间的尺寸。标志尺寸应符合模数数列的规定。

（2）构造尺寸：是建筑构配件、建筑组合件、建筑制品等的设计尺寸，一般情况下标志尺寸减去缝隙为构造尺寸。缝隙尺寸应符合模数数列的规定。

（3）实际尺寸：是建筑构配件、建筑组合件、建筑制品等生产制作后的实有尺寸。这一尺寸因生产误差造成与设计的构造尺寸有差值，这个差值应符合施工验收规范的规定。

（三）定位轴线

定位轴线是确定建筑物主要结构或构件的位置及其标志尺寸的基准线。它是施工中定位、放线的重要依据。

1．定位轴线的编号

一幢建筑物一般有若干条定位轴线，为了区别，定位轴线一般应编号，编号写在轴线端部的圆圈内。圈应用细实线绘制，直径为 8mm，详图上可增为 10mm。定位轴线的圆心应位于定位轴线的延长线上。

定位轴线分为平面定位轴线和竖向定位轴线。平面定位轴线一般按纵、横两个方向分别编号。横向定位轴线应用阿拉伯数字，从左至右顺序编号，纵向定位轴线应用大写拉丁字母，从下至上顺序编号（图 2-1-8）。拉丁字母中的 I、O、Z 不得用于轴线编号，如字母数量不够使用，可增用双字母或单字母加数字注脚，如 AA、BB、…YY 或 A1、B1、…Y1。

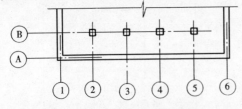

图 2-1-8 定位轴线的编号顺序

定位轴线也可采取分区编号，编号的注

写形式应为分区号 – 该区轴线号（图 2-1-9）。

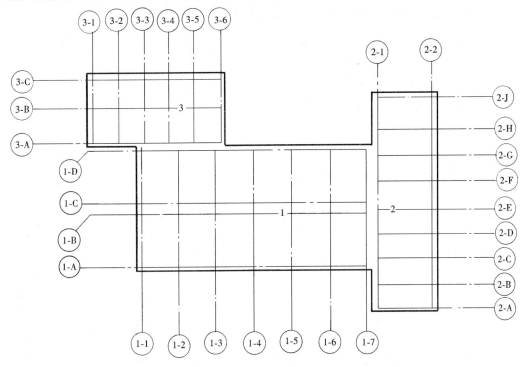

图 2-1-9　定位轴线的分区编号

当有附加轴线时，附加轴线的编号应用分数表示。分母用前一轴线的编号或后一轴线编号前加零表示；分子表示附加轴线的编号，编号宜用阿拉伯数字顺序编，如：

①/② 表示 2 号轴线后附加的第一根轴线；

③/C 表示 C 号轴线后附加的第三根轴线；

①/01 表示 1 号轴线前附加的第一根轴线；

③/0A 表示 A 号轴线前附加的第三根轴线。

当一个详图适用于几条定位轴线时,应同时注明各有关轴线的编号,注法如图 2-1-10。通用详图的定位轴线，应只画圆，不注写轴线编号。

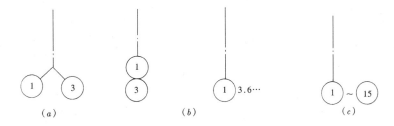

图 2-1-10　详图的轴线编号

（a）用于两条轴线时；（b）用于三条或三条以上轴线时；（c）用于三条以上连续编号的轴线时

2. 砖混结构的定位轴线

(1) 砖墙的平面定位

承重内墙的顶层墙身中心线应与平面定位轴线相重合（图 2-1-11）。

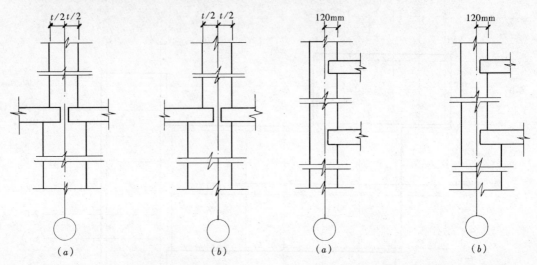

图 2-1-11 承重内墙的定位轴线
(a) 底层定位轴线中分墙身；
(b) 底层定位轴线偏分墙身

图 2-1-12 承重外墙的定位轴线
(a) 底层与顶层墙厚相同；
(b) 底层与顶层墙厚不同

承重外墙的顶层墙身内缘与平面定位轴线的距离为 120mm（图 2-1-12）。

非承重墙除可按承重内墙或外墙的规定定位外，还可使墙身内缘与平面定位轴线相重合。

带壁柱外墙的墙身内缘与平面定位轴线相重合或距墙身内缘的 120mm 处与平面定位轴线相重合（图 2-1-13）。

(2) 变形缝处的砖墙平面定位

一面墙一面墙垛的定位：其墙垛的外缘应与定位轴线相重合，当一面的墙按外承重墙处理时，定位轴线应距顶层墙内缘 120mm；按非承重墙处理时，定位轴线应与墙内缘重合（图 2-1-14）。

双面墙的定位：当两侧墙按外承重墙处理时，顶层定位轴线均应距墙内缘 120mm；当两侧墙按非承重墙处理时，定位轴线应与墙内缘重合（图 2-1-15）。

带联系尺寸的双墙定位：当两侧墙按承重墙处理时，顶层定位轴线均应距墙内缘 120mm；当两侧墙按非承重墙处理时，定位轴线均应与墙内缘重合（图 2-1-16）。

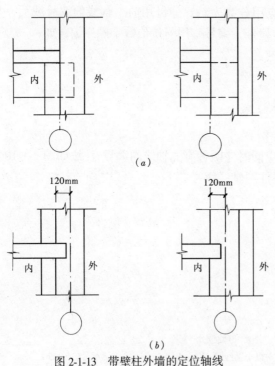

图 2-1-13 带壁柱外墙的定位轴线
(a) 墙身内缘与平面定位轴线重合；
(b) 距墙身内缘 120mm 处与平面定位轴线重合

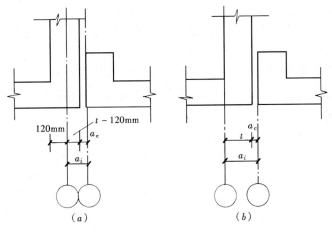

图 2-1-14 一面墙，一面墙垛的定位
(a) 按外承重墙处理；(b) 按非承重墙处理
t—墙厚；a_e—变形缝宽度；a_i—定位轴间尺寸

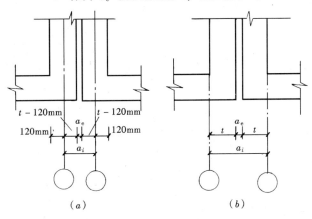

图 2-1-15 双面墙的定位
(a) 按承重外墙处理；(b) 按非承重外墙处理

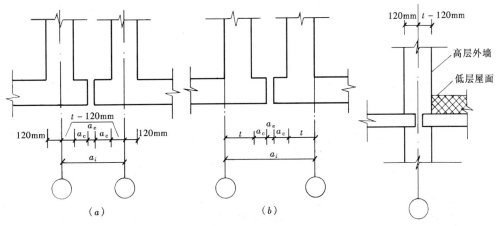

图 2-1-16 带联系尺寸的双墙的定位
(a) 按承重外墙处理；(b) 按非承重外墙处理
a_c—联系尺寸；a_e—变形缝宽度

图 2-1-17 高低层分界处不设变形缝时的定位

(3) 高低层分界处的砖墙定位

高低层分界处不设变形缝时，应按高层部分承重外墙定位轴线处理，定位轴线应在距墙内缘 120mm 处，并应与低层定位轴线相重合（图 2-1-17）。

高低层分界处设变形缝时，应按变形缝砖墙的平面定位处理。

(4) 底层为框架结构时，框架结构的定位轴线应与上部砖混结构平面定位轴线一致。

(5) 砖墙的竖向定位

楼（地）面竖向定位应与楼（地）面面层上表面重合（图 2-1-18）。

屋面竖向定位应在屋面结构层上表面与距墙内缘 120mm 处（或与墙内缘重合处）的外墙定位轴线的相交处（图 2-1-19）。

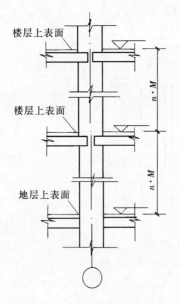

图 2-1-18 砖墙的竖向定位

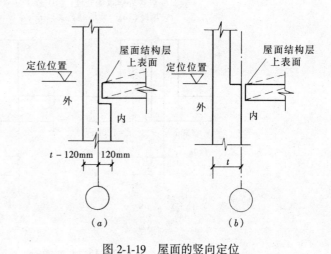

图 2-1-19 屋面的竖向定位
(a) 距墙内缘 120mm 处定位；(b) 与墙内缘重合

思 考 题

1. 民用建筑由哪些部分组成？各组成部分的作用是什么？
2. 影响建筑构造的因素有哪些？
3. 建筑物按耐火等级分几级？是根据什么确定的？什么叫燃烧性能和耐火极限？
4. 民用建筑按建筑结构的承重方式分哪几类？各适用于哪些建筑？
5. 什么是钢筋混凝土？钢筋和混凝土共同工作的原理是什么？
6. 什么是预应力钢筋混凝土？有何优点？
7. 变形缝包括哪几种？各自的宽度和设置要求是什么？
8. 什么是建筑模数？分几种？各有什么用途？
9. 什么叫标志尺寸和构造尺寸？它们的关系如何？
10. 图 2-1-20 是某教学楼平面图，内墙为 24 墙，外墙为 37 墙，变形缝为 60mm，两侧的墙按承重外墙处理，试画出该图的纵横向定位轴线。
11. 砖墙在竖向是如何定位的？

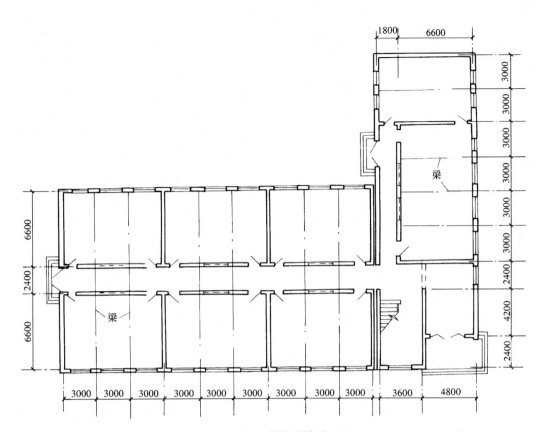

图 2-1-20 某教学楼平面

第二章 基础和地下室

基础是建筑物最下面的构件，它直接与土层相接触，承受建筑物的全部荷载。

基础下面承受荷载的土层叫做地基，它承受由基础传来的建筑物的全部荷载。地基在建筑物荷载作用下的应力和应变随着土层深度的增加而减小，在到达一定深度后就可以忽略不计。直接承受荷载的土层称为持力层，持力层以下的土层称为下卧层（图 2-2-1）。

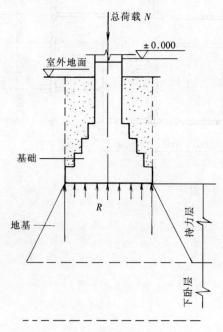

图 2-2-1 地基、基础与荷载的关系

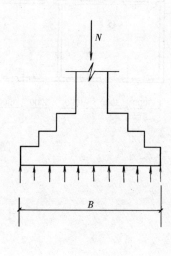

图 2-2-2 基础受力示意

建筑物的全部荷载用 N 表示。地基在保持稳定的条件下，每平方米所能承受的最大垂直压力称为地基的承载力（或地耐力），用 R 表示。由于地基的承载力一般小于建筑物地上部分的强度，所以基础底面需要宽出上部结构（底面宽为 B），基础底面积用 A 表示（图 2-2-2）。

当三者的关系式：$R \geq N/A$ 成立时，说明建筑物传给基础底面的平均压力不超过地基承载力，地基就能够保证建筑物的稳定和安全。在建筑设计中，当建筑物总荷载确定时，可通过增加基础底面积或提高地基的承载力来保证建筑物的稳定和安全。

如果天然土层具有足够的承载力，不需要经过人工改良和加固，就可直接承受建筑物的全部荷载并满足变形要求，称之为天然地基。如果天然土层的承载力相对较弱，必须对其进行人工加固以提高其承载力，并满足变形要求，称之为人工地基。人工地基的处理方法有压实法、换土法、挤密法和化学加固法等。

第一节 基础的类型和构造

基础所用的材料一般有砖、毛石、混凝土或毛石混凝土、灰土、三合土、钢筋混凝土等，其中由砖、毛石、混凝土或毛石混凝土、灰土、三合土等制成的墙下条形基础或柱下独立基础称为无筋扩展基础；由钢筋混凝土制成的基础称为扩展基础。基础按构造形式分，有条形基础、独立基础、井格基础、筏板基础、箱形基础和桩基础。在选择基础时，须综合考虑上部结构形式、荷载大小、地基状况等因素。

一、无筋扩展基础和扩展基础

（一）无筋扩展基础

当上部荷载较大，地基承载力较小时，基础底面宽 B 就会很大，挑出部分 b 很宽，相当于悬臂梁，对于由砖、毛石、灰土、混凝土等这类抗压强度高，而抗拉、抗剪强度较低的材料所做的基础，在地基反力作用下底部会因受拉、受剪而破坏。为了保证基础不因受拉、受剪破坏，基础必须有足够的高度，也就是说，基础台阶的挑出宽度 b 与高度 H 之比要受到一定的限制（图 2-2-3）。我们把基础的 $b:H$ 称为宽高比，无筋扩展基础宽高比的允许值见表 2-2-1。

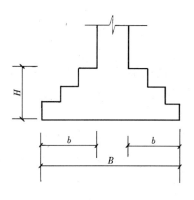

图 2-2-3 无筋扩展基础的受力分析

无筋扩展基础台阶宽高比的允许值　　　表 2-2-1

基础材料	质 量 要 求	台阶宽高比的允许值		
		$P_K \leqslant 100$	$100 < P_K \leqslant 200$	$200 < P_K \leqslant 300$
混凝土基础	C15 混凝土	1:1.00	1:1.00	1:1.25
毛石混凝土基础	C15 混凝土	1:1.00	1:1.25	1:1.50
砖基础	砖不低于 MU10、砂浆不低于 M5	1:1.50	1:1.50	1:1.50
毛石基础	砂浆不低于 M5	1:1.25	1:1.50	—
灰土基础	体积比为 3:7 或 2:8 的灰土，其最小干密度：粉土 1.55t/m³；粉质黏土 1.50t/m³；黏土 1.45t/m³	1:1.25	1:1.50	—
三合土基础	体积比 1:2:4~1:3:6（石灰:砂:骨料），每层约虚铺 220mm，夯至 150mm	1:1.50	1:2.00	—

注：1. P_K 为荷载效应标准组合时基础底面处的平均压力（kPa）；

2. 阶梯形毛石基础的每阶伸出宽度，不宜大于 200mm；

3. 当基础由不同材料叠合组成时，应对接触部分作抗压验算；

4. 基础底面处的平均压力值超过 300kPa 的混凝土基础，尚应进行抗剪验算。

无筋扩展基础适用于上部荷载较小、地基承载力较好的中小型建筑。

1. 砖基础

砖基础宽出部分成台阶形，有等高式和间隔式两种。砌筑时，一般需在基底下先铺设砂、混凝土或灰土垫层（图 2-2-4）。

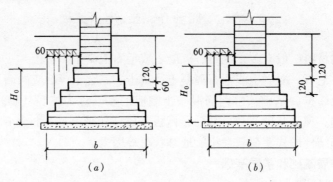

图 2-2-4　砖基础的构造
（a）二皮砖与一皮砖间隔挑出 1/4 砖；（b）二皮砖挑出 1/4 砖

砖基础取材容易，构造简单，造价低廉，但其强度低，耐久性和抗冻性较差，所以只宜用于等级较低的小型建筑中。

2. 灰土基础

在地下水位较低的地区，可以在砖基础下设灰土垫层，灰土垫层有较好的抗压强度和耐久性，后期强度较高，属于基础的组成部分，叫做灰土基础。灰土基础由熟石灰粉和黏土按体积比为 3∶7 或 2∶8 的比例，加适量水拌合夯实而成。施工时每层虚铺厚度约 220mm，夯实后厚度为 150mm，称为一步，一般灰土基础做二至三步（图 2-2-5）。

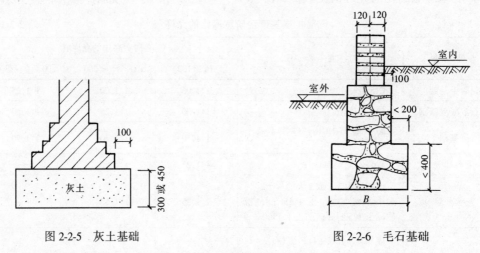

图 2-2-5　灰土基础　　　　　图 2-2-6　毛石基础

灰土基础的抗冻性、耐水性差，只能埋置在地下水位以上，并且顶面应位于冰冻线以下。

3. 毛石基础

毛石基础是由未加工的块石用水泥砂浆砌筑而成，毛石的厚度不小于 150mm，宽度约 200~300mm。基础的剖面成台阶形，顶面要比上部结构每边宽出 100mm，每个台阶的高度不宜小于 400mm，挑出的长度不应大于 200mm（图 2-2-6）。

毛石基础的强度高，抗冻、耐水性能好，所以，适用于地下水位较高、冰冻线较深的产石区的建筑。

4. 混凝土基础和毛石混凝土基础

混凝土基础断面有矩形、阶梯形和锥形，一般当基础底面宽度大于2000mm时，为了节约混凝土常做成锥形（图2-2-7）。

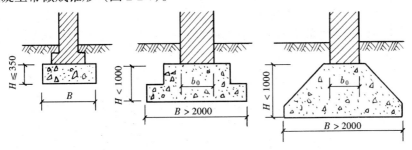

图 2-2-7　混凝土基础

当混凝土基础的体积较大时，为了节约混凝土，可以在混凝土中加入粒径不超过300mm的毛石，这种混凝土基础称为毛石混凝土基础。毛石混凝土基础中，毛石的尺寸不得大于基础宽度的1/3，毛石的体积为总体积的20%～30%，且应分布均匀。

混凝土基础和毛石混凝土基础具有坚固、耐久、耐水的特点，可用于受地下水和冰冻作用的建筑。

（二）扩展基础

即指柱下的钢筋混凝土独立基础和墙下的钢筋混凝土条形基础，它们是在混凝土基础下部配置钢筋来承受底面的拉力，所以，基础不受宽高比的限制，可以做得宽而

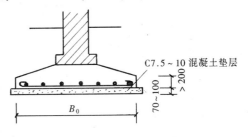

图 2-2-8　钢筋混凝土基础

薄，一般为扁锥形，端部最薄处的厚度不宜小于200mm。基础中受力钢筋的数量应通过计算确定，但钢筋直径不宜小于8mm，间距不宜大于200mm。基础混凝土的强度等级不宜低于C20。为了使基础底面能够均匀传力和便于配置钢筋，基础下面一般用强度等级为C10的混凝土做垫层，厚度宜为50～100mm。有垫层时，钢筋下面保护层的厚度不宜小于40mm，不设垫层时，保护层的厚度不宜小于70mm（图2-2-8）。

钢筋混凝土基础的适用范围广泛，尤其是适用于有软弱土层的地基。

二、基础的构造类型

（一）条形基础

基础为连续的长条形状时称为条形基础。条形基础一般用于墙下，也可用于柱下。当建筑采用墙承重结构时，通常将墙底加宽形成墙下条形基础（图2-2-9a）；当建筑采用柱承重结构，在荷载较大且地基较软弱时，为了提高建筑物的整体性，防止出现不均匀沉降，可

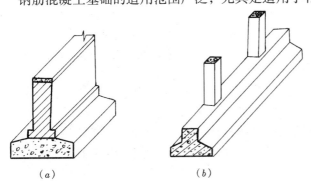

图 2-2-9　条形基础
（a）墙下条形基础；（b）柱下条形基础

将柱下基础沿一个方向连续设置成条形基础（图 2-2-9b）。

（二）独立基础

当建筑物上部采用柱承重，且柱距较大时，将柱下扩大形成独立基础。独立基础的形状有阶梯形、锥形和杯形等（图 2-2-10）。其优点是土方工程量少，便于地下管道穿越，节约基础材料。但基础相互之间无联系，整体刚度差，因此一般适用于土质均匀、荷载均匀的骨架结构建筑中。

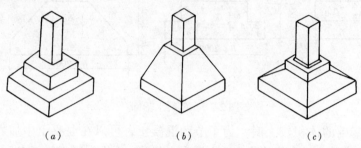

图 2-2-10 独立式基础
(a) 阶梯形；(b) 锥形；(c) 杯形基础

当建筑物上部为墙承重结构，并且基础要求埋深较大时，为了避免开挖土方量过大和便于穿越管道，墙下可采用独立基础（图 2-2-11）。墙下独立基础的间距一般为 3~4m，上面设置基础梁来支承墙体。

（三）井格基础

当地基条件较差或上部荷载较大时，为了提高建筑物的整体刚度，避免不均匀沉降，常将柱下独立基础沿纵向和横向连接起来，形成井格基础（图 2-2-12）。

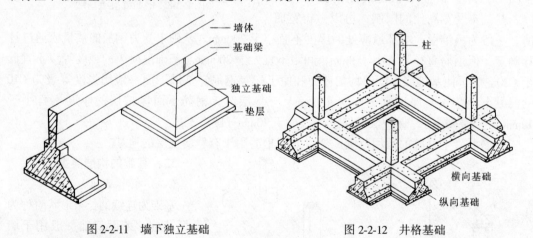

图 2-2-11 墙下独立基础　　　　图 2-2-12 井格基础

（四）筏板基础

当上部荷载较大，地基承载力较低，基础底面积占建筑物平面面积的比例较大时，可将基础连成整片，像筏板一样，称为筏板基础。筏板基础可以用于墙下和柱下，有板式和梁板式两种（图 2-2-13）。

筏板基础具有减小基底压力、提高地基承载力和调整地基不均匀沉降的能力，广泛用于多高层住宅、办公楼等民用建筑中。

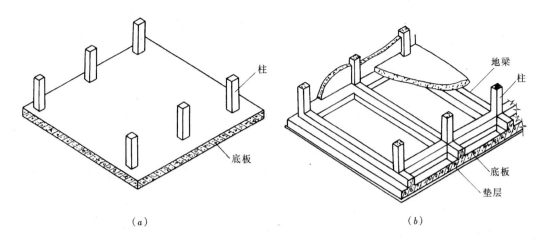

图 2-2-13 筏板基础
（a）板式基础；（b）梁板式基础

（五）箱形基础

当建筑物荷载很大，或浅层地质情况较差，为了提高建筑物的整体刚度和稳定性，基础必须深埋，这时，常用钢筋混凝土顶板、底板、外墙和一定数量的内墙组成刚度很大的盒状基础，称为箱形基础（图 2-2-14）。

箱形基础具有刚度大、整体性好、内部空间可用作地下室的特点。因此，适用于高层公共建筑、住宅建筑及需设地下室的建筑中。

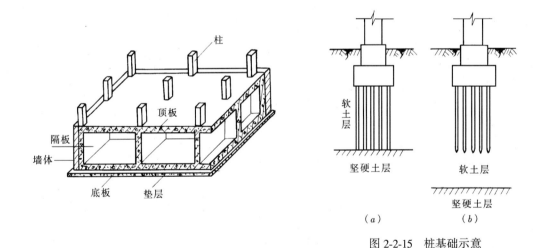

图 2-2-14 箱形基础

图 2-2-15 桩基础示意
（a）端承桩；（b）摩擦桩

（六）桩基础

当建筑物荷载较大，地基软弱土层的厚度在 5m 以上，基础不能埋在软弱土层内，或对软弱土层进行人工处理较困难或不经济时，常采用桩基础。桩基础由桩身和承台组成，桩身伸入土中，承受上部荷载；承台用来连接上部结构和桩身。

桩基础类型很多，按照桩身的受力特点，分为摩擦桩和端承桩。上部荷载如果主要依靠桩身与周围土层的摩擦阻力来承受时，这种桩基础称为摩擦桩；上部荷载如果主要依靠下面坚硬土层对桩端的支承来承受时，这种桩基础称为端承桩（图 2-2-15）。桩基础按材料不同，有木桩、钢筋混凝土桩和钢桩等；按断面形式不同，有圆形桩、方形桩、环形桩、六角形桩和工字形桩等；按桩入土方法的不同，有打入桩、振入桩、压入桩和灌注桩等。

采用桩基础可以减少挖填土方工程量，改善工人的劳动条件，缩短工期，节省材料。因此，近年来桩基础的应用较为广泛。

第二节 影响基础埋深的因素及基础的特殊问题

一、基础的埋置深度

室外设计地面到基础底面的距离称为基础的埋置深度，简称基础埋深（图 2-2-16）。

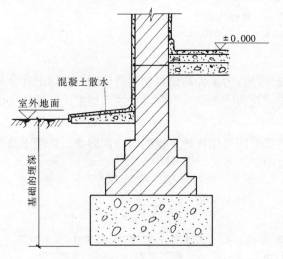

图 2-2-16 基础的埋置深度

根据基础埋深的不同有深基础和浅基础，埋置深度大于 5m 的称为深基础，埋置深度小于 5m 的称为浅基础。一般来说，基础的埋置深度愈浅，土方开挖量就愈小，基础材料用量也愈少，工程造价就愈低，但当基础的埋置深度过小时，基础底面的土层受到压力后会把基础周围的土挤走，使基础产生滑移而失去稳定；同时基础埋得过浅，还容易受外界各种不良因素的影响。所以，基础的埋置深度最浅不能小于 500mm。

二、影响基础埋深的因素

影响基础埋深的因素很多，主要有以下几方面：

1. 建筑物自身的特性

如建筑物的用途，有无地下室、设备基础和地下设施，基础的形式和构造。

2. 作用在地基上的荷载大小和性质

3. 工程地质和水文地质条件

在满足地基稳定和变形要求的前提下，基础宜浅埋，当上层地基的承载力大于下层土时，宜利用上层土作持力层。

当表面软弱土层很厚，可采用人工地基或深基础。

一般情况下，基础应位于地下水位之上，以减少特殊的防水、排水措施。当地下水位很高，基础必须埋在地下水位以下时，应采取地基土在施工时不受扰动的措施。

4. 相临建筑物的基础埋深

当存在相邻建筑物时，一般新建建筑物基础的埋深不应大于原有建筑基础，以保证原有建筑的安全；当新建建筑物基础的埋深必须大于原有建筑基础的埋深时，为了不破坏原基础下的地基土，应与原基础保持一定的净距 L，L 的数值应根据原有建筑荷载大小、基础形式和土质情况确定（图 2-2-17）。当上述要求不能满足时，应采取分段施工、设临时加固支撑、打板桩、地下连续墙等施工措施，或加固原有建筑物的地基。

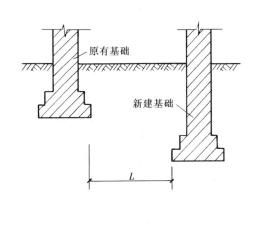

图 2-2-17 基础埋深与相邻基础关系

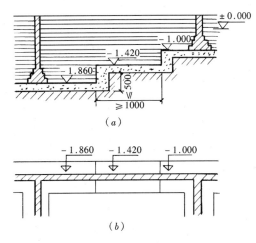

图 2-2-18 不同埋深的基础处理
（a）纵剖面；（b）平面

5. 地基土冻胀和融陷的影响

对于冻结深度浅于 500mm 的南方地区或地基土为非冻胀土时，可不考虑土的冻结深度对基础埋深的影响。对于季节冰冻地区，地基为冻胀土时，为避免建筑物受地基土冻融影响产生变形和破坏，应使基础底面低于当地冻结深度；如果允许建筑基础底面之下有一定厚度的冻土层时，应通过计算确定基础的最小埋深。

三、基础的特殊问题

（一）埋深不同的基础的处理

因受上部荷载、地基承载力或使用要求等因素的影响，连续的基础会出现不同的埋深，这时不同埋深的连续基础应做成台阶形逐渐过渡，过渡台阶的高度不应大于 500mm，长度不宜小于 1000mm，以防止因埋深的变化太突然，使墙体断裂或发生不均匀沉降（图 2-2-18）。

（二）沉降缝处的基础

当建筑物设置了沉降缝时，在沉降缝的对应位置，基础必须断开，以满足自由沉降的需要。基础在沉降缝处的构造有双墙式、交叉式和悬挑式。双墙式的基础是在沉降缝两侧的墙下设置各自的基础，适用于上部荷载较小的建筑（图 2-2-19a）。交叉式的基础是将沉降缝两侧结构的基础设置成独立式，并在平面上相互错开（图 2-2-19b）。当建筑物上部荷载较大时，可采用悬挑式。悬挑式的基础是将沉降缝一侧的基础正常设置，另一侧利用挑梁支承基础梁，基础梁上砌筑墙体的做法（图 2-2-19c）。

（三）管道穿越基础时的处理

室内给排水管道、供热采暖管道和电气管路等一般不允许沿建筑物基础底部设置。当管道必须穿越基础时，应在基础施工时按照图纸上标明的管道位置（平面位置和标高位置），预埋管道或预留孔洞。预留孔洞的尺寸见表 2-2-2。

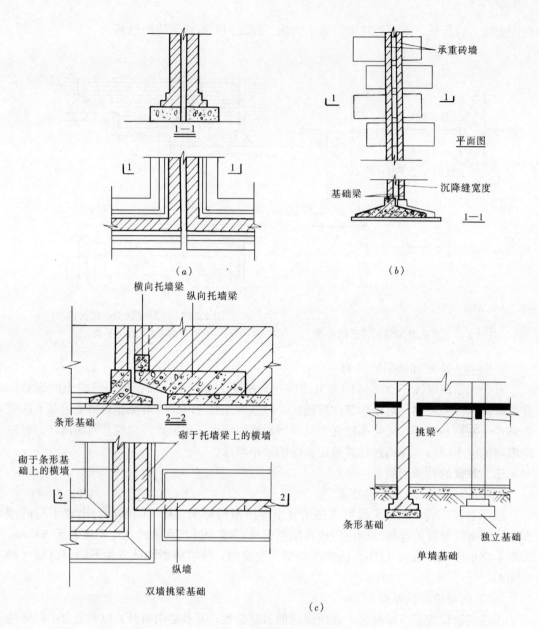

图 2-2-19 沉降缝处基础
(a) 双墙式；(b) 交叉式；(c) 悬挑式

管道穿越基础预留孔洞尺寸（单位：mm）　　　表 2-2-2

管　径 d（mm）	50～75	≥100
预留洞尺寸（宽×高）	300×300	$(d+300)\times(d+200)$

　　管顶上部到孔顶的净空 h 不得小于建筑物的沉降量，一般不小于 150mm，在湿陷性黄土地区则不宜小于 300mm（图 2-2-20）。

　　预留孔洞底面与基础底面的距离不宜小于 400mm，当不能满足时，应将建筑物基础局部降低（图 2-2-21）。

预留孔与管道之间的空隙用黏土填实，两端用 1:2 的水泥砂浆封口。

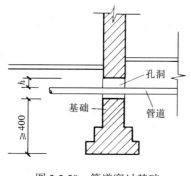

图 2-2-20 管道穿过基础

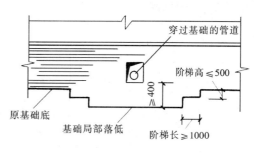

图 2-2-21 基础局部降低

第三节 地下室的构造

地下室是建筑物底层下面的房间。地下室按埋入地下深度的不同，分为全地下室和半地下室。当地下室地面低于室外地坪的高度超过该地下室净高的 1/2 时为全地下室；当地下室地面低于室外地坪的高度超过该地下室净高的 1/3，但不超过 1/2 时为半地下室。地下室按使用功能来分，有普通地下室和人防地下室。普通地下室一般用作设备用房、储藏用房、商场、餐厅、车库等；人防地下室主要用于战备防空，考虑和平年代的使用，人防地下室在功能上应能够满足平战结合的使用要求。

当建筑物较高时，基础的埋深很大，利用这个深度设置地下室，既可在有限的占地面积中争取到更多的使用空间，提高建设用地的利用率，又不需要增加太多的投资，所以设置地下室有一定的实用和经济意义。

一、地下室的组成

地下室一般由墙体、底板、顶板、门窗、楼梯、采光井等部分组成。

1. 墙体

地下室的墙体不仅要承受上部传来的垂直荷载，还要承受土、地下水、土壤冻结时的侧压力。所以，当采用砖墙时，厚度不宜小于 370mm。当上部荷载较大或地下水位较高时，最好采用混凝土或钢筋混凝土墙，厚度不宜小于 200mm。

2. 底板

地下室的地坪主要承受地下室内的使用荷载，当地下水位高于地下室的地坪时，还要承受地下水浮力的作用，所以地下室的底板应有足够的强度、刚度和抗渗能力，一般采用钢筋混凝土底板。

3. 顶板

地下室的顶板主要承受建筑物首层的使用荷载，可采用现浇或预制钢筋混凝土楼板。

4. 楼梯

地下室的楼梯一般与上部楼梯结合设置，当地下室的层高较小时，楼梯多为单跑式。对于防空地下室，应至少设置两部楼梯与地面相连，并且必须有一部楼梯通向安全出口。

5. 门窗

地下室的门窗的构造同地上部分相同,当为全地下室时,须在窗外设置采光井。

6. 采光井

采光井的作用是降低地下室采光窗外侧的地坪,以满足全地下室的采光和通风要求(图 2-2-22)。

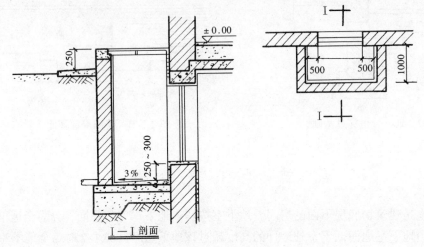

图 2-2-22　地下室采光井

二、地下室的防潮和防水

由于地下室的墙身、底板埋在土中,长期受到潮气或地下水的侵蚀,会引起室内地面、墙面生霉,墙面装饰层脱落,严重时使室内进水,影响地下室的正常使用和建筑物的耐久性。因此必须对地下室采取相应的防潮、防水措施,以保证地下室在使用时不受潮、不渗漏。

(一)地下室的防潮

当地下水的最高水位低于地下室地坪 300~500mm 时,地下室的墙体和底板只会受到土中潮气的影响,所以只需做防潮处理,即在地下室的墙体和底板中采取防潮构造。

当地下室的墙体采用砖墙时,墙体必须用水泥砂浆来砌筑,要求灰缝饱满,并在墙体的外侧设置垂直防潮层和在墙体的上下设置水平防潮层。

墙体垂直防潮层的做法是:先在墙外侧抹 20mm 厚 1:2.5 的水泥砂浆找平层,延伸到散水以上 300mm,找平层干燥后,上面刷一道冷底子油和两道热沥青,然后在墙外侧回填低渗透性的土壤,如黏土、灰土等,并逐层夯实,宽度不小于 500mm;墙体水平防潮层中一道设在地下室地坪以下 60mm 处,一道设在室外地坪以上 200mm 处(图 2-2-23a)。如果墙体采用现浇钢筋混凝土墙,则不需做防潮处理。

地下室需防潮时,底板可采用非钢筋混凝土,其防潮构造见图 2-2-23b。

(二)地下室的防水

当地下水的最高水位高于地下室底板时,地下室的墙体和底板浸泡在水中,这时地下室的外墙会受到地下水侧压力的作用,底板会受到地下水浮力的作用,这些压力水具有很强的渗透能力,会导致地下室漏水,影响正常使用。所以,地下室的外墙和底板必须采取防水措施。具体做法有卷材防水和混凝土构件自防水两种。

1. 卷材防水

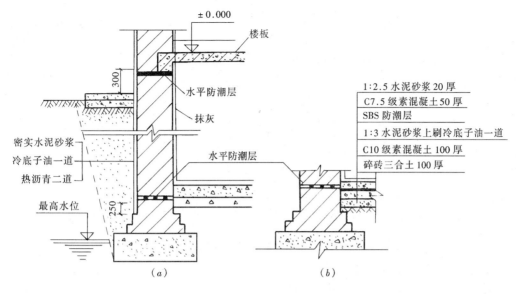

图 2-2-23 地下室的防潮处理
(a) 墙身防潮;(b) 地坪防潮

现在工程中,卷材防水层一般采用高聚物改性沥青防水卷材(如 SBS 改性沥青防水卷材、APP 改性沥青防水卷材)或合成高分子防水卷材(如三元乙丙橡胶防水卷材、再生胶防水卷材等)与相应的胶结材料粘结形成防水层。按照卷材防水层的位置不同,分外防水和内防水。

(1) 外防水 是将卷材防水层满包在地下室墙体和底板外侧的做法,其构造要点是:先做底板防水层,并在外墙外侧伸出接茬,将墙体防水层与其搭接,并高出最高地下水位 500～1000mm,然后在墙体防水层外侧砌半砖保护墙。应注意在墙体防水层的上部设垂直防潮层与其连接(图 2-2-24)。

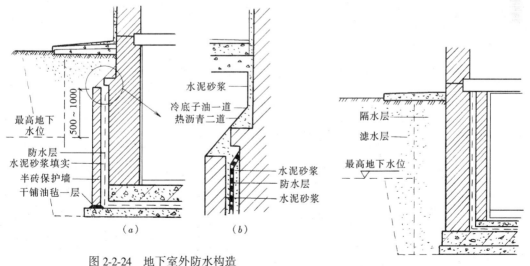

图 2-2-24 地下室外防水构造
(a) 外包防水;(b) 墙身防水层收头处理

图 2-2-25 地下室内防水构造

(2) 内防水 是将卷材防水层满包在地下室墙体和地坪的结构层内侧的做法,内防水施工方便,但属于被动式防水,对防水不利,所以一般用于修缮工程(图2-2-25)。

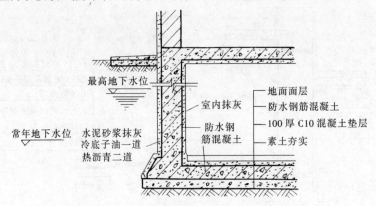

图 2-2-26 地下室混凝土构件自防水构造

2. 混凝土构件自防水

当地下室的墙体和地坪均为钢筋混凝土结构时,可通过增加混凝土的密实度或在混凝土中添加防水剂、加气剂等方法,来提高混凝土的抗渗性能。这时,地下室就不需再专门设置防水层,这种防水做法称混凝土构件自防水。地下室采用构件自防水时,外墙板的厚度不得小于200mm,底板的厚度不得小于150mm,以保证刚度和抗渗效果。为防止地下水对钢筋混凝土结构的侵蚀,在墙的外侧应先用水泥砂浆找平,然后刷热沥青隔离(图2-2-26)。

思 考 题

1. 解释:地基;基础;采光井。
2. 基础按构造形式分哪几类,各自的适用范围如何?
3. 图示并说明什么是基础埋深。
4. 沉降缝处的基础如何处理?
5. 地下室由哪几部分组成?
6. 图示采光井的构造。
7. 简述地下室防潮构造要点。
8. 图示地下室采用卷材防水时的构造。

第三章 墙 体

在墙承重结构的建筑中，墙体主要起承重、围护、分隔作用，是房屋不可缺少的重要组成部分，它和楼板层与屋顶被称为建筑的主体工程。墙体的重量约占房屋总重量的40%~65%，墙体的造价约占工程总造价的30%~40%，所以，在选择墙体的材料和构造方法时，应综合考虑建筑的造型、结构、经济等方面的因素。

第一节 墙体的类型及要求

一、墙体的类型

按照不同的划分方法，墙体有不同的类型。

（一）按墙体的位置分

1. 内墙：位于建筑物内部的墙。
2. 外墙：位于建筑物四周与室外接触的墙。

（二）按墙体的方向分

1. 纵墙：沿建筑物长轴方向布置的墙。
2. 横墙：沿建筑物短轴方向布置的墙。

外横墙习惯上称山墙，外纵墙习惯上称檐墙；窗与窗、窗与门之间的墙称为窗间墙，窗洞口下部的墙称为窗下墙；屋顶上部的墙称为女儿墙或封檐墙（图2-3-1）。

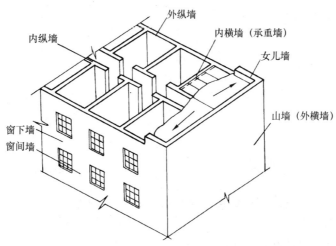

图 2-3-1 墙体的位置和名称

（三）按墙体的受力情况分

1. 承重墙：凡直接承受上部屋顶、楼板、梁传来的荷载的墙称为承重墙。
2. 非承重墙：凡不承受上部传来荷载的墙均是非承重墙。非承重墙包括以下几种：

（1）自承重墙：不承受外来荷载，仅承受自身重量的墙。
（2）框架填充墙：在框架结构中，填充在框架中间的墙。
（3）隔墙：仅起分隔空间、自身重量由楼板或梁承担的墙。
（4）幕墙：悬挂在建筑物结构外部的轻质外墙，如玻璃幕墙、铝塑板墙等。
（四）按构成墙体的材料和制品分
有砖墙、石墙、砌块墙、板材墙、混凝土墙、玻璃幕墙等。

二、对墙体的要求

墙体在建筑中主要起承重、围护、分隔作用，在选择墙体材料和确定构造方案时，应根据墙体的作用，分别满足以下要求：

（一）具有足够的强度和稳定性

墙体的强度与采用的材料、墙体尺寸和构造方式有关。墙体的稳定性则与墙的长度、高度、厚度有关，一般通过合适的高厚比，加设壁柱、圈梁、构造柱，加强墙与墙或墙与其他构件间的连接等措施增加其稳定性。

（二）满足热工要求

不同地区、不同季节对墙体有保温或隔热的要求，保温与隔热概念相反，措施也不相同，但增加墙体厚度和选择导热系数小的材料都有利于保温和隔热。

（三）满足隔声的要求

为了获得安静的工作和休息环境，就必须防止室外及邻室传来的噪声影响，因而墙体应具有一定的隔声能力。采用密实、容重大或空心、多孔的墙体材料，内外抹灰等方法都能提高墙体的隔声能力。采用吸声材料作墙面，能提高墙体的吸声性能，有利于隔声。

（四）满足防火要求

墙体采用的材料及厚度应符合防火规范的规定。当建筑物的占地面积或长度较大时，应按规范要求设置防火墙，将建筑物分为若干段，以防止火灾蔓延。

（五）减轻自重

墙体所用的材料，在满足以上各项要求时，应力求采用轻质材料，这样不仅能够减轻墙体自重，还能节省运输费用，降低建筑造价。

（六）适应建筑工业化的要求

墙体要逐步改革以实心粘土砖为主的墙体材料，采用新型墙砖或预制装配式墙体材料和构造方案，为机械化施工创造条件，适应现代化建设、可持续发展及环境保护的需要。

第二节　砖墙的基本构造

砖墙是用砌筑砂浆将砖按一定技术要求砌筑而成的砌体。

一、砖墙材料

砖墙的主要材料是砖和砂浆。

（一）砖

砌墙用砖的类型很多，长久以来，应用最广泛的是实心黏土砖。实心黏土砖的规格为240mm×115mm×53mm，其尺寸与我国现行的模数制不符，这使得墙体尺寸不易与其他构件尺寸相协调，给设计和施工带来诸多不便，同时，墙体自重大、保温效率低、生产时要占用大量农田，不符合墙体改革的需要和时代的要求，取而代之的是利用工业废料生产的粉煤灰砖、灰渣砖等，或将实心黏土砖空心化（有圆孔、方孔、长圆孔等），做成多孔黏土砖，以降低对土地资源的消耗，并有利于降低墙体自重，提高墙体的保温和隔声性能。

多孔黏土砖和实心黏土砖通称黏土砖，其强度等级是根据它的抗压强度和抗折强度确定的，共分为 MU7.5、MU10、MU15、MU20、MU25、MU30 六个等级，其中建筑中砌墙常用的是 MU7.5 和 MU10。

（二）砂浆

砌筑用的砂浆有水泥砂浆、石灰砂浆和混合砂浆三种。它们是由水泥、石灰、水泥和石灰分别与砂、水拌合而成的。水泥砂浆属水硬性材料，强度高，和易性差，适合砌筑处于潮湿环境的砌体。石灰砂浆属气硬性砂浆，强度低，和易性好，适合于砌筑次要建筑地面以上的砌体。混合砂浆既有较高的强度，也有良好的和易性，所以在砌筑地面以上的砌体中被广泛应用。

砂浆的强度等级是根据其抗压强度确定的，共分 M0.4、M1、M2.5、M5、M7.5、M10、M15 七个等级，其中常用的砌筑砂浆是 M2.5 和 M5。

二、砖墙的基本构造形式

（一）砖墙的尺度

1. 砖墙厚度：砖墙的厚度视其在建筑物中的作用不同所考虑的因素也不同，如承重墙根据强度和稳定性的要求确定，围护墙则需要考虑保温、隔热、隔声等要求来确定。此外砖墙厚度应与砖的规格相适应。

实心黏土砖墙的厚度是按半砖的倍数确定的。如半砖墙、3/4 砖墙、一砖墙、一砖半墙、两砖墙等，相应的构造尺寸为 115、178、240、365、490mm，习惯上以它们的标志尺寸来称呼，如 12 墙、18 墙、24 墙、37 墙、49 墙等，墙厚与砖规格的关系见图 2-3-2a。

多孔黏土砖的规格有 240mm×115mm×90mm、240mm×175mm×115mm、240mm×115mm×115mm，孔洞形式有圆形和长方形通孔等（图 2-3-2b）。多孔黏土砖墙的厚度是按 50mm（1/2M）进级，即 90、140、190、240、290、340、390mm 等。

2. 墙段尺寸

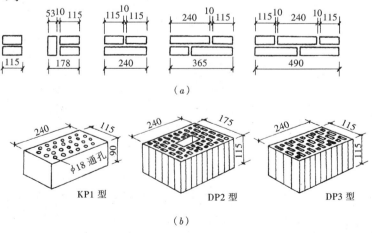

图 2-3-2 黏土砖的规格
(a) 实心黏土砖与墙厚的关系；(b) 多孔黏土砖的规格

我国现行的《建筑模数协调统一标准》中规定，房间的开间、进深、门窗洞口尺寸都应是3M（300mm）的整倍数，而实心黏土砖墙的模数是砖宽加灰缝即125mm，多孔黏土砖墙的厚度是按50mm（1/2M）进级，这样一幢房屋内有两种模数，在设计中出现了不协调的现象。在具体工程中，可通过调整灰缝的大小来解决，当墙段长度小于1m时，因调整灰缝的范围小，应使墙段长度符合砖模数；当墙段长度超过1m时，可不再考虑砖模数。

（二）砖墙的组砌方式

砖墙的组砌方式是指砖在墙体中的排列方式。为了保证墙体的强度和稳定性，砖的排列应遵循横平竖直、砂浆饱满、内外搭接、上下错缝的原则，以保证墙体的强度和稳定性。

1. 实体砖墙：即用黏土砖砌筑的不留空隙的砖墙。按照砖在墙体中的排列方式，一般把垂直于墙面砌筑的砖叫丁砖，把长度沿着墙面砌筑的砖叫顺砖。实体砖墙的砌筑方式见图2-3-3。

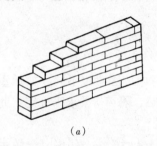 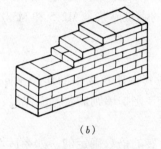 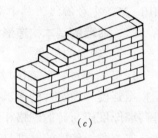

(a) (b) (c)

图 2-3-3 砖墙的组砌方式
(a) 全顺式；(b) 梅花丁；(c) 一顺一丁

2. 空斗墙：即用实心黏土砖侧砌或侧砌与平砌结合砌筑，内部形成空心的墙体。一般把侧砌的砖叫斗砖，平砌的砖叫眠砖（图2-3-4）。

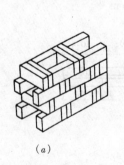 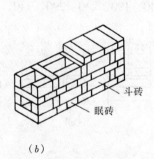 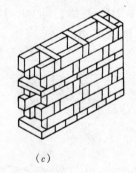

(a) (b) (c)

图 2-3-4 空斗墙的组砌方式
(a) 无眠空斗；(b) 一眠一斗；(c) 一眠二斗

空斗墙与实体砖墙相比，用料省，自重轻，保温隔热好，适用于炎热、非震区的低层民用建筑。

3. 组合墙：即用砖和其他保温材料组合形成的墙。这种墙可改善普通墙的热工性能，常用在我国北方寒冷地区。组合墙体的做法有三种类型：一是在墙体的一侧附加保温材料；二是在砖墙的中间填充保温材料；三是在墙体中间留置空气间层（图 2-3-5）。

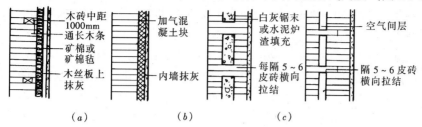

图 2-3-5 复合墙的构造
（a）单面敷设保温材料；（b）中间填充保温材料；（c）墙中留空气间层

第三节 砖墙的细部构造

一、散水和明沟

为了防止室外地面水、墙面水及屋檐水对墙基的侵蚀，沿建筑物四周与室外地坪相接处宜设置散水或明沟，将建筑物附近的地面水及时排除。

（一）散水

散水是沿建筑物外墙四周做坡度为 3%～5% 的排水护坡，宽度一般不小于 600mm，并应比屋檐挑出的宽度大 200mm。

散水的做法通常有砖铺散水、块石散水、混凝土散水等，见图 2-3-6（a）。混凝土散水每隔 6～12m 应设伸缩缝，与外墙之间留置沉降缝，缝内均应填充热沥青。

（二）明沟

对于年降水量较大的地区，常在散水的外缘或直接在建筑物外墙根部设置的排水沟称明沟。明沟通常用混凝土浇筑成宽 180mm、深 150mm 的沟槽，也可用砖、石砌筑，沟底应有不少于 1% 的纵向排水坡度，见图 2-3-6（b）。

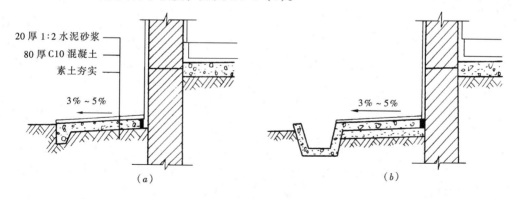

图 2-3-6 散水与明沟
（a）混凝土散水；（b）混凝土散水与明沟

二、勒脚

勒脚是外墙墙身与室外地面接近的部位。其主要作用是：①加固墙身，防止因外界机械碰撞而使墙身受损；②保护近地墙身，避免受雨雪的直接侵蚀、受冻以致破坏；③装饰立面。所以勒脚应坚固、防水和美观。常见的做法有以下几种：

（1）在勒脚部位抹 20～30mm 厚 1∶2 或 1∶2.5 的水泥砂浆，或做水刷石、斩假石等[图 2-3-7（a）]。

（2）在勒脚部位将墙加厚 60～120mm，再用水泥砂浆或水刷石等罩面。

（3）在勒脚部位镶贴防水性能好的材料，如大理石板、花岗石板、水磨石板、面砖等[图 2-3-7（b）]。

（4）用天然石材砌筑勒脚 [图 2-3-7（c）]。

勒脚的高度一般不应低于 500mm，考虑立面美观，应与建筑物的整体形象结合而定。

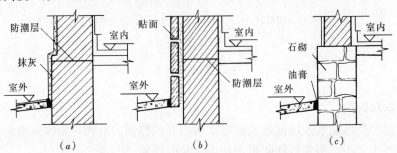

图 2-3-7 勒脚的构造做法
（a）抹灰；（b）贴面；（c）石材砌筑

三、墙身防潮层

为了防止地下土壤中的潮气沿墙体上升和地表水对墙体的侵蚀，提高墙体的坚固性与耐久性，保证室内干燥、卫生，应在墙身中设置防潮层。防潮层有水平防潮层和垂直防潮层两种。

（一）水平防潮层

墙身水平防潮层应沿着建筑物内、外墙连续交圈设置，位于室内地坪以下 60mm 处，其做法有四种：

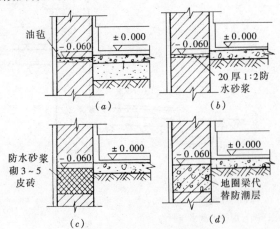

图 2-3-8 水平防潮层的构造
（a）油毡防潮；（b）防水砂浆防潮；（c）防水砂浆砌砖防潮；
（d）细石混凝土防潮

（1）油毡防潮：在防潮层部位抹 20mm 厚 1∶3 水泥砂浆找平层，然后在找平层上干铺一层油毡或做一毡二油（先浇热沥青，再铺油毡，最后再浇热沥青）。为了确保防潮效果，油毡的宽度应比墙宽 20mm，油毡搭接应不小于 100mm。这种做法防潮效果好，但破坏了墙身的整体性，不应在地震区采用（图 2-3-8a）。

（2）防水砂浆防潮：在防潮层部位抹 25mm 厚 1∶2 的防水砂浆。防水砂浆是在水泥砂浆中掺入了水泥重量 5% 的防水剂，防水剂与水泥混合凝结，能填充微小孔隙和堵塞、封闭毛细孔,从而阻断毛细水。这种做法省工省料,且能保证墙身的整体性,但易因砂浆开裂而降低防潮效果(图2-3-8b)。

(3) 防水砂浆砌砖防潮:在防潮层部位用防水砂浆砌筑3~5皮砖(图2-3-8c)。

(4) 细石混凝土防潮:在防潮层部位浇筑60mm厚与墙等宽的细石混凝土带,内配3φ6或3φ8钢筋。这种防潮层的抗裂性好,且能与砌体结合成一体,特别适用于刚度要求较高的建筑中。

当建筑物设有基础圈梁,且其截面高度在室内地坪以下60mm附近时,可由基础圈梁代替防潮层(图2-3-8d)。

(二) 垂直防潮层

当室内地坪出现高差或室内地坪低于室外地坪时,除了在相应位置设水平防潮层外,还应在两道水平防潮层之间靠土壤的垂直墙面上做垂直防潮层。具体做法是:先用水泥砂浆将墙面抹平,再涂一道冷底子油(沥青用汽油、煤油等溶解后的溶液),两道热沥青(或做一毡二油)(图2-3-9)。

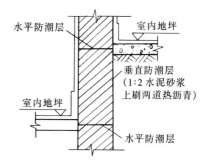

图2-3-9 垂直防潮层的构造

四、窗台

窗台是窗洞下部的构造,用来排除窗外侧流下的雨水和内侧的冷凝水,并起一定的装饰作用。位于窗外的叫外窗台,位于室内的叫内窗台。当墙很薄,窗框沿墙内缘安装时,可不设内窗台。

(一) 外窗台

外窗台面一般应低于内窗台面,并应形成5%的外倾坡度,以利排水,防止雨水流入室内。外窗台的构造有悬挑窗台和不悬挑窗台两种。悬挑窗台常用砖平砌或侧砌挑出60mm,窗台表面的坡度可由斜砌的砖形成或用1:2.5水泥砂浆抹出,并在挑砖下缘前端抹出滴水槽或滴水线。如果外墙饰面为瓷砖、陶瓷锦砖等易于冲洗的材料,可不做悬挑窗台,窗下墙的脏污可借窗上墙流下的雨水冲洗干净。

(二) 内窗台

内窗台可直接抹1:2水泥砂浆形成面层。北方地区墙体厚度较大时,常在内窗台下留置暖气槽,这时内窗台可采用预制水磨石或木窗台板。

窗台的构造见图2-3-10。

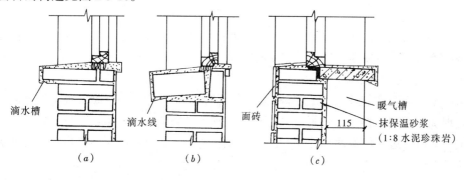

图2-3-10 窗台的构造

五、过梁

过梁是指设置在门窗洞口上部的横梁,用来承受洞口上部墙体传来的荷载,并传给窗间墙。按照过梁采用的材料和构造分,常用的有砖拱过梁、钢筋砖过梁和钢筋混凝土过梁。

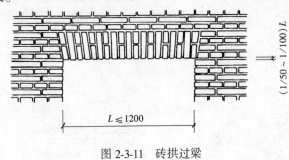

图 2-3-11 砖拱过梁

（一）砖拱过梁

砖拱过梁有平拱和弧拱两种,工程中多用平拱。平拱砖过梁由普通砖侧砌和立砌形成,砖应为单数并对称于中心向两边倾斜。灰缝呈上宽（不大于 15mm）下窄（不小于 5mm）的楔形（图 2-3-11）。

平拱砖过梁的跨度不应超过 1.2m。它节约钢材和水泥,但施工麻烦,整体性差,不宜用于上部有集中荷载、有较大振动荷载或可能产生不均匀沉降的建筑。

（二）钢筋砖过梁

钢筋砖过梁是在门窗洞口上部的砂浆层内配置钢筋的平砌砖过梁。钢筋砖过梁的高度应经计算确定,一般不少于 5 皮砖,且不少于洞口跨度的 1/5。过梁范围内用不低于 MU7.5 的砖和不低于 M2.5 的砂浆砌筑,砌法与砖墙一样,在第一皮砖下设置不小于 30mm 厚的砂浆层,并在其中放置钢筋,钢筋的数量为每 120mm 墙厚不少于 1φ6。钢筋两端伸入墙内 250mm,并在端部做 60mm 高的垂直弯钩（图 2-3-12）。

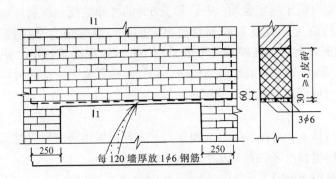

图 2-3-12 钢筋砖过梁

钢筋砖过梁适用于跨度不超过 1.5m、上部无集中荷载的洞口。当墙身为清水墙时,采用钢筋砖过梁,可使建筑立面获得统一的效果。

（三）钢筋混凝土过梁

当门窗洞口跨度超过 2m 或上部有集中荷载时,需采用钢筋混凝土过梁。钢筋混凝土过梁有现浇和预制两种。它坚固耐久,施工简便,目前被广泛采用。

钢筋混凝土过梁的截面尺寸及配筋应经计算确定,并应是砖厚的整倍数,宽度等于墙厚,两端伸入墙内不小于 240mm。

钢筋混凝土过梁的截面形状有矩形和 L 形。矩形多用于内墙和外混水墙中,L 形多用于外清水墙和有保温要求的墙体中,此时应注意 L 口朝向室外（图 2-3-13）。

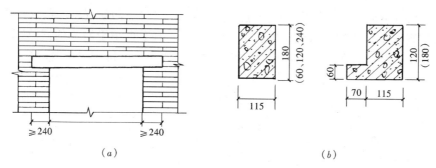

图 2-3-13 钢筋混凝土过梁
(a) 过梁立面；(b) 过梁的断面形状和尺寸

六、圈梁和构造柱

（一）圈梁

圈梁是沿建筑物外墙、内纵墙和部分横墙设置的连续封闭的梁。其作用是加强房屋的空间刚度和整体性，防止由于基础不均匀沉降、振动荷载等引起的墙体开裂。

圈梁的数量与建筑物的高度、层数、地基状况和地震烈度有关；圈梁设置的位置与其数量也有一定关系，当只设一道圈梁时，应通过屋盖处，增设时，应通过相应的楼盖处或门洞口上方。

圈梁一般位于屋（楼）盖结构层的下面（图 2-3-14a），对于空间较大的房间和地震烈度 8 度以上地区的建筑，须将外墙圈梁外侧加高，以防楼板水平位移（图 2-3-14b）。当门窗过梁与屋盖、楼盖靠近时，圈梁可通过洞口顶部，兼作过梁。

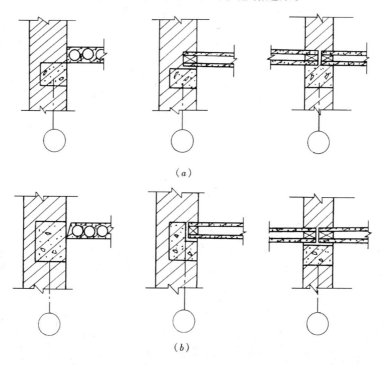

图 2-3-14 圈梁在墙中的位置
(a) 圈梁位于屋（楼）盖结构层下面—板底圈梁；(b) 圈梁顶面与屋（楼）盖
结构层顶面相平—板面圈梁

圈梁有钢筋混凝土圈梁和钢筋砖圈梁两种（图2-3-15）。钢筋混凝土圈梁的宽度宜与墙厚相同，当墙厚大于240mm时，允许其宽度减小，但不宜小于墙厚的三分之二。圈梁高度应大于120mm，并在其中设置纵向钢筋和箍筋，如为八度抗震设防时，纵筋为4ϕ10，箍筋为ϕ6@200。钢筋砖圈梁应采用不低于M5的砂浆砌筑，高度为4~6皮砖。纵向钢筋不宜少于6ϕ6，水平间距不宜大于120mm，分上下两层设在圈梁顶部和底部的灰缝内。

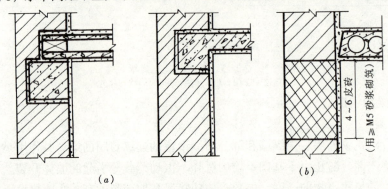

图 2-3-15 圈梁的构造
（a）钢筋混凝土圈梁；（b）钢筋砖圈梁

圈梁应连续地设在同一水平面上，并形成封闭状。当圈梁被门窗洞口截断时，应在洞口上部增设一道断面不小于圈梁的附加圈梁。附加圈梁的构造见图2-3-16。

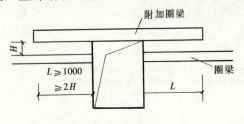

图 2-3-16 附加圈梁的构造

附加圈梁的断面与配筋不得小于圈梁的断面与配筋。

（二）构造柱

构造柱是从构造角度考虑设置的，一般设在建筑物的四角、外墙交接处、楼梯间、电梯间的四角以及某些较长墙体的中部。其作用是从竖向加强层间墙体的连接，与圈梁一起构成空间骨架，加强建筑物的整体刚度，提高墙体抗变形的能力，约束墙体裂缝的开展。

构造柱的截面不宜小于240mm×180mm，常用240mm×240mm。纵向钢筋宜采用4ϕ12，箍筋不少于ϕ6@250mm，并在柱的上下端适当加密。构造柱应先砌墙后浇柱，墙与柱的连接处宜留出五进五出的大马牙槎，进出60mm，并沿墙高每隔500mm设2ϕ6的拉结钢筋，每边伸入墙内不宜少于1000mm（图2-3-17）。

构造柱可不单独做基础，下端可伸入室外地面下500mm或锚入浅于500mm的地圈梁内。

七、墙体变形缝

墙体变形缝的构造要保证建筑物各独立部分能自由变形，并不影响建筑物的整体形象。在外墙处应做到不透风、不渗水、能够保温隔热，缝内须用具有防水、防腐、耐久性好、有弹性的材料，如沥青麻丝、玻璃棉毡、泡沫塑料等填充。变形缝的构造形式与变形缝的类型和墙体的厚度有关，有以下几种（图2-3-18）。

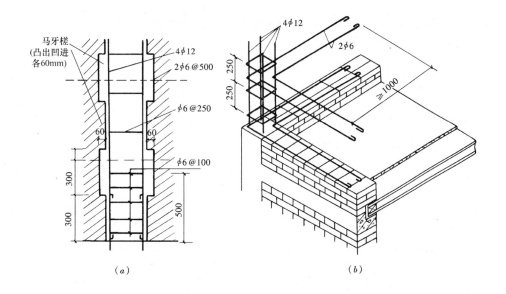

图 2-3-17 构造柱
(a) 平直墙面处的构造柱；(b) 转角处的构造柱

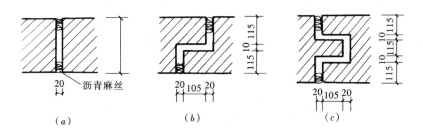

图 2-3-18 墙体伸缩缝的构造
(a) 平缝；(b) 高低缝；(c) 企口缝

(一) 伸缩缝

伸缩缝的宽度一般为 20～30mm，外侧缝口用镀锌薄钢板盖缝或用铝合金片盖缝（图 2-3-19a）；内侧缝口一般用木盖缝条盖缝（图 2-3-19b）。

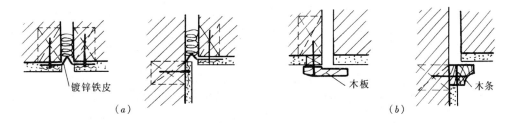

图 2-3-19 墙体伸缩缝的盖缝构造
(a) 外侧缝口；(b) 内侧缝口

(二) 沉降缝

沉降缝的宽度一般应为 50～70mm，它可兼起伸缩缝的作用，缝的形式与伸缩缝基本相同,只是盖缝板在构造上应保证两侧单元在竖向能自由沉降(图 2-3-20)。

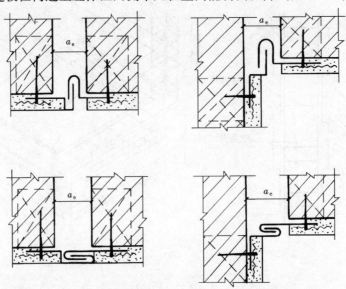

图 2-3-20 沉降缝的构造(a_e—缝宽)

(三)防震缝

防震缝处应用双墙使缝两侧的结构封闭,其宽度一般为 50~100mm,构造要求与伸缩缝相同,但不应做错口缝和企口缝,缝内不填任何材料。由于防震缝的宽度较大,构造上更应注意盖缝的牢固、防风沙、防水和保温等问题(图 2-3-21)。

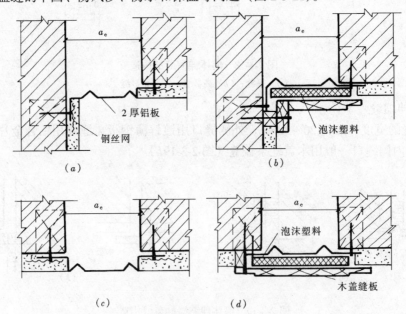

图 2-3-21 防震缝的构造(a_e—缝宽)
(a)外墙转角;(b)内墙转角;(c)外墙平缝;(d)内墙平缝

八、烟道、通风道、垃圾道

（一）烟道

在设有燃煤炉灶的建筑中，为了排除炉灶内的煤烟，常在墙内设置烟道。在寒冷地区，烟道一般应设在内墙中，若必须设在外墙内时，烟道边缘与墙外缘的距离不宜小于370mm。烟道有砖砌和预制拼装两种做法。

在多层建筑中，很难做到每个炉灶都有独立的烟道，通常把烟道设置成子母烟道，以免相互窜烟（图2-3-22）。

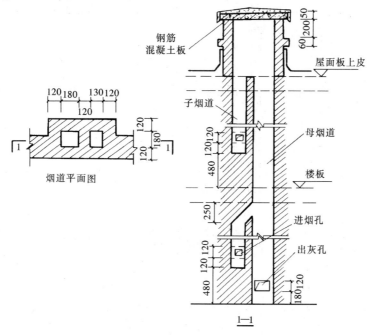

图 2-3-22 砖砌烟道的构造

烟道应砌筑密实，并随砌随用砂浆将内壁抹平。上端应高出屋面，以免被雪掩埋或受风压影响使排气不畅。母烟道下部靠近地面处设有出灰口，平时用砖堵住。

（二）通风道

在人数较多的房间，以及产生烟气和空气污浊的房间，如会议室、厨房、卫生间和厕所等，应设置通风道。

通风道的断面尺寸、构造要求及施工方法均与烟道相同，但通风道的进气口应位于顶棚下300mm左右，并用铁箅子遮盖。

现在工程中多采用预制装配式通风道，预制装配式通风道用钢丝网水泥或不燃材料制作，分为双孔和三孔两种结构形式，各种结构形式又有不同的截面尺寸，以满足各种使用要求。

（三）垃圾道

在多层和高层建筑中，为了排除垃圾，有时需设垃圾道。垃圾道一般布置在楼梯间靠外墙附近，或在走道的尽端，有砖砌垃圾道和混凝土垃圾道两种。

垃圾道由孔道、垃圾进口及垃圾斗、通气孔和垃圾出口组成。一般每层都应设垃圾进口，垃圾出口与底层外侧的垃圾箱或垃圾间相连。通气孔位于垃圾道上部，与室外连通

（图2-3-23）。

随着人们环保意识的加强，这种每座楼均设垃圾道的做法已越来越少，转而集中设垃圾箱的做法，以使垃圾集中管理、分类管理。

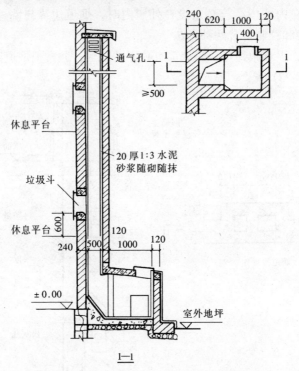

图2-3-23 砖砌垃圾道构造

第四节 隔墙与隔断的构造

隔墙与隔断是用来分隔建筑空间、并起一定装饰作用的非承重构件。它们的主要区别有两个方面，一是隔墙较固定，而隔断的拆装灵活性较强。二是隔墙一般到顶，能在较大程度上限定空间，还能在一定程度上满足隔声，遮挡视线等要求，而隔断限定空间的程度比较小，高度不做到顶，甚至有一定的空透性，可以产生一种似隔非隔的空间效果。

一、隔墙的构造

隔墙按其构造方式分为块材隔墙、立筋隔墙、板材隔墙三种。

（一）块材隔墙

块材隔墙是采用普通砖、空心砖、加气混凝土块等块状材料砌筑的隔墙。具有取材方便，造价较低，隔声效果好的优点，缺点是自重大、墙体厚、湿作业多、拆移不便。

现以1/2砖隔墙介绍块材隔墙的构造。1/2砖隔墙用普通黏土砖采用全顺式砌筑而成，要求砂浆的强度等级不应低于M5。隔墙两端的承重墙须预留出马牙槎，并沿墙高每隔500mm埋入2φ6拉结钢筋，伸入隔墙不小于500mm。在门窗洞口处，应预埋混凝土块，安装窗框时打孔旋入膨胀螺栓，或预埋带有木楔的混凝土块，用圆钉固定门窗框（图2-3-24）。

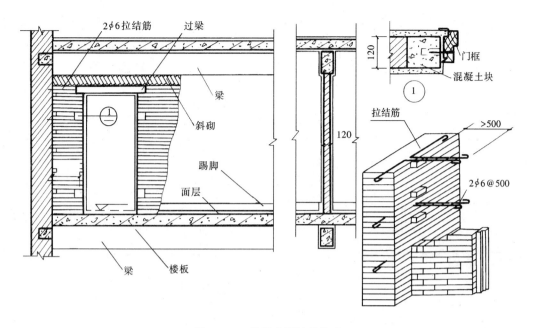

图 2-3-24 普通砖隔墙的构造

(二) 轻骨架隔墙

轻骨架隔墙是用木材或金属材料构成骨架，在骨架两侧制作面层形成的隔墙。这类隔墙自重轻，一般可直接放置在楼板上，因墙中有空气夹层，隔声效果好，因而应用较广，比较有代表性的有木骨架隔墙和轻钢龙骨石膏板隔墙。

(1) 木骨架隔墙：是由上槛、下槛、立柱、横档等组成骨架，面层材料传统的做法是钉木板条抹灰，由于其施工工艺落后，现已不多用，目前普遍做法是在木骨架上钉各种成品板材，如石膏板、纤维板、胶合板等，并在骨架、木基层板背面刷两遍防火涂料，提高其防火性能（图 2-3-25）。

(2) 轻钢龙骨石膏板隔墙：是用轻钢龙骨作骨架，纸面石膏板作面板的隔墙，具有刚度大、耐火、隔声等特点。

轻钢龙骨一般由沿顶龙骨、沿地龙骨、竖向龙骨、横撑龙骨、加强龙骨和各种配套件组成，然后用自攻螺钉将石膏板钉在龙骨上，用 50mm 宽玻璃纤维带粘贴板缝后再做饰面处理（图 2-3-26）。

(三) 板材隔墙

板材隔墙是采用工厂生产的轻质板材，如加气混凝土条板、石膏条板、碳化石灰板、石膏珍珠岩板以及各种复合板，直接安装，不依赖骨架

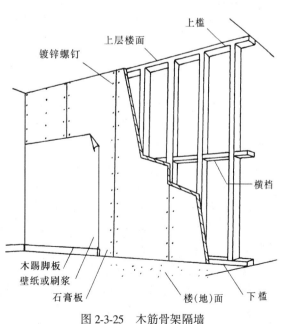

图 2-3-25 木筋骨架隔墙

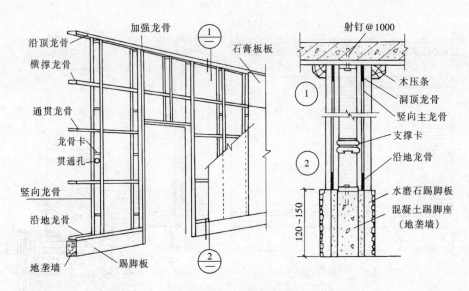

图 2-3-26 轻钢龙骨隔墙

的隔墙。条板厚度一般为 60~100mm，宽度为 600~1000mm，长度略小于房间的净高。安装时，条板下部先用小木楔顶紧后，用细石混凝土堵严，板缝用黏结剂粘结，并用胶泥刮缝，平整后再进行表面装修（图 2-3-27）。

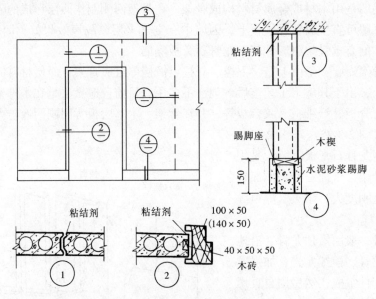

图 2-3-27 轻质空心条板隔墙

二、隔断的构造

按照隔断的外部形式和构造方式一般将其分为花格式、屏风式、移动式、帷幕式和家具式等。

（一）花格式隔断

花格式隔断主要是划分与限定空间，不能完全遮挡视线和隔声，主要用于分隔和沟通在功能要求上既需隔离，又需保持一定联系的两个相邻空间，具有很强的装饰性，广泛应用于宾馆、商店、展览馆等公共建筑及住宅建筑中。

花格式隔断有木制、金属、混凝土等制品，形式多种多样（图2-3-28）。

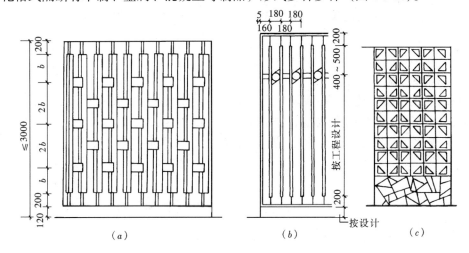

图2-3-28 隔断举例
（a）木花格隔断；（b）金属花格隔断；（c）混凝土制品隔断

（二）屏风式隔断

屏风式隔断只有分隔空间和遮挡视线的要求，高度不需很大，一般为1100～1800mm，常用于办公室、餐厅、展览馆以及门诊室等公共建筑。

屏风隔断的传统做法是用木材制作，表面做雕刻或裱书画和织物，下部设支架，也有铝合金镶玻璃制作的。现在，人们在屏风下面安装金属支架，支架上安装橡胶滚动轮或滑动轮，增加了分隔空间的灵活性。

屏风式隔断也可以是固定的，如立筋骨架式隔断，它与立筋隔墙的做法类似，即用螺栓或其他连接件在地板上固定骨架，然后在骨架两侧钉面板或在中间镶板或玻璃。

（三）移动式隔断

移动式隔断可以随意闭合或打开，使相邻的空间随之独立或合成一个大空间。这种隔断使用灵活，在关闭时能起到限定空间、隔声和遮挡视线的作用。

移动式隔断的类型很多，按其启闭的方式分，有拼装式、滑动式、折叠式、卷帘式、起落式等。

第五节 砌块墙的构造

砌块墙是采用尺寸比实心黏土砖大的预制块材（称砌块）砌筑而成的墙体。砌块与普通黏土砖相比，能充分利用工业废料和地方材料，且具有生产投资少，见效快，不占耕地，节约能源，保护环境等优点。采用砌块墙是我国目前墙体改革的主要途径之一。

一、砌块的类型

砌块按单块重量和规格分为小型砌块、中型砌块和大型砌块。小型砌块的重量一般不超过20kg，主块外形尺寸为190mm×190mm×390mm，辅块尺寸为90mm×190mm×190mm和190mm×190mm×190mm，适合人工搬运和砌筑。中型砌块的重量为20～350kg，目前各地的规格很不统一,常见的有 180mm×845mm×630mm、180mm×845mm×1280mm、240mm×380mm×280mm、240mm×380mm×580mm、240mm×380mm×880mm 等,需要用轻便机具搬运和砌筑。大型砌块的重量一般在 350kg 以上,是向板材过渡的一种形式,需要用大型设备搬运和施工。

目前,我国以采用中小型砌块居多。

二、砌块的组砌

砌块墙在砌筑前,必须进行砌块排列设计,尽量提高主块的使用率和避免镶砖或少镶砖。砌块的排列应使上下皮错缝,搭接长度一般为砌块长度的 1/4,并且不应小于150mm。当无法满足搭接长度要求时,应在灰缝内设 φ4 钢筋网片连接(图 2-3-29)。

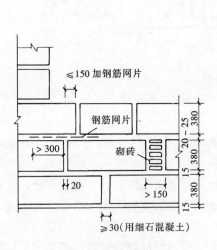

图 2-3-29 砌块的排列

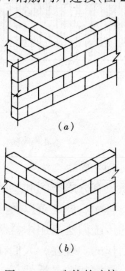

图 2-3-30 砌块的咬接
(a) 纵横墙交接;(b) 外墙转角交接

砌块墙的灰缝宽度一般为 10~15mm,用 M5 砂浆砌筑。当垂直灰缝大于 30mm 时,则需用 C10 细石混凝土灌实。

由于砌块的尺寸大,一般不存在内外皮间的搭接问题,因此更应注意保证砌块墙的整体性。在纵横交接处和外墙转角处均应咬接(图 2-3-30)。

三、圈梁和构造柱

砌块墙的圈梁常和过梁统一考虑,有现浇和预制两种。不少地区采用槽形预制构件,在槽内配置钢筋,浇灌混凝土形成圈梁(图 2-3-31)。

为了加强墙体的竖向连接,在外墙转角及某些内外墙相接的"T"字接头处,利用空心砌块上下孔对齐,在孔内配置 φ10~φ12 的钢筋,然后用细石混凝土分层灌实,形成构造柱,将砌块在垂直方向连成一体(图 2-3-32)。

四、门窗框的连接

门窗框与砌块墙一般采用如下连接方法:

(1) 用 4 号圆钉每隔 300mm 钉入门窗框,然后打弯钉头,置于砌块端头竖向槽内,从门窗框嵌入砂浆(图 2-3-33a)。

(2) 将木楔打入空心砌块的孔洞中代替木砖,用钉子将门窗框与木楔钉结(图 2-3-

$33b$)。
(3) 在砌块内或灰缝内窝木榫或铁件连接。(图 2-3-33c)。
(4) 在加气混凝土砌块埋胶粘圆木或塑料胀管来固定门窗(图 2-3-33d)。

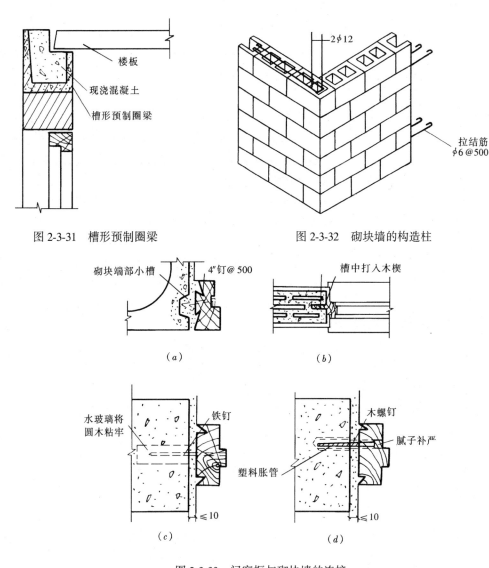

图 2-3-31 槽形预制圈梁　　　图 2-3-32 砌块墙的构造柱

图 2-3-33 门窗框与砌块墙的连接

第六节　墙面的装修构造

一、墙面装修的作用
（一）保护墙体

外墙面装修层能防止墙体直接受到风吹、日晒、雨淋、冰冻等的影响，内墙面装修层能防止人们使用建筑物时的水、污物和机械碰撞等对墙体的直接危害，延长墙的使用年限。

(二) 改善墙的物理性能, 保证室内的使用条件

装修层增加了墙体的厚度, 提高了墙体的保温能力。内墙面经过装修变得平整、光洁, 可以加强光线的反射, 提高室内照度, 内墙若采用吸声材料装修, 还可以改善室内的音质效果。

(三) 美观建筑环境, 提高艺术效果

墙面装修是建筑空间艺术处理的重要手段之一。墙面的色彩、质感、线脚和纹样等都在一定程度上改善建筑的内外形象和气氛, 表现建筑的艺术个性。

二、墙面的装修构造

外墙面装修位于室外, 要受到风、雨、雪的侵蚀和大气中腐蚀气体的影响, 故外墙装修层要采用强度高、抗冻性强、耐水性好及具有抗腐蚀性的材料。内装修层则由室内使用功能决定。

墙面装修按施工工艺分有勾缝、抹灰类、贴面类、涂刷类、裱糊类、镶钉类和幕墙等。

(一) 勾缝

仅限用于砌体基层的墙面。砌体墙砌好后, 为了美观和防止雨水侵入, 需用1:1或1:1.5水泥砂浆勾缝 (图2-3-34)。为进一步提高装饰性, 可在勾缝砂浆中掺入颜料。

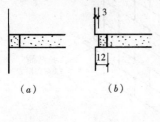
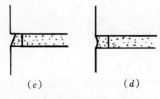

图 2-3-34 勾缝的形式
(a) 平缝; (b) 平凹缝;
(c) 斜缝; (d) 弧形缝

(二) 抹灰类

墙面抹灰装修是以水泥、石灰或石膏等为胶结材料, 加入砂或石渣, 用水拌合成砂浆或石渣浆作为墙体的饰面层。为保证抹灰层牢固、平整、防止开裂及脱落, 抹灰前应先将基层表面清除干净, 洒水湿润后, 分层进行抹灰。底层抹灰主要起黏结和初步找平的作用, 厚度为 10~15mm; 中层抹灰主要起进一步找平的作用, 厚度为 5~12mm; 面层抹灰的主要作用是使表面光洁、美观, 以达到装修效果, 厚度为 3~5mm。抹灰层的总厚度, 视装修部位不同而异, 一般外墙抹灰厚度为 20~25mm, 内墙为 15~20mm。

抹灰类墙面的质量等级分为普通抹灰和高级抹灰两级:

(1) 普通抹灰: 一层底层抹灰、一层中间抹灰、一层面层抹灰。

(2) 高级抹灰: 一层底层抹灰、多层中间抹灰、一层面层抹灰。

根据抹灰面层采用的材料的工艺要求, 抹灰装修分为一般抹灰和装饰抹灰, 一般抹灰有石灰砂浆、水泥砂浆、混合砂浆、纸筋灰等抹灰装修, 装饰抹灰有水刷石、干黏石、斩假石、拉毛灰、彩色灰等抹灰装修做法。常用抹灰装修做法见表 2-3-1。

对于经常受到碰撞的内墙阳角, 应用1:2水泥砂浆做护角, 护角高不应小于 2m, 每侧宽度不应小于 50mm (图 2-3-35)。

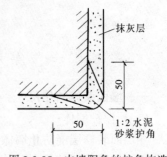

图 2-3-35 内墙阳角的护角构造

常用抹灰装修做法举例　　　　　　表 2-3-1

抹灰名称		做法说明	适用范围
纸筋灰或仿瓷涂料墙面		1. 14mm 厚 1:3 石灰膏砂浆打底 2. 2mm 厚纸筋（麻刀）灰或仿瓷涂料抹面 3. 刷（喷）内墙涂料 　砖基层的内墙面	砖基层的内墙面
混合砂浆墙面		1. 15mm 厚 1:1:6 水泥石灰膏砂浆找平 2. 5mm 厚 1:0.3:3 水泥石灰膏砂浆面层 3. 喷内墙涂料	砖基层的内墙面
水泥砂浆墙面	(1)	1. 10mm 厚 1:3 水泥砂浆打底扫毛或划出纹道 2. 9mm 厚 1:3 水泥砂浆刮平扫毛 3. 6mm 厚 1:2.5 水泥砂浆罩面	砖基层的外墙面或有防水要求的内墙面
	(2)	1. 刷（喷）一道 108 胶水溶液 2. 6mm 厚 2:1:8 水泥石灰膏砂浆打底扫毛或划出纹道 3. 6mm 厚 1:1:6 水泥石灰膏砂浆刮平扫毛 4. 6mm 厚 1:2.5 水泥砂浆罩面	加气混凝土等轻型基层外墙面
水刷石墙面	(1)	1. 12mm 厚 1:3 水泥砂浆打底扫毛或划出纹道 2. 刷素水泥浆一道 3. 8mm 厚 1:1.5 水泥石子（小八厘）罩面，水刷露出石子	砖基层外墙面
	(2)	1. 刷加气混凝土界面处理剂一道 2. 6mm 厚 1:0.5:4 水泥石灰膏砂浆打底扫毛 3. 6mm 厚 1:1:6 水泥石灰膏砂浆抹平扫毛 4. 刷素水泥浆一道 5. 8mm 厚 1:1.5 水泥石子（小八厘）罩面，水刷露出石子	加气混凝土等轻型基层外墙面
斩假石（剁斧石）墙面		1. 12mm 厚 1:3 水泥砂浆打底扫毛或划出纹道 2. 刷素水泥浆一道 3. 10mm 厚 1:2.5 水泥石子（米粒石内掺 30% 石屑）罩面赶光压实 4. 剁斧斩毛两遍成活	外墙面

（三）贴面类

贴面装修是指利用各种天然或人造板材、块材，通过绑挂或直接粘贴于基层表面的装修做法。它具有耐久性强、防水、易于清洗、装饰效果好的优点，被广泛用于外墙装修和潮湿房间的墙面装修。常用的贴面材料有面砖、瓷砖、陶瓷饰砖、预制水磨石板、大理石板、花岗石板等。

1. 面砖、瓷砖、陶瓷锦砖墙面装修

这三种贴面材料的共同特点是单块尺寸小，重量轻，通常是直接用水泥砂浆将它们粘贴于墙上。具体做法是：将墙面清理干净后，先抹 15mm 厚 1:3 水泥砂浆打底，再抹 5mm1:1 水泥细砂砂浆粘贴面层材料（图 2-3-36）。面砖的排列方式和接缝大小对立面效果有一定的影响，通常有横铺、竖铺和错开排列等方式。陶瓷锦砖一般按设计图案要求，生产时反帖在 300mm×300mm 的牛皮纸上，粘贴前先用 15mm 厚 1:3 水泥砂浆打底，再用 1:1 水泥细砂砂浆粘贴，用木板压平，待砂浆硬结后，用水湿润后，洗去牛皮纸即可。

2. 天然石板及人造石板墙面装修

天然石板主要指花岗石板和大理石板，花岗石板质地坚硬，不易风化，且能适应各种气候变化，故多用作室外装修。大理石的表面经磨光后，其纹理雅致，色彩鲜艳，具有自然山水的图案，但抗风化能力差，故多用作室内装修。

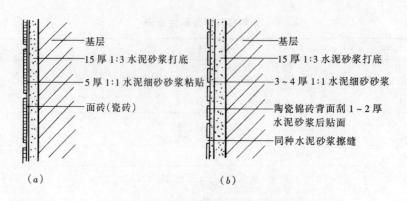

图 2-3-36 瓷砖、面砖、陶瓷锦砖墙面
(a) 瓷砖、面砖墙面；(b) 陶瓷锦砖墙面

天然石板的加工尺寸一般为 600mm×600mm、800mm×800mm、600mm×800mm 等，厚度为 20、25mm，安装时，多采用栓结与砂浆粘结相结合的"双保险"做法，即先在墙身或柱内预埋间距 500mm 左右，双向 $\phi 6$ 的 U 形钢筋，在其上绑扎 $\phi 6$ 或 $\phi 8$ 的双向钢筋，形成钢筋网，再用铜丝或镀锌钢丝穿过石板上下边预凿的小孔，将石板绑扎在钢筋网上。石板与墙体之间保持 30～50mm 宽的缝隙，缝中用 1:3 水泥砂浆浇灌（浅色石板用白水泥白石屑，以防透底），每次灌缝高度应低于板口 50mm 左右（图 2-3-37a）。

人造石板常见的有仿大理石板、水磨石板等，其构造做法与天然石板相同，但人造石板是在板背面预埋钢筋挂钩，用铜丝或镀锌钢丝将其绑扎在水平钢筋上，再用砂浆填缝（图 2-3-37b）。

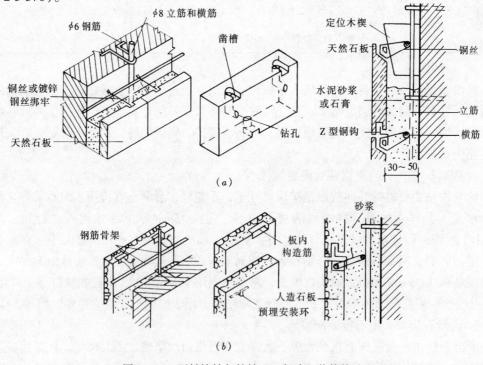

图 2-3-37 石材栓结与粘结"双保险"装修构造
(a) 天然石材；(b) 人造石板

随着施工技术的发展，石板墙面采用干挂法也越来越多，即用型钢做骨架，板材侧面开槽，用专用的不锈钢或铝合金挂件连接于角钢架上，在缝中垫泡沫条后，然后打硅酮胶密封（图2-3-38）。这种做法对施工精度要求较高，尤其适用于冬季施工和改造工程中。

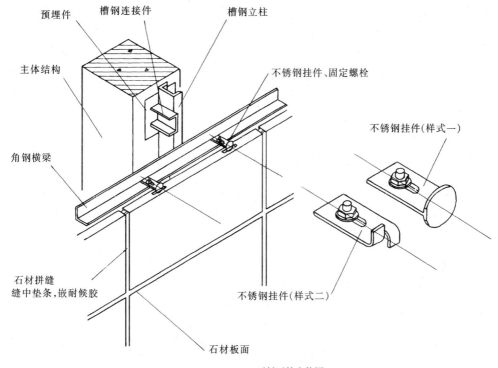

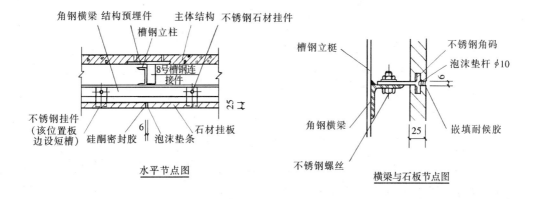

图2-3-38 石材干挂法

（四）涂刷类

涂刷类装修是指将各种涂料涂刷在基层表面而形成牢固的膜层，达到保护和装修墙面的目的。它具有省工、省料、工期短、工效高、自重轻、更新方便、造价低廉的优点，是一种最有发展前途的的装修做法。

涂刷装修采用的材料有无机涂料（如石灰浆、大白浆、水泥浆等）和有机涂料（如过氯乙烯涂料、乳胶漆、聚乙烯醇类涂料、油漆等），装修时多以抹灰层为基层，也可以直接涂刷在砖、混凝土、木材等基层上。具体施工工艺应根据装修要求，采取刷涂、滚涂、弹涂、喷涂等方法完成。目前，乳胶漆类涂料在内外墙的装修上应用广泛，可以喷涂和刷涂在较平整的基层表面。

（五）裱糊类

裱糊装修是将各种具有装饰性的墙纸、墙布等卷材用胶粘剂裱糊在墙面上形成饰面的做法。

裱糊装修用的墙纸有 PVC 塑料墙纸、纺织物面墙纸等，墙布有玻璃纤维墙布、锦缎等。墙纸和墙布是幅面较宽并带有多种图案的卷材，它要求粘贴在坚硬、表面平整、不裂缝、不掉粉的洁净基层上，如水泥砂浆、水泥石灰膏砂浆、木质板及其石膏板等。裱糊前应在基层上刷一道清漆封底（起防潮作用），然后按幅宽弹线，再刷专用胶液粘贴。粘贴应自上而下缓缓展开，排除空气并一次成活。

（六）镶钉类

镶钉类装修指把各种人造薄板铺钉或胶粘在墙体的龙骨上，形成装修层的做法。这种装修做法目前多用于墙、柱面的木装修。

镶钉装修的墙面由龙骨和面板组成，龙骨骨架有木骨架和金属骨架，面板有硬木板、胶合板（包括薄木饰面板）、纤维板、石膏板等。

图 2-3-39 是常见的镶钉木墙面的装修构造。

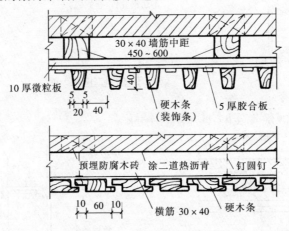

图 2-3-39 镶钉木墙面装修构造

（七）幕墙

幕墙悬挂在建筑物周围结构上，形成外围护墙的立面。按照幕墙板材的不同，有玻璃幕墙、金属幕墙、石材幕墙等。

现以玻璃幕墙为例，说明其构造。玻璃幕墙一般由结构框架、填衬材料和幕墙玻璃组成。按其组合形式和构造方式分，有框架外露系列、框架隐藏系列和用玻璃做肋的无框架系列。按施工方法不同又分为现场组合的分件式玻璃幕墙和工厂预制后再到现场安装的板块式玻璃幕墙两种。

1. 分件式玻璃幕墙

分件式玻璃幕墙一般以竖梃作为龙骨柱，横档作为梁组合成幕墙的框架，然后将窗框、玻璃、衬墙等按顺序安装（图 2-3-40a）。竖梃用连接件和楼板固定。横档与竖梃通过角形铝合金件进行连接。上下两根竖梃的连接必须设在楼板连接件位置附近，且须在接头处插入一截断面小于竖梃内孔的铸铝内衬套管作为加强措施。上下竖梃在接头端应留出 15~20mm 的伸缩缝，缝须用密封胶堵严，以防止雨水进入（图 2-3-40b）。

2. 板块式玻璃幕墙

板块式玻璃幕墙的幕墙板块须设计成定型单元，在工厂预制，每一单元一般由 3~8 块玻璃组成，每块玻璃尺寸不宜超过 1500mm×3500mm，且大部分由 3~8 块玻璃组成，为了便于室内通风，在单元上可设计成上悬窗式的通风扇，通风扇的大小和位置根据室内布置要求来确定。

同时，预制板块还应与建筑结构的尺寸相配合。当幕墙预制板悬挂在楼板上时，板的高度尺寸同层高；当幕墙预制板以柱子为连接点时，板的长度尺寸则与柱距尺寸相同。为了便于幕墙预制板的固定和板缝密封操作，上下预制板的横向接缝应高于楼面标高 200~300mm，左右两块板的竖向接缝宜与框架柱错开（图 2-3-41）。

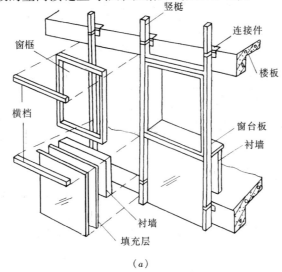

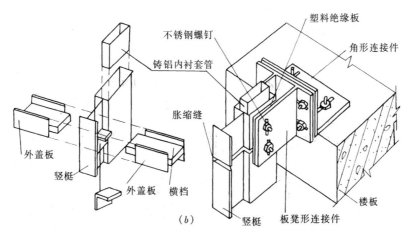

图 2-3-40 分件式玻璃幕墙的构造
(a) 分件式玻璃幕墙；(b) 幕墙竖梃连接构造

玻璃幕墙的特点是，装饰效果好、质量轻、安装速度快，是外墙轻型化、装配化较理想的形式。但在阳光照射下易产生眩光，造成光污染。所以在建筑密度高、居民人数多的地区的高层建筑中，应慎重选用。

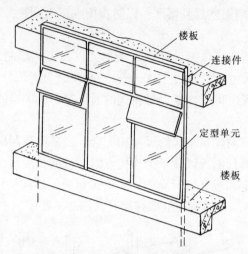

图 2-3-41　板块式玻璃幕墙

思 考 题

1. 观察你的教室和宿舍的墙体，指出它们的名称？
2. 砌墙常用的砂浆有哪些？如何选用？
3. 砖墙的砌筑要求是什么？实心砖墙有哪些砌式？
4. 什么是空斗墙？有何特点？
5. 绘出混凝土散水的构造。
6. 勒脚的做法有哪些？绘出图示。
7. 墙身防潮层的作用是什么？水平防潮层的做法有哪些？什么时候设垂直防潮层？
8. 试述窗台的作用及构造要点？
9. 常用的门窗过梁有哪几种？各自的适用条件是什么？图示钢筋砖过梁的构造。
10. 试述圈梁和构造柱的作用、设置位置及构造要点？
11. 什么是附加圈梁？图示其构造。
12. 图示墙体变形缝的构造形式及盖缝构造。
13. 隔墙和隔断有什么区别？各有哪些类型？
14. 图示门窗框与砌块墙的连接构造。
15. 墙面装修的作用是什么？常见的装修做法有哪些？
16. 抹灰为什么要分层进行，各层的作用是什么？

第四章 楼板与楼地面

建筑物的使用荷载主要由楼板层和地坪层承受，楼板层一般由面层、楼板、顶棚组成，地坪层由面层、垫层、基层组成。楼板层的面层叫楼面，地坪层的面层叫地面，楼面和地面统称楼地面。当房间对楼板层和地坪层有特殊要求时可加设相应的附加层，如防水层、防潮层、隔声层、隔热层等（图2-4-1）。

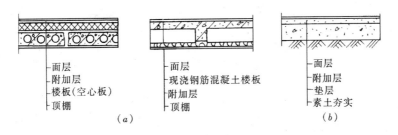

图 2-4-1 楼地层的组成
(a) 楼板层；(b) 地坪层

第一节 楼板的类型与特点

楼板是楼板层的结构层，它承受楼面传来的荷载并传给墙或柱，同时楼板还对墙体起着水平支撑的作用，传递风荷载及地震所产生的水平力，以增加建筑物的整体刚度。因此要求楼板有足够的强度和刚度，并应符合隔声、防火等要求。

楼板按其材料不同，主要有木楼板、砖拱楼板、钢筋混凝土楼板等（图2-4-2）。

一、木楼板

木楼板是在木搁栅之间设置剪刀撑，形成有足够整体性和稳定性的骨架，并在木搁栅上下铺钉木板所形成的楼板。这种楼板构造简单，自重轻，导热系数小，但耐久性和耐火性差，耗费木材量大，目前已很少采用。

二、砖拱楼板

砖拱楼板是先在墙或柱上架设钢筋混凝土小梁，然后在钢筋混凝土小梁之间用砖砌成拱形结构所形成的楼板。这种楼板节省木材、钢筋和水泥，造价低，但承载能力和抗震能力差，结构层所占的空间大，顶棚不平整，施工较烦琐，所以现在已基本不用。

三、钢筋混凝土楼板

钢筋混凝土楼板的强度高、刚度大、耐久性和耐火性好，具有良好的可塑性，便于工业化的生产，是目前应用最广泛的楼板类型。

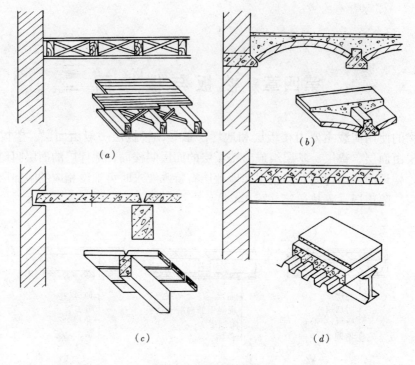

图 2-4-2 楼板的类型
(a) 木楼板;(b) 砖拱楼板;(c) 钢筋混凝土楼板;(d) 压型钢板组合楼板

第二节 钢筋混凝土楼板

钢筋混凝土楼板按施工方式不同,分为现浇式、预制装配式和装配整体式三种。

一、现浇式钢筋混凝土楼板

现浇式钢筋混凝土楼板是在施工现场通过支模、绑扎钢筋、浇筑混凝土及养护等工序所形成的楼板。这种楼板具有能够自由成型、整体性强、抗震性能好的优点,但模板用量大、工序多、工期长、工人劳动强度大,并且施工受季节影响较大。

现浇式钢筋混凝土楼板根据受力和传力情况分为板式、梁板式、无梁式和压型钢板组合楼板。

(一) 板式楼板

将楼板现浇成一块平板,四周直接支承在墙上,这种楼板称为板式楼板。板式楼板的底面平整,便于支模施工,但当楼板跨度大时,需增加楼板的厚度,耗费材料较多,所以板式楼板适用于平面尺寸较小的房间,如厨房、卫生间及走廊等。

板式楼板按受力特点分为单向板和双向板(图 2-4-3)。当板的长边与短边之比大于 2 时,板上的荷载基本上沿短边传递,这种板称为单向板。当板的长边与短边之比小于或等于 2 时,板上的荷载将沿两个方向传递,这种板称为双向板。

(二) 梁板式楼板

当房间平面尺寸较大时,为了避免楼板的跨度过大,可在楼板下设梁来减小板的跨度,这种由梁、板组成的楼板称为梁板式楼板。根据梁的布置情况,梁板式楼板分为单梁

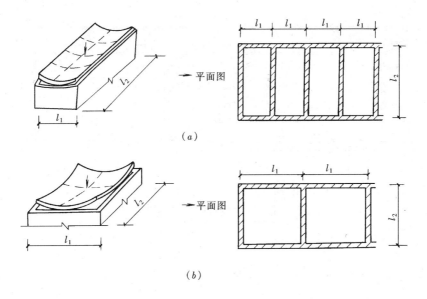

图 2-4-3 楼板的受力、传力方式
（a）单向板（$l_2/l_1 > 2$）；（b）双向板（$l_2/l_1 \leq 2$）

式楼板、双梁式楼板和井式楼板。

1. 单梁式楼板

当房间有一个方向的平面尺寸相对较小时，可以只沿短向设梁，梁直接搁置在墙上，这种梁板式楼板属于单梁式楼板（图 2-4-4）。单梁式楼板荷载的传递途径为：板→梁→墙，适用于教学楼、办公楼等建筑。

2. 双梁式楼板

当房间两个方向的平面尺寸都较大时，则需要在板下沿两个方向设梁，一般沿房间的短向设置主梁，沿长向设置次梁，这种由板和主、次梁组成的梁板式楼板属于双梁式楼板（图 2-4-5）。双梁式楼板荷载的传递途径

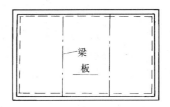

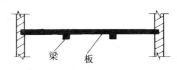

图 2-4-4 单梁式楼板

为：板→次梁→主梁→墙，适用于平面尺寸较大的建筑，如教学楼、办公楼、小型商店等。

3. 井式楼板

当房间的跨度超过 10m，并且平面形状近似正方形时，常在板下沿两个方向设置等距离、等截面尺寸的井字形梁，这种楼板称井式楼板（图 2-4-6）。井式楼板是一种特殊的双梁式楼板，梁无主次之分，通常采用正交正放和正交斜放的布置形式。由于其结构形式整齐，所以具有较强的装饰性，一般多用于公共建筑的门厅和大厅式的房间（如会议室、餐厅、小礼堂、歌舞厅等）。

为了保证墙体对楼板、梁的支承强度，使楼板、梁能够可靠地传递荷载，楼板和梁必须有足够的搁置长度。楼板在砖墙上的搁置长度一般不小于板厚且不小于 110mm，梁在砖墙上的搁置长度与梁高有关，当梁高不超过 500mm 时，搁置长度不小于 180mm，当梁高超过 500mm 时，搁置长度不小于 240mm。

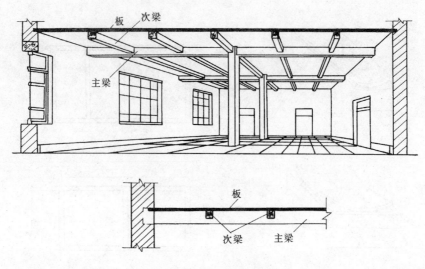

图 2-4-5 双梁式楼板

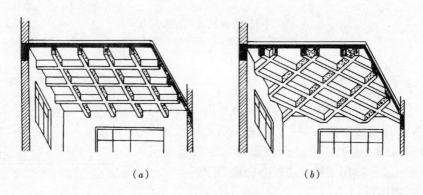

图 2-4-6 井梁式楼板
(a) 正井式；(b) 斜井式

（三）无梁楼板

无梁楼板是在楼板跨中设置柱子来减小板跨，不设梁的楼板（图 2-4-7）。在柱与楼板连接处，柱顶构造分为有柱帽和无柱帽两种。当楼面荷载较小时，采用无柱帽的形式；当楼面荷载较大时，为提高板的承载能力、刚度和抗冲切能力，可以在柱顶设置柱帽和托板来减小板跨、增加柱对板的支托面积。无梁楼板的柱间距宜为 6m，成方形布置。由于板的跨度较大，故板厚不宜小于 150mm，一般为 160~200mm。

无梁楼板的板底平整，室内净空高度大，采光、通风条件好，便于采用工业化的施工方式，适用于楼面荷载较大的公共建筑（如商店、仓库、展览馆等）和多层工业厂房。

（四）压型钢板组合楼板

是以压型钢板为衬板，在上面浇筑混凝土，这种由钢衬板和混凝土组合所形成的整体式楼板称为压型钢板组合楼板。它主要由楼面层、组合板和钢梁三部分组成（图 2-4-8）。压型钢板的跨度一般为 2~3m，铺设在钢梁上，与钢梁之间用栓钉连接。上面浇筑的混凝土厚 100~150mm。

压型钢板组合楼板中的压型钢板承受施工时的荷载，是板底的受拉钢筋，也是楼板的永久性模板。这种楼板简化了施工程序，加快了施工进度，并且具有较强的承载力、刚度和整体稳定性，但耗钢量较大，适用于多、高层的框架或框剪结构的建筑中。

（五）现浇空心楼板

现浇空心楼板是在现浇楼板施工时，在楼板的上下钢筋网片间的混凝土中埋置 GBF 管（GBF 管是由水泥、固化剂、纤维制成的复合高强度薄壁管，两端管口封闭，标准长度为 1000mm），形成中空的楼板（图 2-4-9）。现浇空心楼板的厚度有 250mm、350mm、600mm 等多种规格，跨度可达 15m 左右，其主要特点是，缩短工期，改善楼板层的隔声隔热效果，提高室内净空高度，降低建筑自重，大幅度降低建筑综合造价。

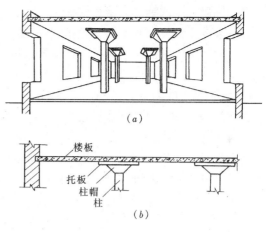

图 2-4-7 无梁楼板
（a）直观图；（b）投影图

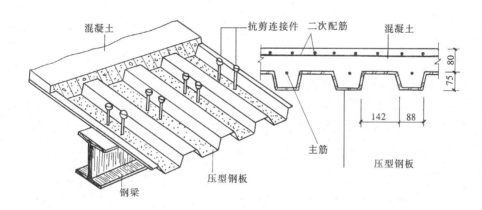

图 2-4-8 压型钢板组合楼板

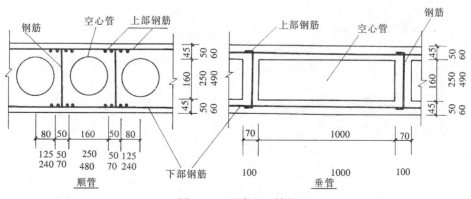

图 2-4-9 现浇空心楼板

二、预制装配式钢筋混凝土楼板

预制装配式钢筋混凝土楼板是指，将钢筋混凝土楼板在预制厂或施工现场进行预先制作，施工时运输安装而成的楼板。这种楼板可节约模板、减少现场工序、缩短工期、提高施工工业化的水平，但由于其整体性能差，所以近年来在实际工程中的应用逐渐减少。

（一）预制板的类型

预制装配式钢筋混凝土楼板按构造形式分为实心平板、槽形板、空心板三种。

1. 实心平板

实心平板上下板面平整，跨度一般不超过 2.4m，厚度约为 60～100mm，宽度为 600～1000mm，由于板的厚度小，隔声效果差，故一般不用作使用房间的楼板，多用作楼梯平台、走道板、搁板、阳台栏板、管沟盖板等（图 2-4-10）。

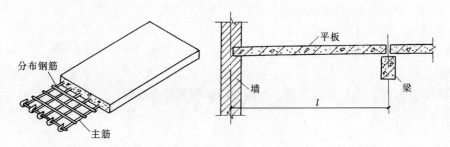

图 2-4-10 实心平板

2. 槽形板

槽形板是一种梁板合一的构件，在板的两侧设有小梁（又叫肋），构成槽形断面，故称槽形板。当板肋位于板的下面时，槽口向下，结构合理，为正槽板；当板肋位于板的上面时，槽口向上，为反槽板（图 2-4-11）。

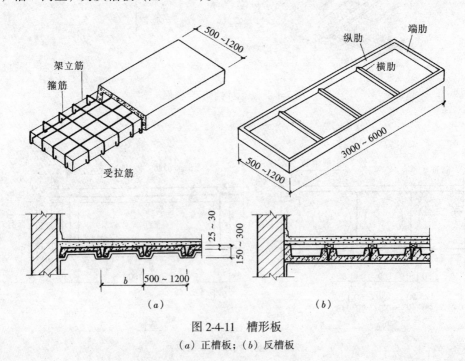

图 2-4-11 槽形板
（a）正槽板；（b）反槽板

槽形板的跨度为 3~7.2m，板宽为 600~1200mm，板肋高一般为 150~300mm。由于板肋形成了板的支点，板跨减小，所以板厚较小，只有 25~35mm。为了增加槽形板的刚度和便于搁置，板的端部需设端肋与纵肋相连。当板的长度超过 6m 时，需沿着板长每隔 1000~1500mm 增设横肋。

槽形板具有自重轻、节省材料、造价低、便于开孔留洞等优点。但正槽板的板底不平整、隔声效果差，常用于对观瞻要求不高或做悬吊顶棚的房间；而反槽板的受力与经济性不如正槽板，但板底平整，朝上的槽口内可填充轻质材料，以提高楼板的保温隔热效果。

3. 空心板

空心板是将平板沿纵向抽孔，将多余的材料去掉，形成中空的一种钢筋混凝土楼板。板中孔洞的形状有方孔、椭圆孔和圆孔等，由于圆孔板构造合理，制作方便，因此应用广泛（图 2-4-12a）。侧缝的形式与生产预制板的侧模有关，一般有 V 形缝、U 形缝和凹槽缝三种（图 2-4-12b）。

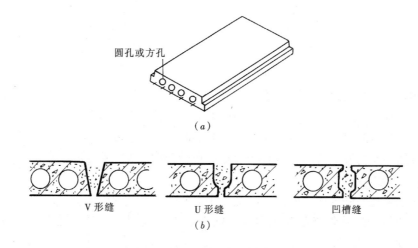

图 2-4-12 空心板

空心板的跨度一般为 2.4~7.2m，板宽通常为 500、600、900、1200mm，板厚有 120、150、180、240mm 等。

(二) 预制板的安装构造

空心板安装前，为了提高板端的承压能力，避免灌缝材料进入孔洞内，应用混凝土或砖填塞端部孔洞。

对预制板进行结构布置时，应根据房间的平面尺寸，并结合所选板的规格来定。当房间的平面尺寸较小时，可采用板式结构，即将预制板直接搁置在墙上，由墙来承受板传来的荷载（图 2-4-13a）。当房间的开间、进深尺寸都较大时，需先在墙上搁置梁，由梁来支承楼板，这种楼板的布置方式为梁板式结构（图 2-4-13b）。

预制板安装时，应先在墙或梁上铺 10~20mm 厚的 M5 水泥砂浆进行坐浆，然后再铺板，以使板与墙或梁有较好的连接，也能保证墙或梁受力均匀。同时，预制板在墙和梁上均应有足够的搁置长度，在梁上的搁置长度应不小于 80mm，在砖墙上的搁置长度应不小

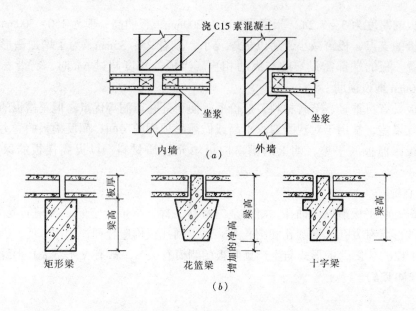

图 2-4-13 预制板在墙上、梁上的搁置

于 100mm。

预制板安装后,板的端缝和侧缝应用细石混凝土灌注,以提高板的整体性。

三、装配整体式钢筋混凝土楼板

为了克服现浇板消耗模板量大,预制板整体性差的缺点,可将楼板的一部分预制安装后,再整浇一层钢筋混凝土,这种楼板为装配整体式钢筋混凝土楼板。装配整体式钢筋混凝土楼板按结构及构造方法的不同有密肋楼板和叠合楼板等类型。

1. 密肋楼板

密肋楼板是在预制或现浇的钢筋混凝土小梁之间先填充陶土空心砖、加气混凝土块、粉煤灰块等块材,然后整浇混凝土而成(图 2-4-14)。这种楼板构件数量多,施工麻烦,在工程中应用的较少。

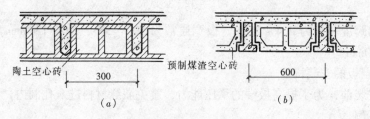

图 2-4-14 密肋楼板
(a) 现浇密肋楼板;(b) 预制小梁密肋楼板

2. 叠合楼板

叠合楼板是以预制钢筋混凝土薄板为永久模板并承受施工荷载,上面整浇混凝土叠合层所形成的一种整体楼板(图 2-4-15)。板中混凝土叠合层强度为 C20 级,厚度一般为 100~120mm。这种楼板具有良好的整体性,板中预制薄板具有结构、模板、装修等多种功能,施工简便,适用于住宅、宾馆、教学楼、办公楼、医院等建筑。

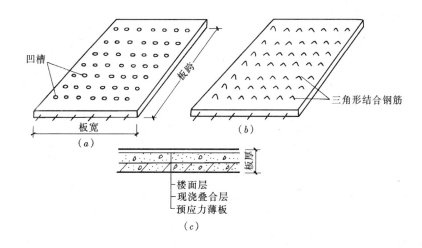

图 2-4-15 叠合楼板
(a) 板面刻槽;(b) 板面露出三角形结合钢筋;(c) 叠合组合薄板

第三节 地坪层与楼地面的构造

一、地坪层的构造

地坪层按其与土壤之间的关系分为实铺地坪和空铺地坪。

(一) 实铺地坪

实铺地坪一般由面层、垫层、基层三个基本层次组成 (图 2-4-16)。

(1) 面层 属于表面层,直接接受各种物理和化学作用,应满足坚固、耐磨、平整、光洁、不起尘、易于清洗、防水、防火、有一定弹性等使用要求。地坪层一般以面层所用的材料来进行命名。

(2) 垫层 是位于基层和面层之间的过渡层,其作用是满足面层铺设所要求的刚度和平整度,有刚性垫层和非刚性垫层之分。刚性垫层一般采用强度等级为 C10 的混凝土,厚度为 60~100mm,适用于整体面层和小块料面层的地坪中,如水磨石、水泥砂浆、陶瓷锦砖、缸砖等地面。

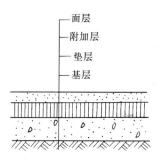

图 2-4-16 实铺地层构造

非刚性垫层一般采用砂、碎石、三合土等散粒状材料夯实而成,厚度为 60~120mm,用于面层材料为强度高、厚度大的大块料面层地坪中,如预制混凝土地面等。

(3) 基层 是位于最下面的承重土壤。当地坪上部的荷载较小时,一般采用素土夯实;当地坪上部的荷载较大时,则需对基层进行加固处理,如灰土夯实、夯入碎石等。

随着科学技术的发展,人们往往对地坪层提出了更多的使用功能上的要求,为满足这些要求,地坪层可加设相应的附加层,如防水层、防潮层、隔声层、隔热层、管道敷设层等,这些附加层一般位于面层和垫层之间。

实铺地坪构造简单、坚固、耐久,在建筑工程中应用广泛。

(二) 空铺地坪

当房间要求地面能严格防潮或有较好的弹性时，可采用空铺地坪的做法，即在夯实的地垄墙上铺设预制钢筋混凝土板或木板层（图 2-4-17）。采用空铺地坪时，应在外墙勒脚部位及地垄墙上设置通风口，以便空气对流。

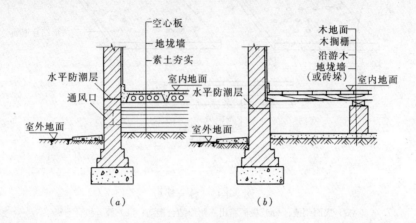

图 2-4-17 空铺地层
（a）钢筋混凝土预制板空铺地层；（b）木空铺地层

二、楼地面的构造

（一）整体楼地面

整体楼地面是采用在现场拌合的湿料，经浇抹形成的面层，具有构造简单，造价较低的特点，是一种应用较广泛的类型。

1. 水泥砂浆楼地面

水泥砂浆楼地面是在混凝土垫层或楼板上抹水泥砂浆形成面层，其特点是构造简单、坚固、耐磨、防水、造价低廉，但导热系数大、易结露、易起灰、不易清洁，是一种被广泛采用的低档楼地面。通常有单面层和双面层两种做法（图 2-4-18）。

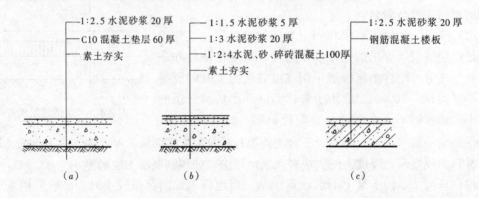

图 2-4-18 水泥砂浆地面
（a）底层地面单层做法；（b）底层地面双层做法；（c）楼层地面

2. 现浇水磨石楼地面

现浇水磨石楼地面整体性好、防水、不起尘、易清洁、装饰效果好，但导热系数偏大、弹性小，适用于人群停留时间较短，或需经常用水清洗的楼地面，如门厅、营业厅、厨房、盥洗室等房间。其构造为双层构造，底层用 10~15mm 厚的水泥砂浆找平后，按设计图案用1:1的水泥砂浆固定分隔条（铜条、铝条或玻璃条），然后用1：(1.5～2.5)水泥石渣浆抹面，厚度为12mm，经养护一周后磨光打蜡形成（图2-4-19）。

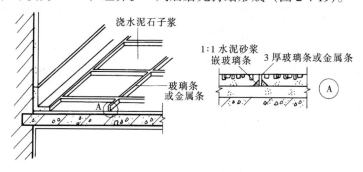

图 2-4-19 水磨石地面

（二）块材楼地面

块材楼地面是利用各种天然或人造的预制块材或板材，通过铺贴形成面层的楼地面。这种楼地面易清洁、经久耐用、花色品种多、装饰效果强，但工效低、价格高，属于中高档的楼地面，适用于人流量大、清洁要求和装饰要求高、有水作用的建筑。

1. 缸砖、瓷砖、陶瓷锦砖楼地面

缸砖、瓷砖、陶瓷锦砖的共同特点是表面致密光洁、耐磨、吸水率低、不变色，属于小型块材，它们的铺贴工艺很类似，一般做法是：在混凝土垫层或楼板上抹15～20mm厚1:3的水泥砂浆找平，再用5～8mm厚1:1的水泥砂浆或水泥胶（水泥:108胶:水＝1:0.1:0.2）粘贴，最后用素水泥浆擦缝。陶瓷锦砖在整张铺贴后，用滚筒压平，使水泥砂浆挤入缝隙，待水泥砂浆硬化后，用草酸洗去牛皮纸，然后用白水泥浆擦缝（图2-4-20）。

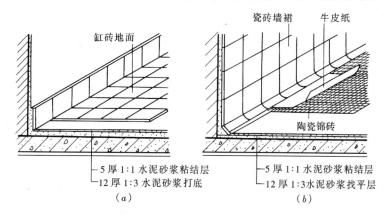

图 2-4-20 缸砖瓷砖地面
（a）缸砖地面；（b）陶瓷锦砖地面

2. 花岗石板、大理石板楼地面

花岗石板、大理石板的尺寸一般为 300mm×300mm～600mm×600mm，厚度为 20～30mm，属于高级楼地面材料。铺设前应按房间尺寸预定制做，铺设时需预先试铺，合适后再开始正式粘贴，具体做法是：先在混凝土垫层或楼板找平层上实铺30mm厚1:(3～4)干硬性水泥砂浆作结合层，上面撒素水泥面（洒适量清水），然后铺贴楼地面板材，缝隙挤紧,用橡皮锤或木锤敲实,最后用素水泥浆擦缝(图2-4-21)。

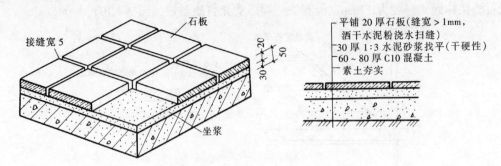

图2-4-21 花岗石、大理石地面

花岗石板的耐磨性与装饰效果好,但价格昂贵,属于高级的地面装修材料。

(三)木楼地面

木楼地面弹性好、不起尘、易清洁、导热系数小,但造价较高,是一种高级楼地面的类型。木楼地面按构造方式分为空铺式和实铺式两种。

1. 空铺式木楼地面

空铺式木楼地面是将木楼地面架空铺设,使板下有足够的空间便于通风,以保持干燥,具体构造见图2-4-22。由于其构造复杂,耗费木材较多,故一般用于要求环境干燥、对楼地面有较高的弹性要求的房间。

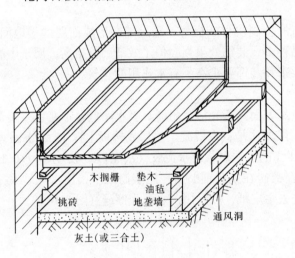

图2-4-22 空铺式木地面

2. 实铺式木楼地面

实铺式木楼地面有铺钉式和粘贴式两种做法。

铺钉式木楼地面是在混凝土垫层或楼板上固定小断面的木搁栅,木搁栅的断面尺寸一般为50mm×50mm或50mm×70mm,间距400~500mm,然后在木搁栅上铺定木板材。木板材可采用单层和双层做法(图2-4-23a)。

粘贴式木楼地面是在混凝土垫层或楼板上先用20mm厚1:2.5的水泥砂浆找平,干燥后用专用胶粘剂粘结木板材(图2-4-23b)。粘贴式木楼地面由于省去了搁栅,比铺钉式节约木材、施工简便、造价低,故应用广泛。

当在地坪层上采用实铺式木楼地面时,须在混凝土垫层上设防潮层。

3. 复合木地板楼地面

复合木地板一般由四层复合而成。第一层为透明人造金刚砂的超强耐磨层;第二层为木纹装饰纸层;第三层为高密度纤维板的基材层;第四层为防水平衡层,经高性能合成树脂浸渍后,再经高温、高压压制,四边开榫而成。这种木地板精度高,特别耐磨,阻燃性、耐污性好,保温、隔热及观感方面可与实木地板相媲美。

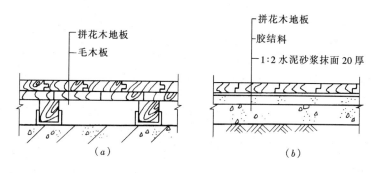

图 2-4-23　拼花木地板构造
(a) 铺钉式；(b) 粘贴式

复合木地板的规格一般为 8mm×190mm×1200mm，一般采用悬浮铺设，即在较平整的基层（在 1m 的距离内高差不应超过 3mm）上先铺设一层聚乙烯薄膜作防潮层。铺设时，复合木地板四周的榫槽用专用的防水胶密封，以防止地面水向下浸入。

三、楼地层的细部构造

(一) 踢脚板和墙裙

1. 踢脚板

踢脚板是地面与墙面交接处的构造处理，其主要作用是遮盖墙面与楼地面的接缝，防止碰撞墙面或擦洗地面时弄脏墙面。踢脚板可以看作是楼地面在墙面上的延伸，一般采用与楼地面相同的材料，有时采用木材制作，其高度一般为 120～150mm，可凸出墙面、凹进墙面或与墙面相平（图 2-4-24）。

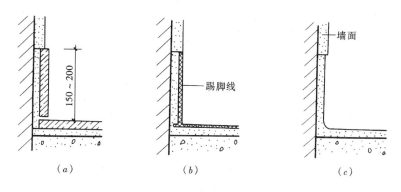

图 2-4-24　踢脚线构造
(a) 凸出墙面；(b) 与墙面平齐；(c) 凹进墙面

2. 墙裙

墙裙是内墙面装修层在下部的处理，其主要作用是防止人们在建筑物内活动时碰撞或污染墙面，并起一定的装饰作用。墙裙应采用有一定强度、耐污染、方便清洗的材料，如油漆、水泥砂浆、瓷砖、木材等，通常为贴瓷砖的做法。墙裙的高度和房间的用途有关，一般为 900～1200mm，对于受水影响的房间，高度为 900～2000mm。

(二) 楼地层变形缝

当建筑物设置变形缝时，应在楼地层的对应位置设变形缝。变形缝应贯通楼地层的各个层次，并在构造上保证楼板层和地坪层能够满足美观和变形需求。

1. 楼板层变形缝

楼板层变形缝的宽度应与墙体变形缝一致,上部用金属板、预制水磨石板、硬塑料板等盖缝,以防止灰尘下落。顶棚处应用木板、金属调节片等做盖缝处理,盖缝板应与一侧固定,另一侧自由,以保证缝两侧结构能够自由变形(图2-4-25a)。

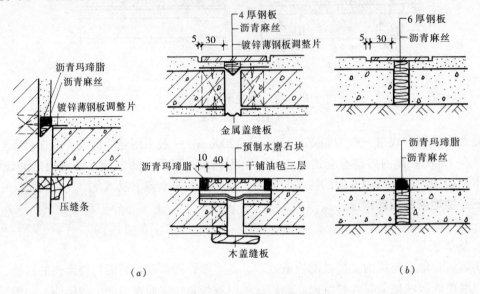

图2-4-25 楼地面变形缝
(a)楼面变形缝;(b)地面变形缝

2. 地坪层变形缝

当地坪层采用刚性垫层时,变形缝应从垫层到面层处断开,垫层处缝内填沥青麻丝或聚苯板,面层处理同楼面(图2-4-25b)。当地坪层采用非刚性垫层时,可不设变形缝。

第四节 阳台雨篷的构造

一、阳台

阳台是楼房建筑中各层伸出室外的平台,它提供了一处人不需下楼,就可享用的室外活动空间,人们在阳台上可以休息、眺望、从事家务等活动。阳台由阳台板和栏杆扶手组成,阳台板是阳台的承重结构,栏杆扶手是阳台的围护构件,设在阳台临空的一侧。

阳台按照其与外墙的相对位置,分为凸阳台、凹阳台和半凸半凹阳台;按照它在建筑平面上的位置,分为中间阳台和转角阳台;按照其施工方式,分为现浇阳台和预制阳台(图2-4-26)。

(一)阳台的结构类型

1. 墙承式

即将阳台板直接搁置在墙上。这种结构型式稳定、可靠,施工方便,多用于凹阳台(图2-4-27a)。

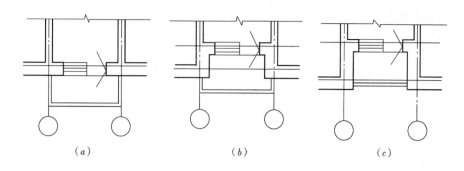

图 2-4-26 阳台的类型
(a)挑阳台；(b)半凸半凹阳台；(c)凹阳台

2. 挑板式

是将阳台板悬挑，一般有两种做法：一种是将房间楼板直接向墙外悬挑形成阳台板（图 2-4-27b）；另一种是将阳台板和墙梁（或过梁、圈梁）现浇在一起，利用梁上部墙体的重量来防止阳台倾覆（图 2-4-27c）。这种阳台底面平整，构造简单，外形轻巧，但板受力复杂。

3. 挑梁式

是从建筑物的横墙上伸出挑梁，上面搁置阳台板。为防止阳台倾覆，挑梁压入横墙部分的长度应不小于悬挑部分长度的 1.5 倍。这种阳台底面不平整，挑梁端部外露，影响美观，也使封闭阳台时构造复杂化，工程中一般在挑梁端部增设与其垂直的边梁，来克服其缺陷（图 2-4-27d）。

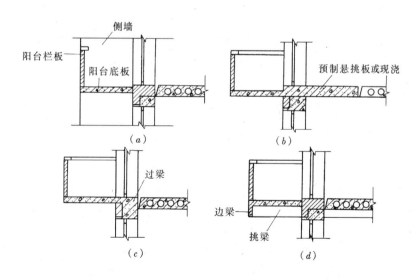

图 2-4-27 阳台的结构布置
(a)墙承式；(b)楼板悬挑式；(c)墙梁悬挑式；(d)挑梁式

(二) 阳台的细部构造

1. 阳台的栏杆扶手

栏杆的形式有三种：空花栏杆、栏板和由空花栏杆与栏板组合而成的组合栏板（图

189

2-4-28)。空花栏杆空透，有较高的装饰性，在公共建筑和南方地区建筑中应用较多；栏板便于封闭阳台，在北方地区的居住建筑中应用广泛。

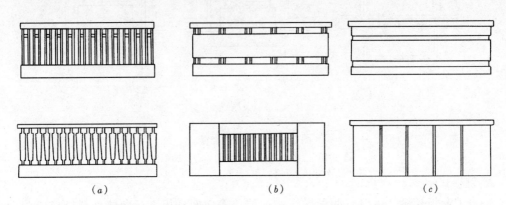

图 2-4-28　阳台栏杆形式
(a) 空花栏杆；(b) 组合式栏杆；(c) 实心栏板

空花栏杆有金属栏杆或预制混凝土栏杆两种，金属栏杆一般采用圆钢、方钢、扁钢或钢管等制作。为保证安全，栏杆扶手应有适宜的尺寸，低、多层住宅阳台栏杆净高不应低于 1.05m，中高层住宅阳台栏杆净高不应低于 1.1m，但也不应大于 1.2m。空花栏杆垂直杆之间的净距不应大于 110mm，也不应设水平分格，以防儿童攀爬。此外，栏杆应与阳台板有可靠的连接，通常是在阳台板顶面预埋扁钢与金属栏杆焊接，也可将栏杆插入阳台板的预留孔洞中，用砂浆灌注。栏板现多用钢筋混凝土栏板，有现浇和预制两种：现浇栏板通常与阳台板整浇在一起；预制栏板可预留钢筋与阳台板的预留部分浇筑在一起，或预埋铁件焊接。

扶手是供人手扶持所用，有金属管、塑料、混凝土等类型，空花栏杆上多采用金属管和塑料扶手，栏板和组合栏板多采用混凝土扶手。

2. 阳台排水

为避免阳台上的雨水积存和流入室内，阳台须作好排水处理。首先阳台面应低于室内地面 20~50mm，其次应在阳台面上设置不小于 1% 的排水坡，坡向排水口。排水口内埋设 $\phi 40 \sim \phi 50$ 的镀锌钢管或塑料管（称作水舌），外挑长度不小于 80mm，雨水由水舌排除（图 2-4-29）。

为避免阳台排水影响建筑物的立面形象，阳台的排水口可与雨水管相连，由雨水管排除阳台积水，或与室内排水管相连，由室内排水管排除阳台积水。

二、雨篷

雨篷一般设置在建筑物外墙出入口的上方，用来遮挡风雨，保护大门，同时对建筑物的立面有较强的装饰作用。雨篷按结构形式不同，有板式和梁板式两种。

1. 板式雨篷

板式雨篷一般与门洞口上的过梁整浇，上下表面相平，从受力角度考虑，雨篷板一般做成变截面形式，根部厚度不小于 70mm，端部厚度不小于 50mm（图 2-4-30a）。

2. 梁板式雨篷

当门洞口尺寸较大，雨篷挑出尺寸也较大时，雨篷应采用梁板式结构。即雨篷由梁和

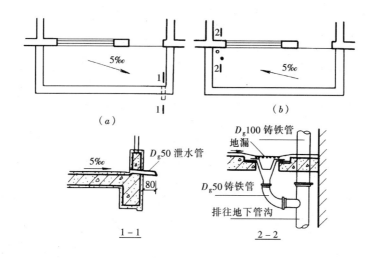

图 2-4-29 阳台排水构造
(a) 水舌排水；(b) 雨水管排水

板组成，为使雨篷底面平整，梁一般翻在板的上面成翻梁（图 2-4-30b）。当雨篷尺寸更大时，可在雨篷下面设柱支撑。

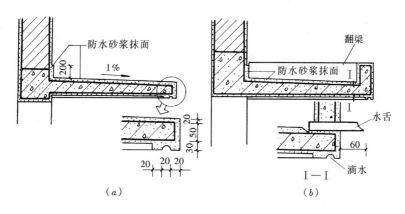

图 2-4-30 雨篷
(a) 板式雨篷；(b) 梁板式雨篷

雨篷顶面应做好防水和排水处理，一般采用 20mm 厚的防水砂浆抹面进行防水处理，防水砂浆应沿墙面上升，高度不小于 250mm，同时在板的下部边缘做滴水，防止雨水沿板底漫流。雨篷顶面需设置 1% 的排水坡，并在一侧或双侧设排水管将雨水排除。为了立面需要，可将雨水由雨水管集中排除，这时雨篷外缘上部需做挡水边坎。

思 考 题

1. 什么是现浇钢筋混凝土楼板？有哪些类型？
2. 简述双梁式楼板的传力途径。
3. 无梁楼板没有梁，为什么适用于荷载较大的情况？
4. 简述压型钢板组合楼板的构造组成。

5. 预制板的特点是什么？有哪些类型？
6. 图示楼层、地坪层的基本构造组成。
7. 图示水泥砂浆地面、玻化砖楼面、花岗石楼面的构造。
8. 图示楼层变形缝的构造。
9. 阳台的结构类型有哪些？
10. 图示板式雨篷的构造。

第五章 楼　　梯

楼梯是楼房建筑中的垂直交通设施，供人们在正常情况下的垂直交通、搬运家具和在紧急状态下的安全疏散。建筑中的垂直交通设施除了楼梯之外，还有电梯、自动扶梯、台阶、坡道及爬梯等，电梯用于 7 层以上的多层建筑和高层建筑以及标准较高的 7 层以下的低多层建筑；自动扶梯用于人流量大的公共建筑中；台阶一般用来联系室内或室外局部有高差的地面；坡道属于建筑中的无障碍垂直交通设施，也用于要求有车辆通行的建筑中；爬梯则只用作检修梯。

一般建筑中，当采用其他形式的垂直交通设施时，还需设置楼梯，所以，楼梯在楼房建筑中使用最为广泛。

第一节　楼　梯　概　述

楼梯一般由楼梯段、楼梯平台、栏杆（栏板）和扶手三部分组成（图 2-5-1）。它所处的空间称楼梯间。

一、楼梯的组成

1. 楼梯段

楼梯段是楼梯的主要使用和承重部分，它由若干个连续的踏步组成。每个踏步又由两个互相垂直的面构成，水平面叫踏面，垂直面叫踢面。为了避免人们行走楼梯段时过于疲劳，每个楼梯段上的踏步数目不得超过 18 级，照顾到人们在楼梯段上行走时的连续性，每个楼梯段上的踏步数目不得少于 3 级。

2. 楼梯平台

楼梯平台是楼梯段两端的水平段，主要用来解决楼梯段的转向问题，并使人们在上下楼层时能够缓冲休息。楼梯平台按其所处的位置分为楼层平台和中间平台，与楼层相连的平台为楼层平台，位于上下楼地层之间的平台为中间平台。

相邻楼梯段和平台所围成的上下连通的空间称为楼梯井。楼梯井的尺寸根据楼梯施工时支模板的需要和满足楼梯间的空间尺寸

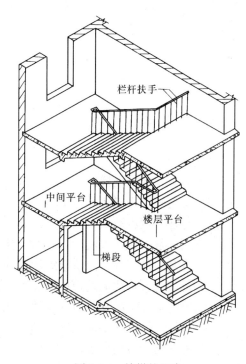

图 2-5-1　楼梯的组成

来确定。

3. 栏杆（栏板）和扶手

栏杆（栏板）是设置在楼梯段和平台临空侧的围护构件，应有一定的强度和刚度，并应在上部设置供人们手扶持用的扶手。在公共建筑中，当楼梯段较宽时，常在楼梯段和平台靠墙一侧设置靠墙扶手。

二、楼梯的类型

楼梯的类型有多种分法：

1. 按照楼梯的主要材料分

有钢筋混凝土楼梯、钢楼梯、木楼梯等。

2. 按照楼梯在建筑物中所处的位置分

有室内楼梯和室外楼梯。

3. 按照楼梯的使用性质分

有主要楼梯、辅助楼梯、疏散楼梯、消防楼梯等。

4. 按照楼梯的形式分

有单跑楼梯、双跑折角楼梯、双跑平行楼梯、双跑直楼梯、三跑楼梯、四跑楼梯、双分式楼梯、双合式楼梯、八角形楼梯、圆形楼梯、螺旋形楼梯、弧形楼梯、剪刀式楼梯、交叉式楼梯等（图 2-5-2）。

5. 按照楼梯间的平面形式分

有封闭式楼梯、非封闭式楼梯、防烟楼梯等（图 2-5-3）。

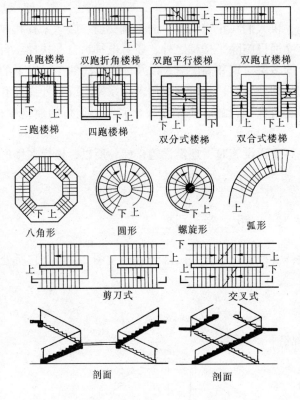

图 2-5-2 楼梯形式示意图

三、楼梯的尺度

（一）楼梯的坡度与踏步尺寸

1. 楼梯的坡度

楼梯的坡度指的是楼梯段的坡度，即楼梯段的倾斜角度。楼梯的坡度越大，楼梯段的水平投影长度越短，楼梯占地面积就越小，越经济，但行走吃力；反之，楼梯的坡度越小，行走较舒适，但占地面积大，不经济。所以，在确定楼梯的坡度时，应综合考虑使用和经济因素。一般来说，人流量较大的楼梯和使用对象为老弱病残者的楼梯（如大商场、电影院、敬老院、幼儿园、门诊楼等建筑的楼梯），其坡度应较平缓；供正常人使用、人流量又不大的楼梯（如住宅的户内楼梯），其坡度可以较大些。

楼梯的坡度有两种表示法，即角度法和比值法。角度法是用楼梯段与水平面的夹角的角度表示，比值法是用楼梯段在垂直面上的投影高度与在水平面上的投影长度的比值来表示。

一般楼梯的坡度范围在 23°～45°之间，30°为适宜坡度。坡度超过45°时，应设爬梯，坡度小于23°时，应设坡道（图 2-5-4）。

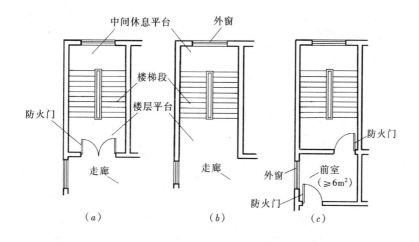

图 2-5-3 楼梯间的平面形式
（a）封闭式楼梯间；（b）非封闭式楼梯间；（c）防烟楼梯间

2. 楼梯的踏步尺寸

楼梯的踏步尺寸包括踏面宽和踢面高，踏面是人脚踩的部分，其宽度不应小于成年人的脚长，一般为 250～320mm。踢面高与踏面宽有关，根据人上一级踏步相当于在平地上的平均步距的经验，踏步尺寸可按下面的经验公式来确定：

$$2r + g = 600 \sim 620 \text{mm}$$

式中　　r——踢面高度；
　　　　g——踏面宽度；
600～620mm——人的平均步距。

在建筑工程中，踏面宽范围一般为 250～320mm，踢面高范围一般为 140～180mm。具体

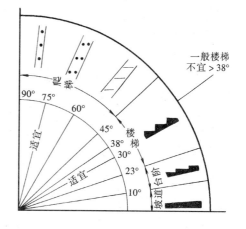

图 2-5-4　楼梯、爬梯及坡道的坡度范围

地，应根据建筑物的功能和实际情况来确定，常见的民用建筑楼梯的适宜踏步尺寸见表 2-5-1。

常见的民用建筑楼梯的适宜踏步尺寸　　表 2-5-1

名　称	住　宅	学校、办公楼	剧院、食堂	医　院	幼儿园
踢面高 r（mm）	156～175	140～160	120～150	150	120～150
踏面宽 g（mm）	250～300	280～340	300～350	300	260～300

有时为了人们上下楼梯时更加舒适，在不改变楼梯坡度的情况下，可采用下列措施来增加踏面宽度（图 2-5-5）。

（二）楼梯段的宽度与平台宽度

1. 楼梯段的宽度

楼梯段的宽度指，楼梯段临空侧扶手中心线到另一侧墙面（或靠墙扶手中心线）之间的水平距离，应根据楼梯的设计人流股数、防火要求及建筑物的使用性质等因素确定。我

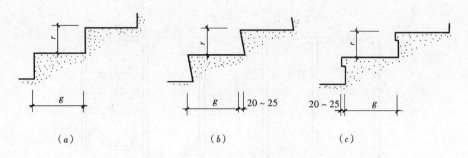

图 2-5-5 踏步尺寸
（a）正常处理的踏步；（b）踢面倾斜；（c）加做踏步檐

国规定单股人流通行的宽度按 0.55m + （0~0.15）m 计算，其中 0.55m 为正常人体的宽度，（0~0.15）m 为人行走时的摆幅。一般建筑物楼梯应至少满足两股人流通行，楼梯段的宽度不小于 1100mm。

住宅建筑的建造量大，考虑到住宅楼梯的经济性与实用性，我国《住宅建筑设计规范》规定：6 层及以下的单元式住宅，其楼梯段的最小净宽不小于 1000mm。住宅套内楼梯段的净宽，当楼梯段一侧临空时，不应小于 750mm；当两侧都是墙时，不应小于 900mm。

2. 平台宽度

为了保证通行顺畅和搬运家具设备的方便，楼梯平台的宽度应不小于楼梯段的宽度。对于双跑平行式楼梯，平台宽度方向与楼梯段的宽度方向垂直，规定平台宽度应不小于楼梯段的宽度，并且不小于 1100mm。

对于开敞式楼梯间，由于楼层平台已经同走廊连成一体，这时楼层平台的净宽为最后一个踏步前缘到靠走廊墙面的距离，一般不小于 500mm（图 2-5-6）。

（三）楼梯的净空高度

楼梯的净空高度包括楼梯段上的净空高度和平台上的净空高度（图 2-5-7），应保证行人能够正常通行，避免在行进中产生压抑感，同时还要考虑搬运家具设备的方便。

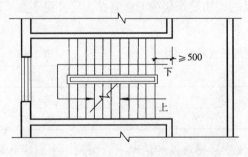

图 2-5-6 开敞楼梯间楼层平台的宽度

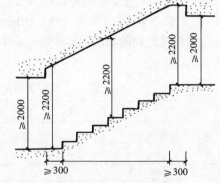

图 2-5-7 楼梯的净空高度

1. 楼梯段上的净空高度

楼梯段上的净空高度指踏步前缘到上部结构底面之间的垂直距离，应不小于 2200mm。确定楼梯段上的净空高度时，楼梯段的计算范围应从楼梯段最前和最后踏步前缘分别往外 300mm 算起。

2．平台上的净空高度

平台上的净空高度指平台面到上部结构最低处之间的垂直距离，应不小于2000mm。

当楼梯底层中间平台下设置通道时，底层中间平台下的净空高度往往不能满足不小于2000mm的要求，可采取下列处理方法来解决：

（1）增加底层第一梯段的踏步数量，达到提高底层中间平台标高的目的（图2-5-8a）。这种方法适用于楼梯间进深较大的情况，此时应注意保证底层第一楼梯段上部的净空高度。

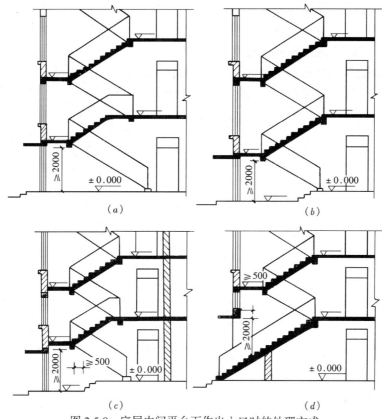

图2-5-8 底层中间平台下作出入口时的处理方式

(a) 底层长短跑；(b) 局部降低地坪；(c) 底层长短跑并局部降低地坪；(d) 底层直跑

（2）降低底层中间平台下地坪的标高（图2-5-8b）。这种方法构造简单，但增加了整个建筑物的高度，会使建筑造价升高。

（3）将上述两种方法进行综合，既增加底层第一楼梯段的踏步数量，又降低底层中间平台下地坪的标高（图2-5-8c）。这种方法可避免前两种方法的缺点。

（4）建筑物的底层楼梯采用直跑楼梯（图2-5-8d）。这种方法适用于南方地区的建筑。

（四）扶手高度

扶手高度指踏步前缘到扶手顶面的垂直距离。一般建筑物楼梯扶手高度为900mm；平台上水平扶手长度超过500mm时，其高度不应小于1000mm；幼托建筑的扶

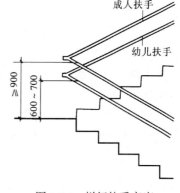

图2-5-9 栏杆扶手高度

手高度不能降低，可增加一道600~700mm高的儿童扶手（图2-5-9）。

第二节 钢筋混凝土楼梯的构造

钢筋混凝土楼梯坚固、耐久、耐火，所以在民用建筑中被大量采用。钢筋混凝土楼梯按施工方法不同，分为现浇式和预制装配式两种，由于预制装配式钢筋混凝土楼梯消耗钢材量大、安装构造复杂、整体性差、不利于抗震，在实际工程很少采用，故在此只重点介绍现浇式钢筋混凝土楼梯的构造。

一、现浇式钢筋混凝土楼梯的类型

现浇式钢筋混凝土楼梯是把楼梯段和平台整体浇筑在一起的楼梯，虽然其消耗模板量大，施工工序多，施工速度慢，但整体性好、刚度大、有利于抗震，所以在现在工程中应用十分广泛。

现浇式钢筋混凝土楼梯按结构形式不同，分为板式楼梯和梁板式楼梯。

（一）板式楼梯

板式楼梯是把楼梯段看作一块斜放的板，楼梯板分为有平台梁和无平台梁两种情况。有平台梁的板式楼梯的梯段两端放置在平台梁上，平台梁之间的距离为楼梯段的跨度。其传力过程为：楼梯段→平台梁→楼梯间墙（图2-5-10a）。无平台梁的板式楼梯是将楼梯段和平台板组合成一块折板，这时板的跨度为楼梯段的水平投影长度与平台宽度之和。这种楼梯增加了平台下的空间，保证了平台过道处的净空高度（图2-5-10b）。

板式楼梯底面平整，外形简洁，施工方便，但当楼梯段跨度较大时，板的厚度较大，

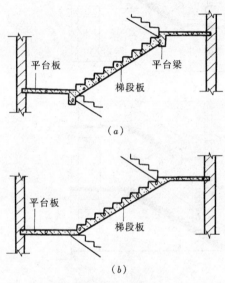

图2-5-10 现浇钢筋混凝土板式楼梯

混凝土和钢筋用量较多，不经济。因此，板式楼梯适用于楼梯段跨度不大（不超过3m）、楼梯段上的荷载较小的建筑。

（二）梁板式楼梯

梁板式楼梯的楼梯段由踏步板和斜梁组成，踏步板把荷载传给斜梁，斜梁两端支承在平台梁上，楼梯荷载的传力过程为：踏步板→斜梁→平台梁→楼梯间墙。斜梁一般设两根，位于踏步板两侧的下部，这时踏步外露，称为明步（图2-5-11a）。斜梁也可以位于踏步板两侧的上部，这时踏步被斜梁包在里面，称为暗步（图2-5-11b）。

斜梁有时只设一根，通常有两种形式：一种是在踏步板的一侧设斜梁，将踏步板的另一侧搁置在楼梯间墙上（图2-5-12a）；另一种是将斜梁布置在踏步板的中间，踏步板向两侧悬挑（图2-5-12c）。单梁式楼梯受力较复杂，但外形轻巧、美观，多用于对建筑空间造型有较高要求时。

梁板式楼梯的楼梯板跨度小，适用于荷载较大、层高较大的建筑，如教学楼、商场、

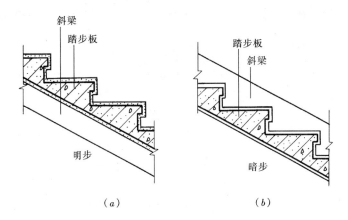

图 2-5-11 明步楼梯和暗步楼梯
（a）明步楼梯；（b）暗步楼梯

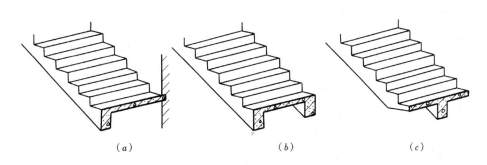

图 2-5-12 梁式楼梯
（a）梯段一侧设斜梁；（b）梯段两侧设斜梁；（c）梯段中间设斜梁

图书馆等。

二、钢筋混凝土楼梯的细部构造

（一）踏步面层和防滑构造

建筑物中，楼梯踏面最容易受到磨损，影响行走和美观，所以踏面应耐磨、防滑、便于清洗，并应有较强的装饰性。楼梯踏面材料一般与门厅或走道的地面材料一致，常用的有水泥砂浆、水磨石、花岗石、大理石、瓷砖等（图 2-5-13）。

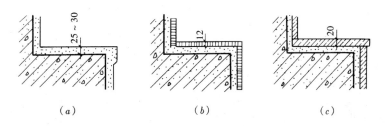

图 2-5-13 踏面面层的类型
（a）水磨石面层；（b）缸砖面层；（c）花岗石、大理石或人造石面层

踏步表面光滑便于清洁，但在行走时容易滑倒，故应采取防滑措施，一般有三种做法：一种是在距踏步面层前缘 40mm 处设 2～3 道防滑凹槽（图2-5-14a）；一种是在距踏步面层前缘 40～50mm 处设防滑条，防滑条的材料可用金刚砂、金属条、陶瓷锦砖、橡胶条

等（图 2-5-14b）；第三种是设防滑包口，如缸砖包口、金属包口（图 2-5-14c）等。

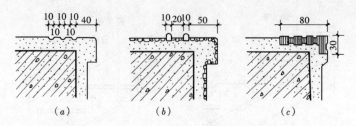

图 2-5-14 踏步防滑处理
（a）防滑凹槽；（b）金刚砂防滑条；（c）缸砖或金属包口

（二）栏杆（栏板）和扶手

1. 栏杆和栏板

栏杆应有足够的强度，能够保证使用时的安全，一般采用方钢、圆钢、扁钢、钢管等制作成各种图案，既起安全防护作用，又有一定的装饰效果（图 2-5-15a）。其垂直杆件间的净间距不应超过 110mm。

栏板多采用钢筋混凝土或配筋的砖砌体。钢筋混凝土栏板一般采用现浇栏板，比较坚固、安全、耐久。配筋的砖砌体栏板用普通黏土砖侧砌，每隔 1.0~1.2m 加设钢筋混凝土构造柱或在栏板外侧设钢筋网加固（图 2-5-15b）。

还有一种组合栏杆，是将栏杆和栏板组合在一起的一种栏杆形式。栏杆部分一般采用

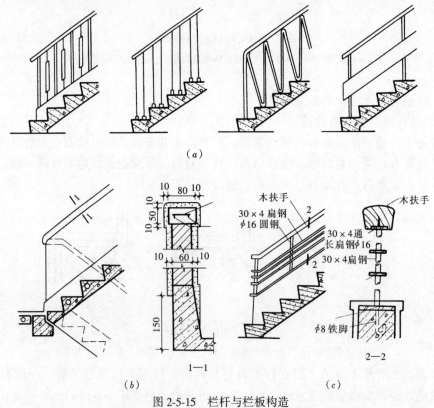

图 2-5-15 栏杆与栏板构造
（a）栏杆形式举例；（b）1/4 砖砌栏板；（c）组合式栏杆

金属杆件,栏板部分可采用预制混凝土板材、有机玻璃、钢化玻璃、塑料板等(图2-5-15c)。

栏杆与楼梯段的连接方式有多种：一种是栏杆与楼梯段上的预埋件焊接（图2-5-16a）；一种是栏杆插入楼梯段上的预留洞中，用细石混凝土、水泥砂浆或螺栓固定（图2-5-16b、c）；也可在踏步侧面预留孔洞或预埋铁件进行连接（图2-5-16d、e）。

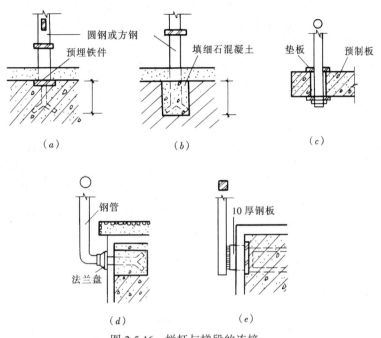

图2-5-16 栏杆与梯段的连接

(a) 梯段内预埋铁件；(b) 梯段预留孔砂浆固定；(c) 预留孔螺栓固定；
(d) 踏步侧面预留孔；(e) 踏步侧面预埋铁件

2. 扶手

扶手材料一般有硬木、金属管、塑料、水磨石、天然石材等，其断面形状和尺寸除考虑造型外，应以方便手握为宜，顶面宽度一般不大于90mm（图2-5-17）。

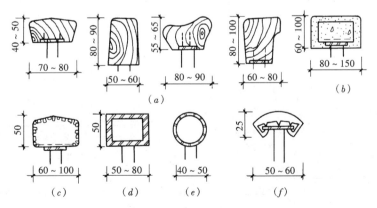

图2-5-17 扶手的类型

(a) 木扶手；(b) 混凝土扶手；(c) 水磨石扶手；(d) 角钢或扁铁扶手；
(e) 金属管扶手；(f) 聚氯乙烯扶手

201

顶层平台上的水平扶手端部应与墙体有可靠的连接。一般是在墙上预留孔洞，将连接栏杆和扶手的扁钢插入洞中，用细石混凝土或水泥砂浆填实（图2-5-18a）；也可将扁钢用木螺钉固定在墙内预埋的防腐木砖上（图2-5-18b）；当为钢筋混凝土墙或柱时，则可预埋铁件焊接（图2-5-18c）。

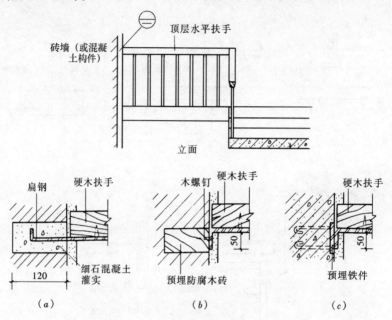

图 2-5-18　扶手端部与墙（柱）的连接
（a）预留孔洞插接；（b）预埋防腐木砖木螺钉连接；（c）预埋铁件焊接

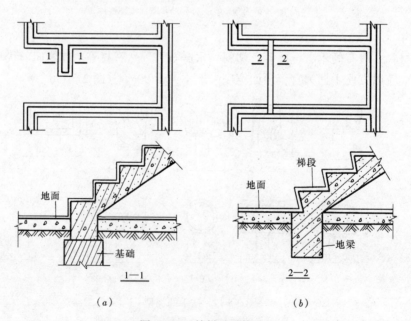

图 2-5-19　楼梯基础构造
（a）梯段下设基础；（b）梯段下设地梁

（三）首层楼梯段的基础

楼梯首层第一个楼梯段不能直接搁置在地坪层上，需在其下面设置基础。楼梯段的基础做法有两种：一种是在楼梯段下直接设砖、石、混凝土基础（图2-5-19a）；另一种是在楼梯间墙上搁置钢筋混凝土地梁，将楼梯段支承在地梁上（图2-5-19b）。

第三节 室外台阶与坡道

室外台阶与坡道是设在建筑物出入口的辅助配件，用来解决建筑物室内外的高差问题。一般建筑物多采用台阶，当有车辆通行或室内外地面高差较小时，可采用坡道（图2-5-20）。

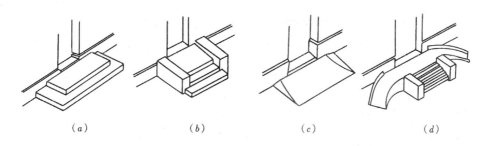

图 2-5-20 台阶与坡道的形式
(a) 三面踏步式；(b) 单面踏步式；(c) 坡道式；(d) 踏步坡道结合式

一、室外台阶

室外台阶由平台和踏步组成，平台面应比门洞口每边宽出500mm左右，并比室内地坪低20~50mm，向外做出约1%的排水坡度。台阶踏步所形成的坡度应比楼梯平缓，一般踏步宽度不小于300mm，高度不大于150mm。当室内外高差超过1000mm时，应在台阶临空一侧设置围护栏杆或栏板。

台阶应在建筑物主体工程完成后再进行施工，并与主体结构之间留出约10mm的沉降缝。台阶的构造与地面相似，由面层、垫层、基层等组成，面层应采用水泥砂浆、混凝土、地砖、天然石材等耐气候作用的材料。在北方冰冻地区，室外台阶应考虑抗冻要求，面层选择抗冻、防滑的材料，并在垫层下设置非冻胀层或采用钢筋混凝土架空台阶（图2-5-21）。

二、坡道

坡道分为行车坡道和轮椅坡道，行车坡道又分为普通坡道（图2-5-20c）和回车坡道（图2-5-20d）。普通坡道一般设在有车辆进出的建筑（如车库）的出入口处；回车坡道一般设在公共建筑（如办公楼、旅馆、医院等）出入口处，以使车辆能直接开行至出入口处；轮椅坡道是专供残疾人和老人使用的，一般设在公共建筑的出入口处和市政工程中。

考虑人在坡道上行走时的安全，坡道的坡度受面层做法的限制：光滑面层坡道不大于1:12，粗糙面层坡道（包括设置防滑条的坡道）不大于1:6，带防滑齿坡道不大于1:4。

坡道的构造与台阶基本相同，垫层的强度和厚度应根据坡道上的荷载来确定，季节冰冻地区的坡道需在垫层下设置非冻胀层（图2-5-22）。

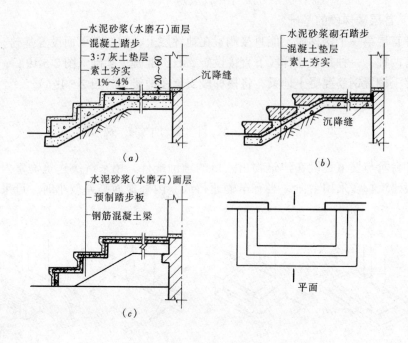

图 2-5-21 台阶类型及构造
(a) 混凝土台阶;(b) 石台阶;(c) 钢筋混凝土架空台阶

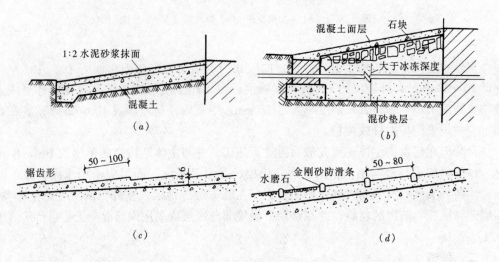

图 2-5-22 坡道构造
(a) 混凝土坡道;(b) 块石坡道;(c) 防滑锯齿槽坡面;(d) 防滑条坡面

思 考 题

1. 楼梯由哪几部分组成?
2. 楼梯的形式有哪些?为什么多采用双跑平行式楼梯?
3. 楼梯的适宜坡度为多少?如何确定踏步尺寸?
4. 什么是梯段宽,平台宽?
5. 楼梯的净空高度有什么要求?

6. 如何解决一层平台下供人通行问题？
7. 钢筋混凝土楼梯的结构形式有哪些？各有何特点？
8. 踏步的防滑措施有哪些？并图示其构造。
9. 简述室外台阶的构造，并图示。
10. 图示季节冰冻地区坡道的构造。

第六章 屋　顶

第一节　屋顶概述

一、屋顶的作用及构造要求

屋顶位于建筑物的最顶部，主要有三个作用：一是承重作用，承受作用于屋顶上的风、雨、雪、检修、设备荷载和屋顶的自重等；二是围护作用，防御自然界的风、雨、雪、太阳辐射热和冬季低温等的影响；三是装饰建筑立面，屋顶的形式对建筑立面和整体造型有很大的影响。

屋顶应满足坚固耐久、防水排水、保温隔热、抵御侵蚀等使用要求，同时还应做到自重轻、构造简单、施工方便、造价经济，并与建筑整体形象相协调。

二、屋顶的类型

按照屋顶的排水坡度和构造形式，屋顶分为平屋顶、坡屋顶和曲面屋顶三种类型。

（一）平屋顶

平屋顶是指屋面排水坡度小于或等于10%的屋顶，常用的坡度为2%～3%。平屋顶的主要特点是坡度平缓，上部可做成露台、屋顶花园等供人使用，同时平屋顶的体积小、构造简单、节约材料、造价经济，在建筑工程中应用最为广泛（图2-6-1）。

挑檐平屋顶

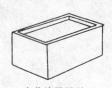
女儿墙平屋顶

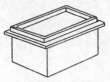
挑檐女儿墙平屋顶

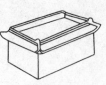
盝顶平屋顶

图 2-6-1　平屋顶的形式

（二）坡屋顶

坡屋顶是指屋面排水坡度在10%以上的屋顶。随着建筑进深的加大，坡屋顶可为单

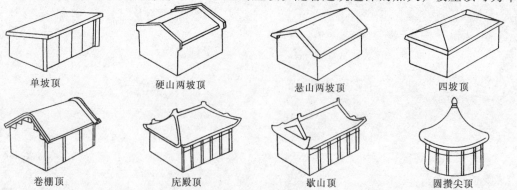

图 2-6-2　坡屋顶的形式

坡、双坡、四坡，双坡屋顶的形式，在山墙处可为悬山或硬山，坡屋顶稍加处理可形成卷棚顶、庑殿顶、歇山顶、圆攒尖顶等。由于坡屋顶造型丰富，能够满足人们的审美要求，所以在现代的城市建筑中，人们越来越重视对坡屋顶的运用（图 2-6-2）。

（三）曲面屋顶

曲面屋顶的承重结构多为空间结构，如薄壳结构、悬索结构、张拉膜结构和网架结构等，这些空间结构具有受力合理，节约材料的优点，但施工复杂，造价高，一般适用于大跨度的公共建筑（图 2-6-3）。

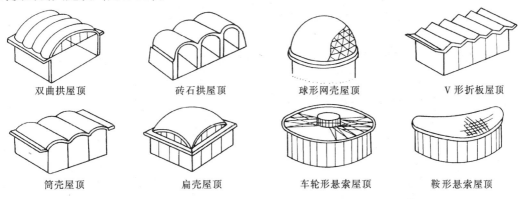

图 2-6-3 曲面屋顶的形式

三、屋顶的构造组成

屋顶一般由屋面、承重结构、顶棚三个基本部分组成，当对屋顶有保温隔热要求时，需在屋顶设置保温隔热层（图 2-6-4）。

（一）屋面

屋面是屋顶构造中最上面的表面层次，要承受施工荷载和使用时的维修荷载，以及自然界风吹、日晒、雨淋、大气腐蚀等的长期作用，因此屋面材料应有一定的强度、良好的防水性和耐久性能。屋面也是屋顶防水排水的关键层次，所以又叫屋面防水层。在平屋顶中，人们一般根据屋面材料的名称对其进行命名，如卷材防水屋面、刚性防水屋面、涂料防水屋面等。

（二）承重结构

承重结构承受屋面传来的各种荷载和屋顶自重。平屋顶的承重结构一般采用钢筋混凝土屋面板，其构造与钢筋混凝土楼板类似；坡屋顶的承重结构一般采用屋架、横墙、木构架等；曲面屋顶的承重结构则属于空间结构。

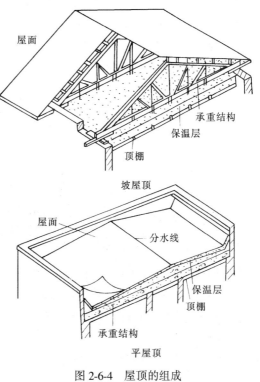

图 2-6-4 屋顶的组成

(三) 顶棚

顶棚位于屋顶的底部，用来满足室内对顶部的平整度和美观要求。按照顶棚的构造形式不同，分为直接式顶棚和悬吊式顶棚。

(四) 保温隔热层

当对屋顶有保温隔热要求时，需要在屋顶中设置相应的保温隔热层，防止外界温度变化对建筑物室内空间带来影响。

第二节 平屋顶的排水

平屋顶的屋面应设置一定的坡度，来排除屋顶的雨水、雪水，防止屋顶因积水产生渗漏。

一、平屋顶排水坡度的形成

1. 材料找坡

又叫垫置坡度，是将屋面板水平搁置，然后在上面铺设炉渣等廉价轻质材料形成坡度。这种找坡方式结构底面平整，容易保证室内空间的完整性，但垫置坡度不宜太大，否则会使找坡材料用量过大，增加屋顶荷载。在北方地区，当屋顶设置保温层时，常利用保温层兼作找坡层，但这种做法保温材料消耗多，会使屋顶造价升高。

2. 结构找坡

又叫搁置坡度，是将屋面板搁置在顶部倾斜的梁上或墙上形成屋面排水坡度的方法。结构找坡不需再在屋顶上设置找坡层，屋面其他层次的厚度也不变化，减轻了屋面荷载，施工简单，造价低，但这种做法使屋顶结构底面倾斜，一般多用于生产类建筑和做悬吊顶棚的建筑。

二、平屋顶的排水方式

平屋顶的排水方式分为无组织排水和有组织排水两大类。

(一) 无组织排水

当平屋顶采用无组织排水时，需把屋顶在外墙四周挑出，形成挑檐，屋面雨水经挑檐自由下落至室外地坪，这种排水方式称无组织排水（图 2-6-5）。无组织排水不需在屋顶上设置排水装置，构造简单，造价低，但沿檐口下落的雨水会溅湿墙脚，有风时雨水还会污染墙面。所以，无组织排水一般适用于低层或次要建筑及降雨量较小地区的建筑。

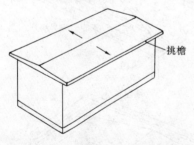

图 2-6-5 平屋顶四周挑檐自由落水

(二) 有组织排水

有组织排水是在屋顶设置与屋面排水方向相垂直的纵向天沟，汇集雨水后，将雨水由雨水口、雨水管有组织地排到室外地面或室内地下排水系统，这种排水方式称有组织排水。有组织排水的屋顶构造复杂，造价高，但避免了雨水自由下落对墙面和地面的冲刷和污染。

按照雨水管的位置，有组织排水分为外排水和内排水。

1. 外排水

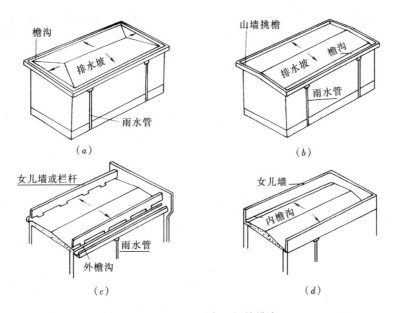

图 2-6-6 平屋顶有组织外排水
(a)沿屋面四周设檐沟;(b)沿纵墙设檐沟;(c)女儿墙外设檐沟;(d)女儿墙内设檐沟

外排水是屋顶雨水由室外雨水管排到室外的排水方式。这种排水方式构造简单,造价较低,应用最广。按照檐沟在屋顶的位置,外排水的屋顶形式有：沿屋顶四周设檐沟、沿纵墙设檐沟、女儿墙外设檐沟、女儿墙内设檐沟等（图2-6-6)。

2. 内排水

内排水是屋顶雨水由设在室内的雨水管排到地下排水系统的排水方式。这种排水方式构造复杂,造价及维修费用高,而且雨水管占室内空间,一般适用于大跨度建筑、高层建筑、严寒地区及对建筑立面有特殊要求的建筑（图2-6-7）。

图 2-6-7 平屋顶有组织内排水

第三节 平屋顶柔性防水屋面

柔性防水屋面是用具有良好的延伸性、能较好地适应结构变形和温度变化的材料做防水层的屋面,包括卷材防水屋面和涂膜防水屋面。卷材防水屋面是用防水卷材和胶结材料分层粘贴形成防水层的屋面,具有优良的防水性和耐久性,被广泛采用,本节将重点介绍卷材防水屋面。

一、卷材防水屋面的基本构造（图 2-6-8）

（一）结构层

各种类型的钢筋混凝土屋面板均可作为柔性防水屋面的结构层。

（二）找坡层

当屋顶采用材料找坡来形成坡度时,找坡层一般位于结构层之上,采用轻质、廉价的

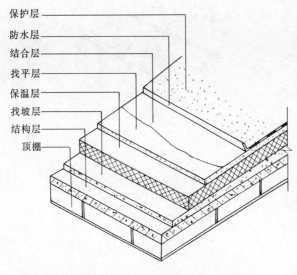

图 2-6-8 卷材防水屋面的基本构造

材料,如 1:6~1:8 的水泥焦渣或水泥膨胀蛭石垫置形成坡度,最薄处的厚度不宜小于 30mm。

当屋顶采用结构找坡时,则不需设置找坡层。

（三）找平层

卷材防水层要求铺贴在坚固、平整的基层上,以避免卷材凹陷或被穿刺,因此,必须在找坡层或结构层上设置找平层,找平层一般采用 1:3 的水泥砂浆或细石混凝土、沥青砂浆,厚度为 20~30mm。

（四）结合层

为了保证防水层与找平层能很好地粘结,铺贴卷材防水层前,必须在找平层上涂刷基层处理剂作结合层。结合层材料应与卷材的材质相适应,采用沥青类卷材和高聚物改性沥青防水卷材时,一般采用冷底子油（所谓冷底子油就是将沥青溶解在一定量的煤油或汽油中,所配成的沥青溶液）作结合层;采用合成高分子防水卷材时,则用专用的基层处理剂作结合层。

（五）防水层

卷材防水层的防水卷材包括:沥青类卷材、高聚物改性沥青防水卷材和合成高分子防水卷材三类,见表 2-6-1。

卷 材 防 水 层　　　　表 2-6-1

卷 材 分 类	卷材名称举例	卷 材 粘 结 剂
沥青类卷材	石油沥青油毡	石油沥青玛琋脂
	焦油沥青油毡	焦油沥青玛琋脂
高聚物改性沥青防水卷材	SBS 改性沥青防水卷材	热熔、自粘、粘贴均有
	APP 改性沥青防水卷材	
合成高分子防水卷材	三元乙丙丁基橡胶防水卷材	丁基橡胶为主体的双组分 A 与 B 液 1:1 配比搅拌均匀
	三元乙丙橡胶防水卷材	
	氯磺化聚乙烯防水卷材	CX—401 胶
	再生胶防水卷材	氯丁胶粘结剂
	氯丁橡胶防水卷材	CY—409 液
	氯丁聚乙烯—橡胶共混防水卷材	BX—12 及 BX—12 乙组份
	聚氯乙烯防水卷材	粘结剂配套供应

在选择防水材料和做法时,应根据建筑物对屋面防水等级的要求来确定。沥青类卷材属于传统的卷材防水材料,一般只用石油沥青油毡,由于其强度低,耐老化性能差,施工时需多层粘贴形成防水层,施工复杂,所以在现在工程中已较少采用,采用较多的是新型的防水卷材:高聚物改性沥青防水卷材和合成高分子防水卷材。

（六）保护层

卷材防水层的材质呈黑色,极易吸热,夏季屋顶表面温度达 60~80℃以上,高温会加速卷材的老化,所以卷材防水层做好以后,一定要在上面设置保护层。保护层分为不上人屋面和上人屋面两种做法。

1. 不上人屋面保护层

即不考虑人在屋顶上的活动情况。石油沥青油毡防水层的不上人屋面保护层做法是，用玛琋脂粘结粒径为3~5mm的浅色绿豆砂。高聚物改性沥青防水卷材和合成高分子防水卷材在出厂时，卷材的表面一般已做好了铝箔面层、彩砂或涂料等保护层，则不需再专门做保护层。

2. 上人屋面保护层

即屋面上要承受人的活动荷载，故保护层应有一定的强度和耐磨度，一般做法是：在防水层上用水泥砂浆或沥青砂浆铺贴缸砖、大阶砖、预制混凝土板等，或在防水层上浇筑40mm厚C20细石混凝土。

二、卷材防水屋面的节点构造

卷材防水屋面在檐口、屋面与突出构件之间、变形缝、上人孔等处特别容易产生渗漏，所以应加强这些部位的防水处理。

（一）泛水

泛水是指屋面防水层与突出构件之间的防水构造。一般在屋面防水层与女儿墙、上人屋面的楼梯间、突出屋面的电梯机房、水箱间、高低屋面交接处等，都需做泛水。泛水的高度一般不小于250mm，在垂直面与水平面交接处要加铺一层卷材，并且转圆角或做45°斜面，防水卷材的收头处要进行粘结固定（图2-6-9）。

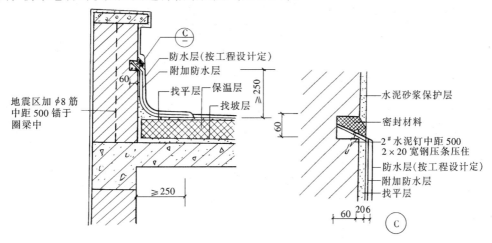

图2-6-9 女儿墙泛水构造

（二）檐口

檐口是屋面防水层的收头处，此处的构造处理方法与檐口的形式有关。檐口的形式由屋面的排水方式和建筑物的立面造型要求来确定，一般有无组织排水檐口、挑檐沟檐口、女儿墙檐口和斜板挑檐檐口等。

1. 无组织排水檐口

无组织排水檐口的挑檐板一般与屋顶圈梁整体浇筑，屋面防水层的收头压入距挑檐板前端40mm处的预留凹槽内，先用钢压条固定，然后用密封材料进行密封（图2-6-10）。

2. 挑檐沟檐口

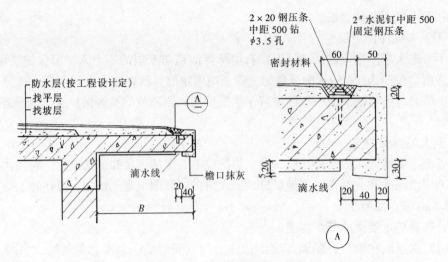

图 2-6-10 自由落水檐口构造

当檐口处采用挑檐沟檐口时,卷材防水层应在檐沟处加铺一层附加卷材,并注意做好卷材的收头(图 2-6-11)。

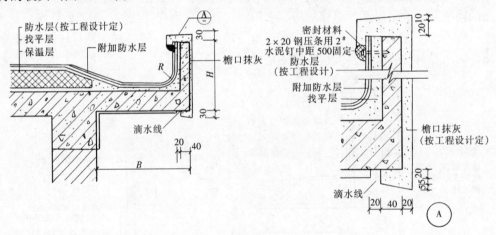

图 2-6-11 挑檐沟檐口构造

3. 女儿墙檐口和斜板挑檐檐口

女儿墙檐口和斜板挑檐檐口的构造要点同泛水(图 2-6-12)、(图 2-6-13)。

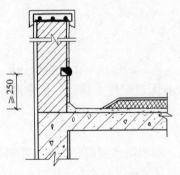

图 2-6-12 女儿墙内檐沟檐口

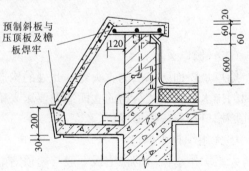

图 2-6-13 女儿墙外檐沟檐口

斜板挑檐檐口是考虑建筑立面造型，对檐口的一种处理形式，它给较呆板的平屋顶建筑增添了传统的韵味，丰富了城市景观。但挑檐端部的荷载较大，应注意悬挑构件的倾覆问题，处理好构件的拉结锚固。

（三）变形缝

当建筑物设变形缝时，变形缝在屋顶处破坏了屋面防水层的整体性，留下了雨水渗漏的隐患，所以必须加强屋顶变形缝处的处理。屋顶在变形缝处的构造分为等高屋面变形缝和不等高屋面变形缝两种。

1．等高屋面变形缝

等高屋面变形缝的构造又分为不上人屋面和上人屋面两种做法：

（1）不上人屋面变形缝　屋面上不考虑人的活动，从有利于防水考虑，变形缝两侧应避免因积水导致渗漏。一般构造为：在缝两侧的屋面板上砌筑半砖矮墙，高度应高出屋面至少250mm，屋面与矮墙之间按泛水处理，矮墙的顶部用镀锌薄钢板或混凝土压顶进行盖缝（图2-6-14）。

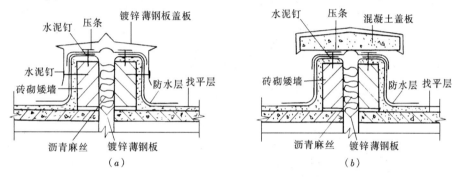

图2-6-14　不上人屋面变形缝
（a）横向变形缝泛水之一；（b）横向变形缝泛水之二

（2）上人屋面变形缝　屋面上需考虑人活动的方便，变形缝处在保证不渗漏、满足变形需求时，应保证平整，以有利于行走（图2-6-15）。

2．不等高屋面变形缝

不等高屋面变形缝，应在低侧屋面板上砌筑半砖矮墙，与高侧墙体之间留出变形缝。矮墙与低侧屋面之间做好泛水，变形缝上部用由高侧墙体挑出的钢筋混凝土板或在高侧墙体上固定镀锌薄钢板进行盖缝（图2-6-16）。

（四）上人孔

不上人屋面需设屋面上人孔，以方便对屋面进行维修和安装设备。上人孔的平面尺寸不小于600mm×700mm，且应位于靠墙处，

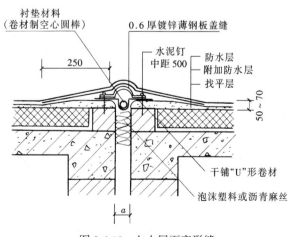

图2-6-15　上人屋面变形缝

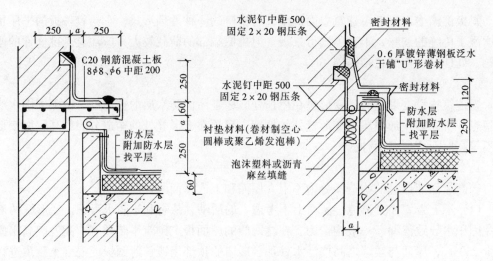

图 2-6-16 高低屋面变形缝

以方便设置爬梯。上人孔的孔壁一般与屋面板整浇，高出屋面至少 250mm，孔壁与屋面之间做成泛水，孔口用木板上加钉 0.6mm 厚的镀锌薄钢板进行盖孔（图 2-6-17）。

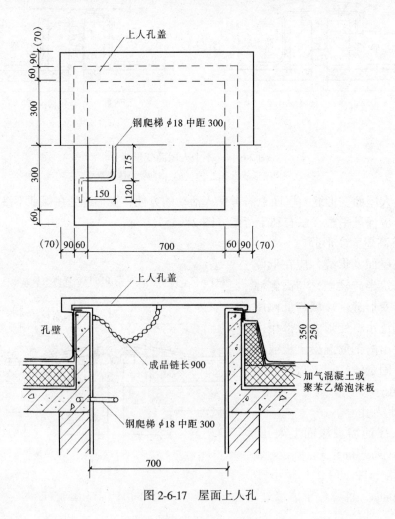

图 2-6-17 屋面上人孔

第四节 平屋顶刚性防水屋面

刚性防水屋面是用刚性防水材料，如防水砂浆、细石混凝土、配筋的细石混凝土等做防水层的屋面。这种屋面构造简单、施工方便、造价低廉，但对温度变化和结构变形较敏感，容易产生裂缝而渗漏。故刚性防水屋面不宜用于温差变化大、有振动荷载和基础有较大不均匀沉降的建筑，一般用于南方地区的建筑。

一、刚性防水屋面的基本构造

（一）结构层

刚性防水屋面的结构层应具有足够的强度和刚度，以尽量减小结构层变形对防水层的影响。一般采用现浇钢筋混凝土屋面板，当采用预制钢筋混凝土屋面板时，应加强对板缝的处理。

刚性防水屋面的排水坡度一般采用结构找坡，所以结构层施工时要考虑倾斜搁置。

（二）找平层

为使刚性防水层便于施工，厚度均匀，应在结构层上用 20mm 厚 1:3 的水泥砂浆找平。当采用现浇钢筋混凝土屋面板时，若能够保证基层平整，可不做找平层。

（三）隔离层

为了减小结构层变形对防水层的影响，应在防水层下设置隔离层。隔离层一般采用麻刀灰、纸筋灰、低强度等级水泥砂浆或干铺一层油毡等做法。如果防水层中加有膨胀剂，其抗裂性较好，则不需再设隔离层。

（四）防水层

刚性防水层一般采用配筋的细石混凝土形成。细石混凝土的强度等级不低于 C20，厚度不小于 40mm，并应配置直径为 $\phi 4 \sim \phi 6$ 的双向钢筋，间距 100～200mm。钢筋应位于防水层中间偏上的位置，上面保护层的厚度不小于 10mm（图 2-6-18）。

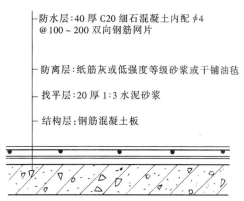

图 2-6-18 刚性防水屋面构造层次

二、刚性防水屋面的节点构造

（一）分格缝

分格缝是为了避免刚性防水层因结构变形、温度变化和混凝土干缩等产生裂缝，所设置的"变形缝"。分格缝的间距应控制在刚性防水层受温度影响产生变形的许可范围内，一般不宜大于 6m，并应位于结构变形的敏感部位，如预制板的支承端、不同屋面板的交接处、屋面与女儿墙的交接处等，并与板缝上下对齐（图 2-6-19）。

分格缝的宽度为 20～40mm 左右，有平缝和凸缝两种构造形式。平缝适用于纵向分格缝，凸缝适用于横向分格缝和屋脊处的分格缝。为了有利于伸缩变形，缝的下部用弹性材料，如聚乙烯发泡棒、沥青麻丝等填塞；上部用防水密封材料嵌缝。当防水要求较高时，可再在分格缝的上面加铺一层卷材进行覆盖（图 2-6-20）。

（二）泛水

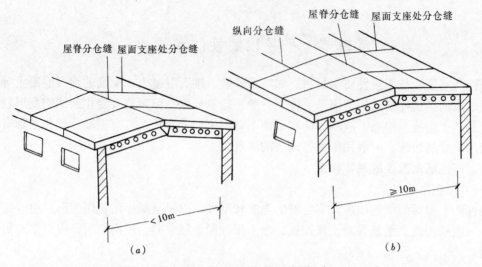

图 2-6-19 刚性屋面分仓缝的划分
(a) 房屋进深小于10m,分仓缝的划分;(b) 房屋进深大于10m,分仓缝的划分

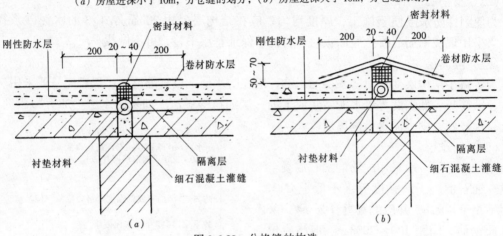

图 2-6-20 分格缝的构造
(a) 平缝;(b) 凸缝

刚性防水层与山墙、女儿墙处应做泛水,泛水的下部设分格缝,上部加铺卷材或涂膜附加层,其处理方法同卷材防水屋面的相同(图 2-6-21)。

(三)檐口

刚性防水屋面的檐口形式分为无组织排水檐口和有组织排水檐口。

1. 无组织排水檐口

无组织排水檐口通常直接由刚性防水层挑出形成,挑出尺寸一般不大于450mm(图 2-6-22a);也可设置挑檐板,刚性防水层伸到挑檐板之外(图 2-6-22b)。

2. 有组织排水檐口

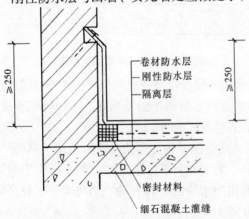

图 2-6-21 泛水构造

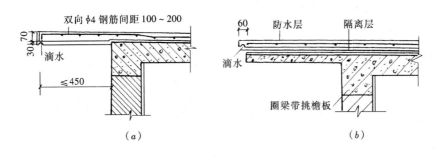

图 2-6-22 自由落水挑檐口
(a) 混凝土防水层悬挑檐口；(b) 挑檐板挑檐口

有组织排水檐口有挑檐沟檐口、女儿墙檐口和斜板挑檐檐口等做法。挑檐沟檐口的檐沟底部应用找坡材料垫置形成纵向排水坡度，铺好隔离层后再做防水层，防水层一般采用1:2的防水砂浆（图2-6-23）。

女儿墙檐口和斜板挑檐檐口与刚性防水层之间按泛水处理，其形式与卷材防水屋面的相同。

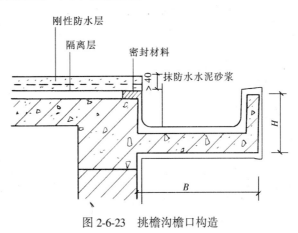

图 2-6-23 挑檐沟檐口构造

第五节 坡屋顶的构造

坡屋顶一般由承重结构、屋面和顶棚等基本部分组成，必要时可设保温（隔热）层等。

一、坡屋顶的承重结构

坡屋顶的承重结构用来承受屋面传来的荷载，并把荷载传给墙或柱。其结构类型有横墙承重、屋架承重等。

（一）横墙承重

横墙承重是将横墙顶部按屋面坡度大小砌成三角形，在墙上直接搁置檩条或钢筋混凝土屋面板支承屋面传来的荷载，这种承重方式称为横墙承重，又叫硬山搁檩（图2-6-24）。横墙承重具有构造简单、施工方便、节约木材，有利于防火和隔声等优点，但房屋开间尺寸受限制。适用于住宅、办公楼、旅馆等开间较小的建筑。

（二）屋架承重

屋架是由多个杆件组合而成的承重桁架，可用木材、钢材、钢筋混凝土制作，形状有三角形、梯形、拱形、折线形等。屋架支承在纵向外墙或柱上，上面搁置檩条或钢筋混凝土屋面板承受屋面传来的荷载。屋架承重与横墙承重相比，可以省去横墙，使房屋内部有较大的空间，增加了内部空间划分的灵活性（图2-6-25）。

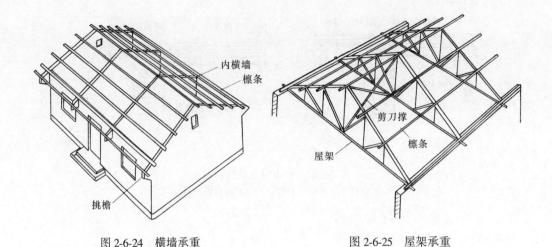

图 2-6-24 横墙承重　　　　图 2-6-25 屋架承重

二、坡屋顶的屋面构造

坡屋顶的屋面坡度较大，可采用各种小尺寸的瓦材相互搭盖来防水。由于瓦材尺寸小，强度低，不能直接搁置在承重结构上，需在瓦材下面设置基层将瓦材连接起来，构成屋面，所以，坡屋顶屋面一般由基层和面层组成。工程中常用的面层材料有平瓦、油毡瓦、压型钢板等，屋面基层因面层不同而有不同的构造形式，一般由檩条、椽条、木望板、挂瓦条等组成。

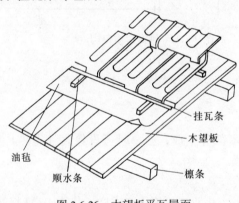

图 2-6-26　木望板平瓦屋面

（一）平瓦屋面

平瓦又称机平瓦，有黏土瓦、水泥瓦、琉璃瓦等，一般尺寸为：长 380～420mm，宽 240mm，净厚 20mm，适宜的排水坡度为 20%～50%。根据基层的不同做法，平瓦屋面有下列不同的构造类型。

1. 木望板平瓦屋面

木望板平瓦屋面是在檩条或椽条上钉木望板，木望板上干铺一层油毡，用顺水条固定后，再钉挂瓦条挂瓦所形成的屋面（图 2-6-26）。这种屋面构造层次多，屋顶的防水、保温效果好，应用最为广泛。

2. 钢筋混凝土板平瓦屋面

钢筋混凝土板平瓦屋面是以钢筋混凝土板为屋面基层的平瓦屋面。这种屋面的构造有两种：

（1）将断面形状呈倒 T 形或 F 形的预制钢筋混凝土挂瓦板，固定在横墙或屋架上，然后在挂瓦板的板肋上直接挂瓦（图 2-6-27）。这种屋面中，挂瓦板即为屋面基层，具有构造层次少，节省木材的优点。

（2）采用现浇钢筋混凝土屋面板作为屋顶的结构层，上面固定挂瓦条挂瓦，或用水泥砂浆等固定平瓦（图 2-6-28）。

（二）油毡瓦屋面

油毡瓦是以玻璃纤维为胎基，经浸涂石油沥青后，面层热压各色彩砂，背面撒以隔离

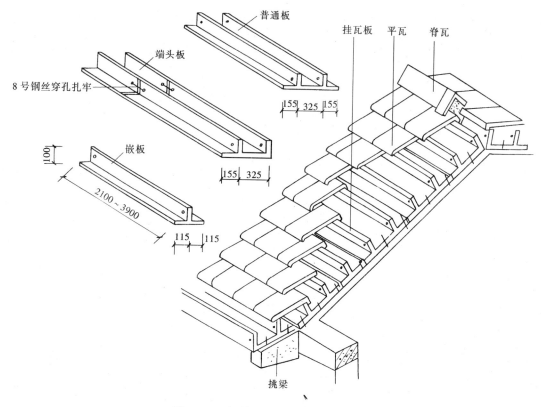

图 2-6-27 钢筋混凝土挂瓦板平瓦屋面

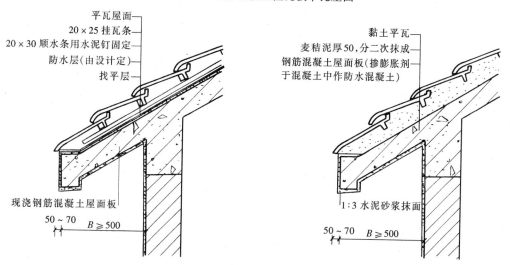

图 2-6-28 现浇板基层平瓦屋面

材料而制成的瓦状材料，形状有方形和半圆形（图 2-6-29）。它具有柔性好、耐酸碱、不褪色、质量轻的优点。适用于坡屋面的防水层或多层防水层的面层。

油毡瓦适用于排水坡度大于 20% 的坡屋面，可铺设在木板基层和混凝土基层的水泥砂浆找平层上（图 2-6-30）。

（三）压型钢板屋面

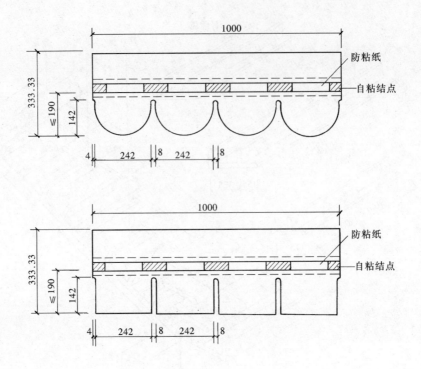

图 2-6-29 油毡瓦的规格

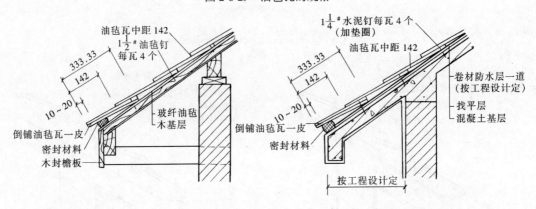

图 2-6-30 油毡瓦屋面

压型钢板是将镀锌钢板轧制成型，表面涂刷防腐涂层或彩色烤漆而成的屋面材料，具有多种规格，有的中间填充了保温材料，成为夹芯板，可提高屋顶的保温效果。这种屋面具有自重轻、施工方便、装饰性与耐久性强的优点，一般用于对屋顶的装饰性要求较高的建筑中。

压型钢板屋面一般与钢屋架相配合。先在钢屋架上固定工字型或槽形檩条，然后在檩条上固定钢板支架，彩色压型钢板与支架用钩头螺栓连接（图 2-6-31）。

三、坡屋顶的细部构造

（一）平瓦屋面的细部构造

平瓦屋面应做好檐口、天沟等部位的细部处理。

1. 纵墙檐口

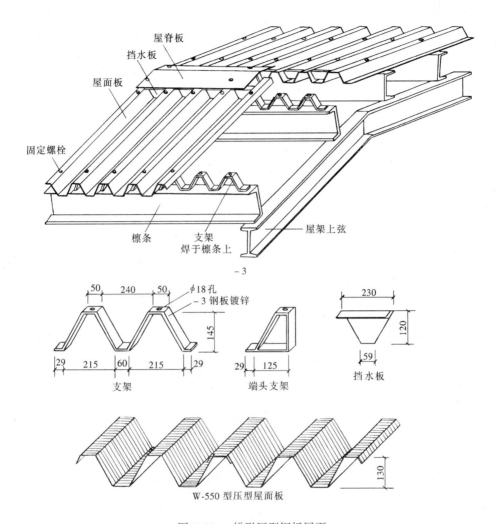

图 2-6-31 梯形压型钢板屋面

(1) 无组织排水檐口　当坡屋顶采用无组织排水时，应将屋面伸出外纵墙形成挑檐，挑檐的构造做法有砖挑檐、椽条挑檐、挑檐木挑檐和钢筋混凝土挑板挑檐等（图2-6-32）。

(2) 有组织排水檐口

当坡屋顶采用有组织排水时，一般多采用外排水，需在檐口处设置檐沟，檐沟的构造形式一般有钢筋混凝土挑檐沟和女儿墙内檐沟两种（图2-6-33）。挑檐沟多采用钢筋混凝土槽形天沟板，其排水和沟底防水构造与平屋顶相似。

2．山墙檐口

双坡屋顶山墙檐口的构造有硬山和悬山两种。

(1) 硬山　是将山墙升起包住檐口，女儿墙与屋面交接处应做泛水，一般用砂浆粘结小青瓦或抹水泥石灰麻刀砂浆泛水（图2-6-34）。

(2) 悬山　是将钢筋混凝土屋面板伸出山墙挑出，上部的瓦片用水泥砂浆抹出披水线，进行封固（图2-6-35）。若屋面为木基层时，将檩条挑出山墙，檩条的端部设封檐板（又叫博风板），下部可做顶棚处理。

3．屋脊、天沟和斜沟

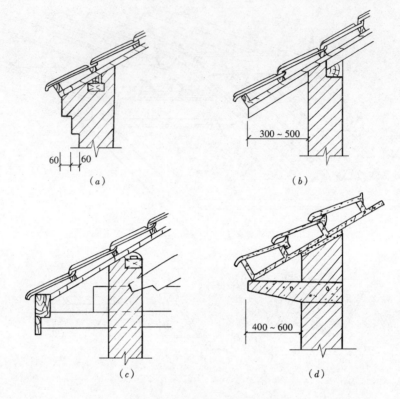

图 2-6-32 无组织排水纵墙挑檐
(a) 砖挑檐；(b) 椽条挑檐；(c) 挑梁挑檐；(d) 钢筋混凝土挑板挑檐

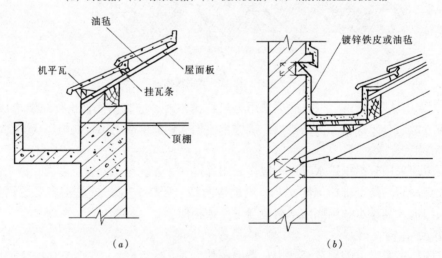

图 2-6-33 有组织排水纵墙挑檐
(a) 钢筋混凝土挑檐；(b) 女儿墙封檐构造

互为相反的坡面在高处相交形成屋脊，屋脊处应用 V 形脊瓦盖缝（图 2-6-36a）。在等高跨和高低跨屋面互为平行的坡面相交处形成天沟；两个互相垂直的屋面相交处，会形成斜沟。天沟和斜沟应保证有一定的断面尺寸，上口宽度不宜小于 500mm，沟底应用整体性好的材料（如防水卷材、镀锌薄钢板等）作防水层，并压入屋面瓦材或油毡下面（图 2-6-36b）。

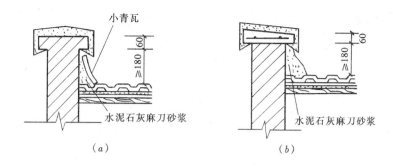

图 2-6-34 硬山檐口构造
(a) 小青瓦泛水；(b) 砂浆泛水

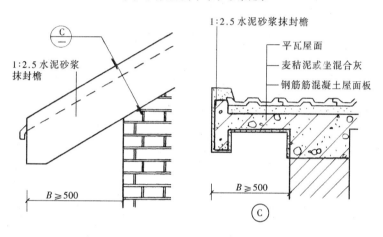

图 2-6-35 悬山檐口构造

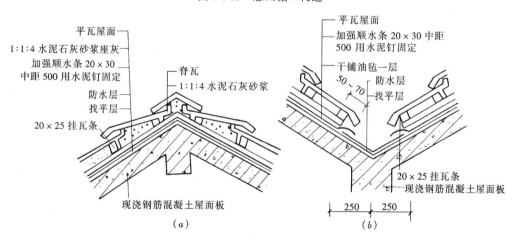

图 2-6-36 屋脊、天沟和斜沟构造
(a) 屋脊；(b) 天沟和斜沟

(二) 压型钢板屋面的细部构造

1. 无组织排水檐口

当压型钢板屋面采用无组织排水时，挑檐板与墙板之间应用封檐板密封，以提高屋面的围护效果（图2-6-37）。

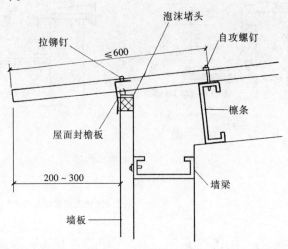

图2-6-37 无组织排水檐口

2. 有组织排水檐口

当压型钢板屋面采用有组织排水时，应在檐口处设置檐沟。檐沟可采用彩板檐沟或钢板檐沟，当用彩板檐沟时，压型钢板应伸入檐沟内，其长度一般为150mm（图2-6-38）。

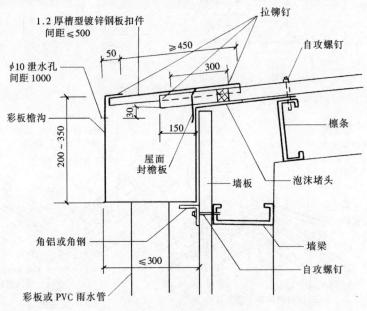

图2-6-38 有组织排水檐口

3. 屋脊构造

压型钢板屋面屋脊构造分为双坡屋脊和单坡屋脊，双坡屋脊处盖A型屋脊盖板，单坡屋脊处用彩色泛水板包裹（图2-6-39）。

4. 山墙构造

压型钢板屋面与山墙之间一般用山墙包角板整体包裹，包角板与压型钢板屋面之间用

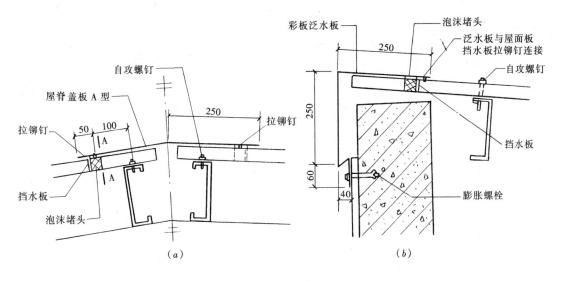

图 2-6-39 屋脊构造
（a）双坡屋脊；（b）单坡屋脊

通长密封胶带密封（图 2-6-40）。

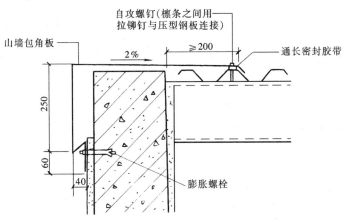

图 2-6-40 屋面山墙构造

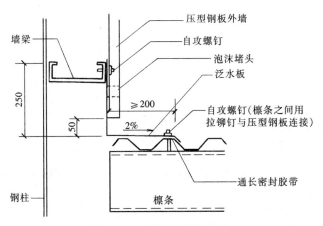

图 2-6-41 屋面高低跨构造

5. 压型钢板屋面高低跨构造

压型钢板屋面高低跨交接处，加铺泛水板进行处理，泛水板上部与高侧外墙连接，高度不小于250mm，下部与压型钢板屋面连接，宽度不小于200mm（图2-6-41）。

第六节　屋顶的保温与隔热

我国地域辽阔，各地气候相差悬殊，北方地区冬季寒冷，南方地区夏季炎热。屋顶作为建筑物最顶部的围护构件，应能够减少外界气候对建筑物室内带来的影响，为此，应在屋顶设置相应的保温隔热层。

一、屋顶的保温

屋面保温材料应具有吸水率低、表观密度和导热系数较小、并有一定强度的性能。保温材料按物理特性分为三大类：一是散料类保温材料，如膨胀珍珠岩、膨胀蛭石、炉渣、矿渣等；二是整浇类保温材料，如水泥膨胀珍珠岩、水泥膨胀蛭石等；三是板块类保温材料，如用加气混凝土、泡沫混凝土、膨胀珍珠岩混凝土、膨胀蛭石混凝土等加工成的保温块材或板材，或采用聚苯乙烯泡沫塑料保温板。

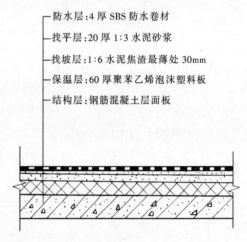

图2-6-42　保温层位于结构层与防水层之间

在实际工程中，应根据工程实际来选择保温材料的类型，通过热工计算确定保温层的厚度。

（一）平屋顶的保温构造

1. 保温层位于结构层与防水层之间

这种做法符合热工学原理，保温层位于低温一侧，也符合保温层搁置在结构层上的力学要求，同时上面的防水层避免了雨水向保温层渗透，有利于维持保温层的保温效果，同时，构造简单、施工方便。所以，在工程中应用最为广泛（图2-6-42）。

2. 保温层位于防水层之上

这种做法与传统保温层的铺设顺序相反，所以又称为倒铺保温层。倒铺保温层时，保温材料须选择不吸水、耐气候性强的材料，如聚氨酯或聚苯乙烯泡沫塑料保温板等有机保温材料。有机保温材料质量轻，直接铺在屋顶最上部时，容易受雨水冲刷，被风吹

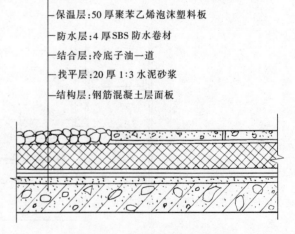

图2-6-43　倒铺保温油毡屋面

起,所以,有机保温材料上部应用混凝土、卵石、砖等较重的覆盖层压住(图2-6-43)。

倒铺保温层屋顶的防水层不受外界影响,保证了防水层的耐久性,但保温材料受限制。

3. 保温层与结构层结合

保温层与结构层结合的做法有三种:一种是保温层设在槽形板的下面(图2-6-44a),这种做法,室内的水汽会进入保温层中降低保温效果;一种是保温层放在槽形板朝上的槽口内(图2-6-44b);另一种是将保温层与结构层融为一体,如配筋的加气混凝土屋面板,这种构件既能承重,又有保温效果,简化了屋顶构造层次,施工方便,但屋面板的强度低,耐久性差(图2-6-44c)。

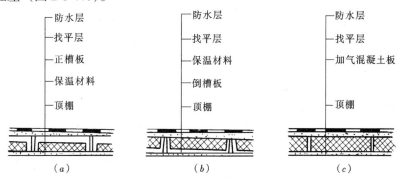

图 2-6-44　保温层与结构层结合

(a) 保温层设在槽形板下;(b) 保温层设在反槽板上;(c) 保温层与结构层合为一体

(二) 坡屋顶的保温构造

坡屋顶的保温有顶棚保温和屋面保温两种。

1. 顶棚保温

顶棚保温是在坡屋顶的悬吊顶棚上加铺木板,上面干铺一层油毡做隔汽层,然后在油毡上面铺设轻质保温材料,如聚苯乙烯泡沫塑料保温板、木屑、膨胀珍珠岩、膨胀蛭石、矿棉等(图2-6-45)。

2. 屋面保温

传统的屋面保温是在屋面铺草秸、将屋面做成麦秸泥青灰顶、或将保温材料设在檩条之间(图2-6-46)。

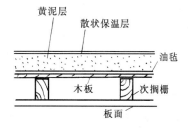

图 2-6-45　顶棚层保温构造

这些做法工艺落后,目前已基本不用。现在工程中,一般是在屋面压型钢板下铺钉聚苯乙烯泡沫塑料保温板,或直接采用带有保温层的夹芯板。

二、屋顶的隔热

(一) 平屋顶的隔热

平屋顶隔热的构造做法主要有:通风隔热、蓄水隔热、植被隔热、反射降温等。

1. 通风隔热

是在屋顶设置通风间层,利用空气的流动带走大部分的热量,达到隔热降温的目的。通风隔热屋面有两种做法:一种是在结构层与悬吊顶棚之间设置通风间层,在外墙上设进气口与排气口(图2-6-47a);另一种是设架空屋面(图2-6-47b)。

2. 蓄水隔热

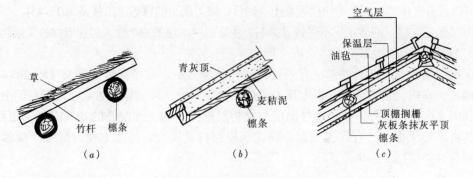

图 2-6-46 坡屋顶的保温
（a）、（b）保温层在屋面层中；（c）保温层在檩条之间

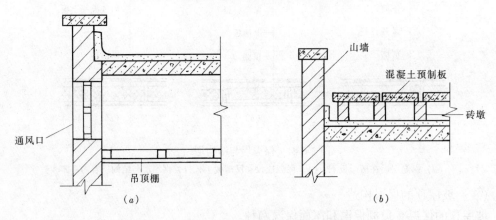

图 2-6-47 通风降温屋面
（a）顶棚通风；（b）架空大阶砖或预制板通风

就是在平屋顶上面设置蓄水池，利用水的蒸发带走大量的热量，从而达到降温隔热的目的。蓄水隔热屋面的构造与刚性防水屋面基本相同，只是增设了分仓壁、泄水孔、过水孔和溢水孔（图 2-6-48）。这种屋面有一定的隔热效果，但使用中的维护费用高。

3．植被隔热

在平屋顶上种植植物，利用植物光合作用时吸收热量和植物对阳光的遮挡功能来达到隔热的目的。这种屋面在满足隔热要求时，还能够提高绿化面积，对于净化空气，改善城市整体空间景观都非常有意义，所以在现在的中高层以下建筑中应用越来越多。

4．反射降温

是在屋面铺浅色的砾石或刷浅色涂料等，利用浅色材料的颜色和光滑度对热辐射的反射作用，将屋面的太阳辐射热反射出去，从而达到降温隔热的作用。现在，卷材防水屋面采用的新型防水卷材，如高聚物改性沥青防水卷材和合成高分子防水卷材的正面覆盖的铝箔，就是利用反射降温的原理，来保护防水卷材的。

（二）坡屋顶的隔热

坡屋顶一般利用屋顶通风来隔热，有屋面通风和吊顶棚通风两种做法。

1．屋面通风

在屋顶檐口设进风口，屋脊设出风口，利用空气流动带走间层的热量，以降低屋顶的

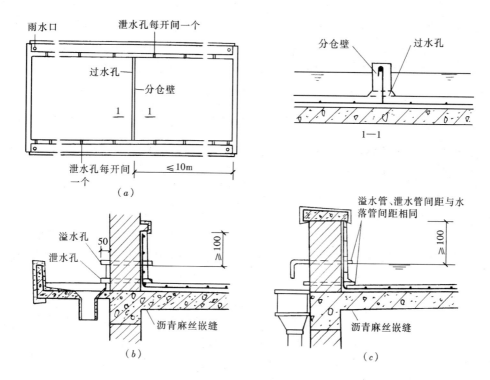

图 2-6-48 蓄水屋面

温度（图 2-6-49）。

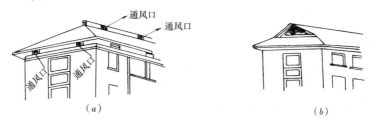

图 2-6-49 坡屋顶的隔热与通风
（a）檐口和屋脊通风；（b）歇山通风百叶窗

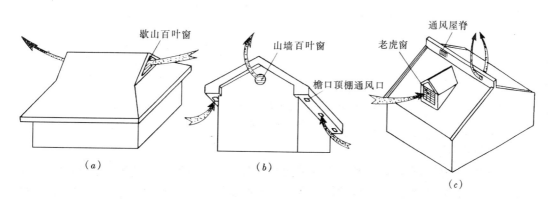

图 2-6-50 吊顶通风
（a）歇山百叶窗；（b）山墙百叶窗和檐口通风口；（c）老虎窗与通风屋脊

2. 吊顶棚通风

利用吊顶棚与坡屋面之间的空间作为通风层，在坡屋顶的歇山、山墙或屋面等位置设进风口。其隔热效果显著，是坡屋顶常用的隔热形式（图2-6-50）。

第七节 顶棚的构造

顶棚是位于楼板层和屋顶最下面的装修层，以满足室内的使用和美观要求。按照顶棚的构造形式不同，顶棚分为直接式顶棚和悬吊式顶棚。

一、直接式顶棚

直接式顶棚是直接在楼板层和屋顶的结构层下面喷涂、抹灰或贴面形成装修面层，这种顶棚叫直接式顶棚。直接式顶棚的做法一般和室内墙面的做法相同，与上部结构层之间不留空隙，具有取材容易、构造简单、施工方便、造价较低的优点，所以得到广泛的应用。

（一）喷涂顶棚

是在楼板或屋面板的底面填缝刮平后，直接喷、涂大白浆、石灰浆等涂料形成顶棚。喷涂顶棚的厚度较薄，装饰效果一般，适用于对观瞻要求不高的建筑。

（二）抹灰顶棚

是在楼板或屋面板的底面勾缝或刷素水泥浆后，进行表面抹灰，有的还在抹灰层的上面再刮仿瓷涂料或喷涂乳胶漆等涂料形成顶棚，其装饰效果优于喷涂顶棚，适用于室内装饰要求一般的建筑（图2-6-51a）。

（三）贴面顶棚

是在楼板或屋面板的底面用砂浆找平后，用胶粘剂粘贴墙纸、泡沫塑料板或装饰吸声板等形成顶棚。贴面顶棚的材料丰富，能满足室内不同的使用要求，如保温、隔热、吸声等（图2-6-51b）。

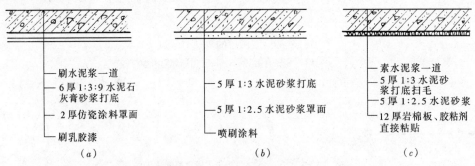

图 2-6-51 直接式顶棚构造
(a) 抹灰顶棚；(b) 抹灰顶棚；(c) 粘贴顶棚

二、悬吊式顶棚

悬吊式顶棚悬吊在楼板层和屋顶的结构层下面，与结构层之间留有一定的空间，以满足遮挡不平整的结构底面、敷设管线、通风、隔声以及特殊的使用要求。同时悬吊式顶棚的面层可做成高低错落、虚实对比、曲直组合等各种艺术形式，具有很强的装饰效果。但悬吊式顶棚构造复杂、施工繁杂、造价较高，适用于装修质量要求较高的建筑。

（一）悬吊式顶棚的组成

悬吊式顶棚一般由吊筋、骨架和面层组成。

1. 吊筋

吊筋又叫吊杆，是连接楼板层和屋顶的结构层与顶棚骨架的杆件，其形式和材料的选用与顶棚的重量、骨架的类型有关，一般有 $\phi 6 \sim \phi 8$ 的钢筋、8号钢丝或 $\phi 8$ 的螺栓。吊筋与楼板和屋面板的连接方式与楼板和屋面板的类型有关（图2-6-52）。

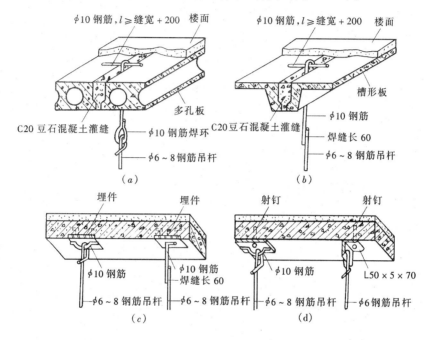

图 2-6-52 吊筋与楼板的连接

（a）空心板吊筋；（b）槽形板吊筋；（c）现浇板预埋铁件；（d）现浇板射钉安装铁件

2. 骨架

骨架由主龙骨和次龙骨组成，其作用是承受顶棚荷载并将荷载由吊筋传给楼板或屋面板。骨架按材料分有木骨架和金属骨架两类。木骨架制作工效低，不耐火，现已较少采用。金属骨架多用的是轻钢龙骨和铝合金龙骨，一般是定型产品，装配化程度高，现被广泛采用。

3. 面层

面层的作用是装饰室内，并满足室内的吸声、反射等特殊要求。其材料和构造形式应与骨架相匹配，一般有抹灰类、板材类和格栅类等。

（二）悬吊式顶棚举例

（1）木骨架悬吊式顶棚（图2-6-53）。

（2）铝合金龙骨悬吊式顶棚（图2-6-54）。

（3）轻钢龙骨悬吊式顶棚（图2-6-55）。

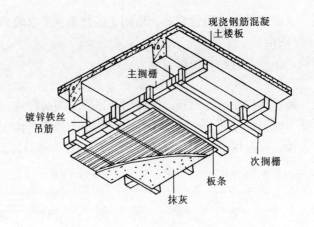

图 2-6-53 木质吊顶

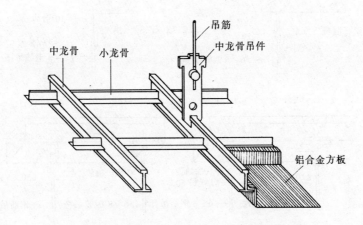

图 2-6-54 铝合金龙骨铝合金方板吊顶

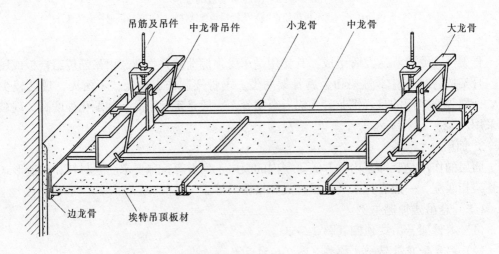

图 2-6-55 T型轻钢龙骨（或铝合金龙骨）小型板材吊顶的构造

思 考 题

1. 屋顶由哪几部分组成？各组成部分的作用是什么？
2. 影响屋顶排水坡度的因素有哪些？
3. 如何形成屋顶的排水坡度？各有何特点？
4. 屋顶的排水方式有哪些？各自的适用范围是什么？
5. 图示 SBS 卷材防水屋面的构造。
6. 卷材防水屋面上人时如何做保护层？
7. 什么是泛水？并图示其构造。
8. 什么是刚性防水屋面？并图示其基本构造。
9. 坡屋顶的承重方式有哪几种？各有何特点？
10. 简述平屋顶保温层的设置方式及各自的特点。
11. 平屋顶的隔热措施有哪些？
12. 简述顶棚的类型及悬吊顶棚的基本组成。

第七章 窗 与 门

门和窗是房屋建筑中非常重要的两个组成配件,对保证建筑物能够正常、安全、舒适的使用具有很大的影响。窗在建筑中的主要作用是采光、通风、接受日照和供人眺望;门的主要作用是交通联系、紧急疏散,并兼起采光、通风的作用。当窗与门位于外墙上时,作为建筑物外墙的组成部分,对于保证外墙的围护作用(如保温、隔热、隔声、防风雨等)和建筑物的外观形象都起着非常重要的作用。

第一节 窗的分类与构造

一、窗的分类

(一) 按窗的框料材质分

有铝合金窗、塑钢窗、彩板窗、木窗、钢窗等,其中铝合金窗和塑钢窗外观精美、造价适中、装配化程度高,铝合金窗的耐久性好,塑钢窗的密封、保温性能优,所以在建筑工程中应用广泛;木窗由于消耗木材量大,耐火性、耐久性和密闭性差,其应用已受到限制。

(二) 按窗的层数分

有单层窗和双层窗。单层窗构造简单,造价低,在一般建筑中多用。双层窗的保温、

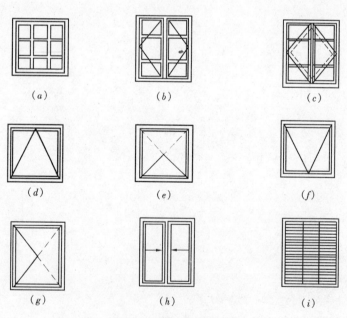

图 2-7-1 窗的开启形式
(a)固定窗;(b)平开窗(单层外开);(c)平开窗(双层内外开);(d)上悬窗;
(e) 中悬窗; (f) 下悬窗; (g) 立转窗; (h) 左右推拉窗; (i) 百叶窗

隔声、防尘效果好，用于对窗有较高功能要求的建筑中。

（三）按窗扇的开启方式分

有固定窗、平开窗、悬窗、立转窗、推拉窗、百叶窗等（图2-7-1）。

1. 固定窗

固定窗是将玻璃直接镶嵌在窗框上，不设可活动的窗扇。一般用于只要求有采光、眺望功能的窗，如走道的采光窗和一般窗的固定部分。

2. 平开窗

窗扇一侧用铰链与窗框相连，窗扇可向外或向内水平开启。平开窗构造简单，开关灵活，制作与维修方便，在一般建筑中采用较多。

3. 悬窗

窗扇绕水平轴转动的窗为悬窗。按照旋转轴的位置可分为上悬窗、中悬窗和下悬窗，上悬窗和中悬窗的防雨、通风效果好，常用作门上的亮子和不方便手动开启的高侧窗。

4. 立转窗

窗扇绕垂直中轴转动的窗为立转窗。这种窗通风效果好，但不严密，不宜用于寒冷和多风沙的地区。

5. 推拉窗

窗扇沿着导轨或滑槽推拉开启的窗为推拉窗，有水平推拉窗和垂直推拉窗两种。推拉窗开启后不占室内空间，窗扇的受力状态好，适宜安装大玻璃，但通风面积受限制。

6. 百叶窗

窗扇一般用塑料、金属或木材等制成小板材，与两侧框料相连接，有固定式和活动式两种。百叶窗的采光效率低，主要用作遮阳、防雨及通风。

（四）按窗扇或玻璃的层数分

按窗扇的层数分有单层窗扇和双层窗扇，按玻璃的层数分有单层玻璃窗和双层中空玻璃窗，双层窗扇和双层中空玻璃窗的保温、隔声性能优良，是节能型窗的理想类型。

二、窗的尺度和组成

（一）窗的尺度

窗的尺度应根据采光、通风的需要来确定，同时兼顾建筑造型和《建筑模数协调统一标准》等的要求。为确保窗的坚固、耐久，应限制窗扇的尺寸，一般平开木窗的窗扇高度为800~1200mm，宽度不大于500mm；上下悬窗的窗扇高度为300~600mm；中悬窗窗扇高度不大于1200mm，宽度不大于1000mm；推拉窗的高宽均不宜大于1500mm。目前，各地均有窗的通用设计图集，可根据具体情况直接选用。

（二）窗的组成

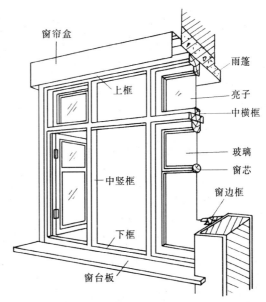

图2-7-2 木窗的组成

窗一般由窗框、窗扇和五金零件组成（图2-7-2）。窗框是窗与墙体的连接部分，由上框、下框、边框、中横框和中竖框组成。窗扇是窗的主体部分，分为活动扇和固定扇两种，一般由上、下冒头、边梃和窗芯（又叫窗棂）组成骨架，中间固定玻璃、窗纱或百叶。五金零件包括铰链、插销、风钩等。

当建筑的室内装修标准较高时，窗洞口周围可增设贴脸、筒子板、压条、窗台板及窗帘盒等附件。

三、窗在墙洞中的位置和窗框的安装

（一）窗在墙洞中的位置

窗在墙洞中的位置主要根据房间的使用要求和墙体的厚度来确定。一般有三种形式：①窗框内平（图2-7-3a），这时窗框内表面与墙体装饰层内表面相平，窗扇开启时紧贴墙面，不占室内空间；②窗框外平（图2-7-3b），这时增加了内窗台的面积，但窗框的上部易进雨水，为提高其防水性能，需在洞口上方加设雨篷；③窗框居中（图2-7-3c），即窗框位于墙厚的中间或偏向室外一侧，下部留有内外窗台以利于排水。

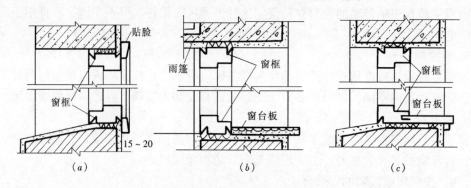

图 2-7-3 窗框在墙洞中的位置
(a) 窗框内平；(b) 窗框外平；(c) 窗框居中

（二）窗框的安装

窗框的安装分为立口和塞口两种。立口是砌墙时就将窗框立在相应的位置，找正后继续砌墙。这种安装方法能使窗框与墙体连接紧密牢固，但安装窗框和砌墙两种工序相互交叉进行，会影响施工进度，并且容易对窗框成品造成影响。塞口是砌墙时将窗洞口预留出来，预留的洞口一般比窗框外包尺寸大30～40mm的空隙，当整幢建筑的墙体砌筑完工后，再将窗框塞入洞口固定。这种安装方法不会影响施工进度，但窗框与墙体之间的缝隙较大，应加强固定时的牢固性和对缝隙的密闭处理。目前，铝合金窗、塑钢窗等多采用塞口法进行安装，安装前用塑料保护膜包裹窗框，以防止施工中损害成品。

四、窗的构造

（一）铝合金窗的构造

铝合金窗是以铝合金型材来做窗框和扇框，具有重量轻、强度高、耐腐蚀、密封性较好，便于工业化生产的优点，但普通铝合金窗的隔声和热工性能差，如果采用断桥铝合金窗技术后，热工性能得到改善。铝合金窗多采用水平推拉式的开启方式，窗扇在窗框的轨道上滑动开启。窗扇与窗框之间用尼龙密封条进行密封，并可以避免金属材料之间相互摩擦。玻璃卡在铝合金窗框料的凹槽内，并用橡胶压条固定（图2-7-4）。

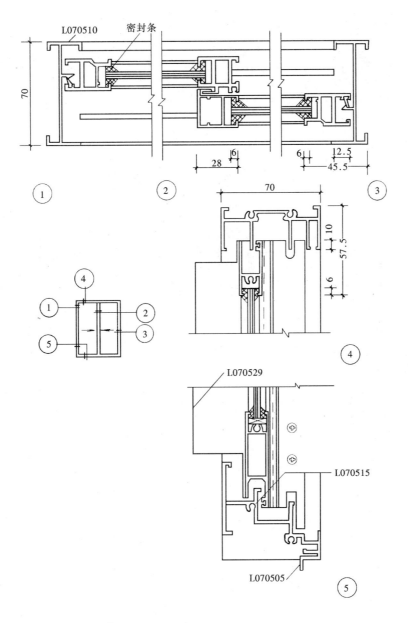

图 2-7-4 70 系列铝合金推拉窗节点举例

铝合金窗一般采用塞口的方法安装，固定时，窗框与墙体之间采用预埋铁件、燕尾铁脚、膨胀螺栓、射钉固定等方式连接（图 2-7-5）。

(二) 塑钢窗的构造

塑钢窗是以 PVC 为主要原料制成空腹多腔异型材，中间设置薄壁加强型钢（简称加强筋），经加热焊接而成窗框料。具有导热系数低、耐弱酸碱、无需油漆、并有良好的气密性、水密性、隔声性等优点，是国家建设部推荐的节能产品，目前在建筑中被广泛推广采用，其构造见图 2-7-6。

塑钢共挤窗为新型产品，其窗体采用塑钢共挤的技术，使内部的钢管与窗体紧密地结合在一起，具有强度高、刚度好、抗风压变形能力强等优点，目前在一些建筑中投入使

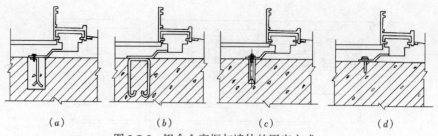

图 2-7-5 铝合金窗框与墙体的固定方式
(a) 燕尾铁脚；(b) 预埋铁件；(c) 金属膨胀螺栓；(d) 射钉

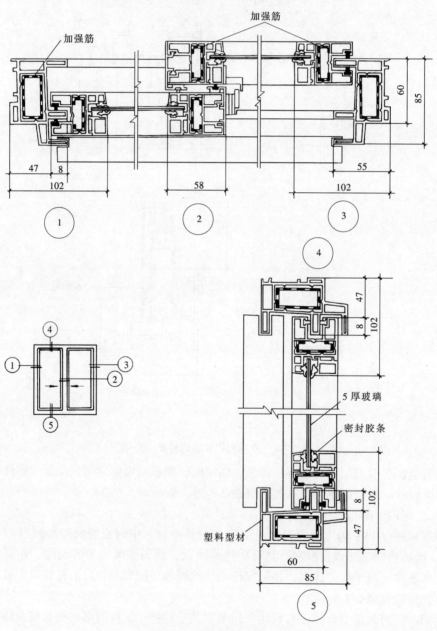

图 2-7-6 塑钢窗构造图

用。塑钢窗的安装构造与铝合金门窗基本相同,在此不再重复。

第二节 门的分类与构造

一、门的分类

(一)按门在建筑物中所处的位置分

有内门和外门。内门位于内墙上,应满足分隔要求,如隔声、隔视线等;外门位于外墙上,应满足围护要求,如保温、隔热、防风沙、耐腐蚀等。

(二)按门的使用功能分

有一般门和特殊门。特殊门具有特殊的功能,构造复杂,一般用于对门有特别的使用要求时,如保温门、防盗门、防火门、防射线门等。

(三)按门的框料材质分

有木门、铝合金门、塑钢门、彩板门、玻璃钢门、钢门等。木门具有自重轻、开启方便、隔声效果好、外观精美、加工方便等优点,目前在民用建筑中大量采用。

(四)按门扇的开启方式分

有平开门、弹簧门、推拉门、折叠门、转门、卷帘门、升降门等(图2-7-7)。

1. 平开门

门扇与门框用铰链连接,门扇水平开启,有单扇、双扇,向内开、向外开之分。平开门构造简单、开启灵活、安装维修方便,所以在建筑物中使用最为广泛。

2. 弹簧门

门扇与门框用弹簧铰链连接,门扇水平开启,分为单向弹簧门和双向弹簧门,其最大优点是门扇能够自动关闭。适用于人流出入频繁或有自动关闭要求的建筑,如商店、医院、影剧院、会议厅等。

3. 推拉门

门扇沿着轨道左右滑行来启闭,有单扇和双扇之分,开启后,门扇可隐藏在墙体的夹层中或贴在墙面上。推拉门开启时不占空间,受力合理,不宜变形,但构造较复杂,多用于分隔室内空间的轻便门和仓库、车间的大门。

4. 折叠门

门扇由一组宽度约为600mm的窄门扇组成,窄门扇之间用铰链连接。开启时,窄门扇相互折叠推移到侧边,占空间少,但构造复杂。适用于宽度较大的门。

5. 转门

门扇由三扇或四扇通过中间的竖轴组合起来,在两侧的弧形门套内水平旋转来实现启闭。转门不论是否有人通行,均有门扇隔断室内外,有利于室内的隔视线、保温、隔热和防风沙,并且对建筑立面有较强的装饰性,适用于室内环境等级较高的公共建筑的大门。但其通行能力差,不能用作公共建筑的疏散门。

6. 卷帘门

门扇由金属页片相互连接而成,在门洞的上方设转轴,通过转轴的转动来控制页片的启闭。其特点是开启时不占使用空间,但加工制作复杂,造价较高,常用于不经常启闭的商业建筑大门。

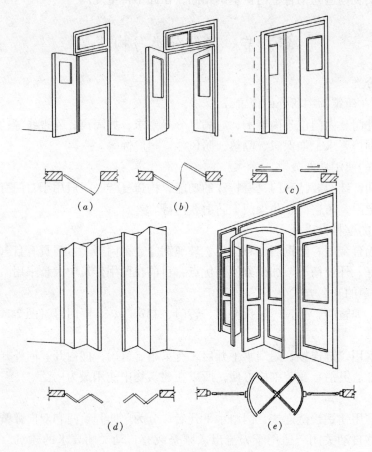

图 2-7-7 门的开启方式
(a) 平开门；(b) 弹簧门；(c) 推拉门；(d) 折叠门；(e) 转门

二、门的尺度与组成

（一）门的尺度

门的尺度指门洞的高宽尺寸，应满足人流疏散，搬运家具、设备的要求，并应符合《建筑模数协调统一标准》的规定。一般情况下，门保证通行的高度不小于2000mm，当上方设亮子时，应加高300~600mm。门的宽度应满足一个人通行，并考虑必要的空隙，一般为700~1000mm，通常设置为单扇门。对于人流量较大的公共建筑的门，其宽度应满足疏散要求，可设置两扇以上的门。

公共建筑大门的尺度在保证通行的情况下，应结合建筑立面形象确定。

（二）门的组成

门一般由门框、门扇、五金零件及附件组成（图 2-7-8）。门框是门与墙体的连接部分，由上框、边框、中横框和中竖框组成。门扇一般由上、中、下冒头和边梃组成骨架，中间固定门芯板。五金零件包括铰链、插销、门锁、拉手等。附件有贴脸板、筒子板等。

三、门的构造

（一）平开木门的构造

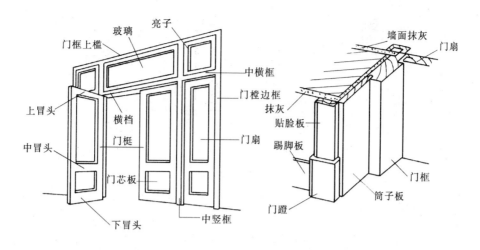

图 2-7-8 门的组成

1. 门框

门框的断面形状与尺寸取决于门扇的开启方式和门扇的层数,由于门框要承受各种撞击荷载和门扇的重量作用,应有足够的强度和刚度,故其断面尺寸较大(图 2-7-9)。

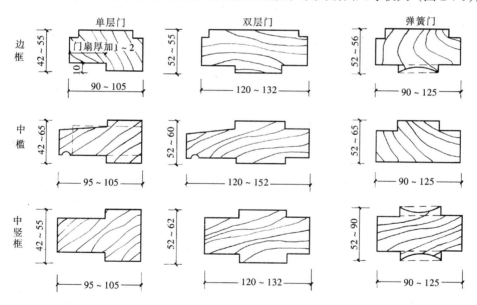

图 2-7-9 平开门门框的断面形状及尺寸

门框在洞口中,据门的开启方式及墙体厚度不同分为外平、居中、内平、内外平四种(图 2-7-10)。一般多与门扇开启方向一侧平齐,以尽可能使门扇开启后能贴近墙面。由于门框周围的抹灰极易脱落,影响卫生与美观,因此,门框与墙体的接缝处应用木压条盖缝,装修标准较高时,还可加设筒子板和贴脸(简称门套)。

2. 门扇

平开木门的门扇有多种做法,常见的有镶板门、拼板门、夹板门等。

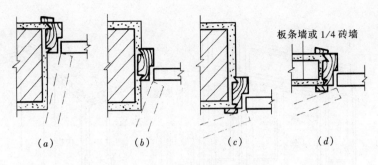

图 2-7-10 门框在洞口中的位置

(1) 镶板门 镶板门由上、中、下冒头和边梃组成骨架,中间镶嵌门芯板,门芯板可采用 15mm 厚的木板拼接而成,也可采用细木工板、硬质纤维板或玻璃等(图 2-7-11)。

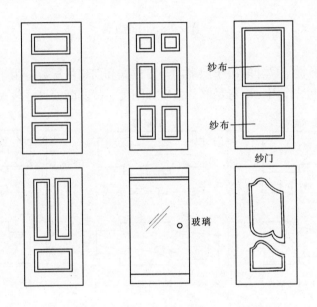

图 2-7-11 镶板门

(2) 拼板门 拼板门的构造与镶板门相同,由骨架和拼板组成,只是拼板门的拼板用 35~45mm 厚的木板拼接而成,因而自重较大,但坚固耐久,多用于库房、车间的外门(图 2-7-12)。

(3) 夹板门 夹板门是用小截面的木条(35mm×50mm)组成骨架,在骨架的两面铺钉胶合板或纤维板等(图 2-7-13)。夹板门构造简单,自重轻,外形简洁,但不耐潮湿与日晒,多用于干燥环境中的内门。

(二) 金属门的构造

目前建筑中金属窗包括塑钢门、铝合金门、彩板门等,塑钢门多用于住宅的阳台门,开启方式多为平开或推拉。铝合金门多为半截玻璃门,采用平开的开启方式,门扇的上下梃处用地弹簧连接(图 2-7-14)。

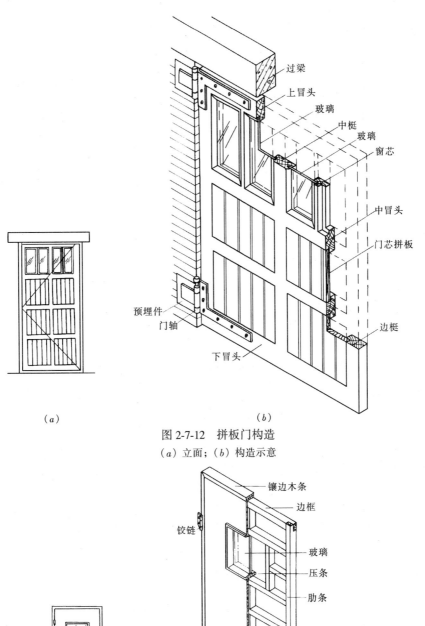

(a)

(b)

图 2-7-12 拼板门构造
(a) 立面；(b) 构造示意

(a)

(b)

图 2-7-13 夹板门构造
(a) 立面图；(b) 构造示意

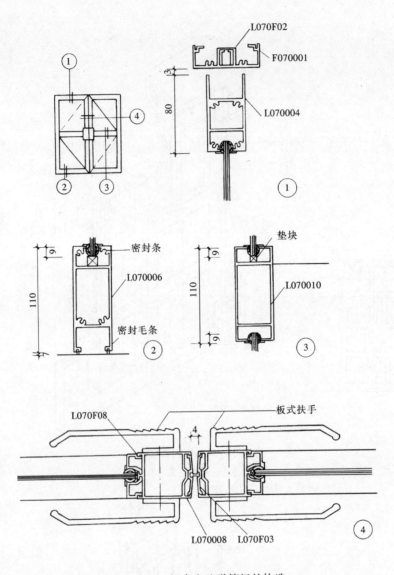

图 2-7-14 铝合金地弹簧门的构造

思 考 题

1. 门窗的开启方式有哪些？各有何特点？
2. 门窗框的安装方式有几种？各自的特点是什么？
3. 简述门窗的构造组成。
4. 门窗框在墙洞中的位置有哪几种？并图示。
5. 铝合金门窗的特点是什么？
6. 塑钢门窗的特点是什么？
7. 常用的木门扇有哪几种？各有何特点？
8. 金属门窗与洞口的连接方式有哪几种？

第八章 工业建筑

工业建筑是工□中为工业生产需要而建造的建筑物。直接用于工业生产的建筑物称为工业厂房或车间,在工业厂房内,按生产工艺过程进行产品的加工和生产,通常把按生产工艺进行生产的单位称为生产车间。一个工厂除了有若干个生产车间外,还有辅助生产车间、锅炉房、水泵房、办公及生活用房等生产服务用房。

第一节 工业建筑概述

一、工业建筑的特点

工业建筑在设计原则、建筑材料和建筑技术等方面与民用建筑相似,但工业建筑以满足工业生产为前提,生产工艺对建筑的平、立、剖面,建筑构造、建筑结构体系和施工方式均有很大影响,主要体现在以下几方面。

(一) 生产工艺流程决定着厂房的平面形式

厂房的平面布置的形式首先必须保证生产的顺利进行,并为工人创造良好的劳动卫生条件,以利于提高产品质量和劳动生产率。

(二) 厂房内有较大的面积和空间

由于厂房内生产设备多、体量大,并且需有各种起重运输设备的通行空间,这就决定了厂房内须有较大的面积和宽敞的空间。

(三) 厂房的荷载大

厂房内一般都有相应的生产设备、起重运输设备和原材料、半成品、成品等,加之生产时可能产生的振动和其他荷载的作用,因此多数厂房采用钢筋混凝土骨架或钢骨架承重。

(四) 厂房构造复杂

对于大跨度和多跨度厂房,应考虑解决室内的采光、通风和屋面的防水、排水问题,需在屋顶上设置天窗及排水系统;对于有恒温、防尘、防振、防爆、防菌、防射线等要求的厂房,应考虑采取相应的特殊构造措施;对于生产过程中有大量原料、半成品、成品等需要运输的厂房,应考虑所采用的运输工具的通行问题;大多数厂房生产时,需要各种工程技术管网,如上下水、热力、压缩空气、煤气、氧气管道和电力线路等,厂房设计时应考虑各种管线的敷设要求。

这些因素都使工业厂房的构造比民用建筑复杂得多。

二、工业建筑的分类

(一) 按厂房的用途分

(1) 主要生产厂房:指用于完成主要产品从原料到成品的整个生产过程的各类厂房,如机械制造厂的铸造车间、机械加工车间、装配车间等。

(2) 辅助生产厂房：指为主要生产车间服务的各类厂房，如机械制造厂的机修车间、工具车间等。

(3) 动力用厂房：指为全厂提供能源的各类厂房，如发电站、变电站、锅炉房、煤气发生站、氧气站、压缩空气站等。

(4) 储藏用建筑：指用来储存原材料、半成品、成品的仓库，如金属材料库、木料库、油料库、成品库等。

(5) 运输用建筑：指用于停放、检修各种运输工具的房屋，如电瓶车库、汽车库等。

(6) 其他建筑：如水泵房、污水处理站等。

(二) 按生产特征分

(1) 热加工车间：指在高温状态下进行生产的车间。如铸造、热锻、冶炼、热轧等，这类车间在生产中散发大量余热，并伴随产生烟雾、灰尘和有害气体，应考虑其通风散热问题。

(2) 冷加工车间：在正常温、湿度条件下生产的车间，如机械加工车间、装配车间、机修车间等。

(3) 洁净车间：指根据产品的要求，需在无尘无菌无污染的高度洁净状况下进行生产的车间，如集成电路车间、药品生产车间、食品车间等。

(4) 恒温恒湿车间：指为保证产品的质量，需在恒定的温度湿度条件下生产的车间，如纺织车间、精密仪器车间等。

(5) 特种状况车间：指产品对生产环境有特殊要求的车间，如防爆、防腐蚀、防微振、防电磁波干扰等车间。

(三) 按层数和跨度分

(1) 单层厂房：指层数为一层的厂房。适用于生产设备和产品的重量大，生产工艺流程需水平运输实现的厂房，如重型机械制造业、冶金业等。单层厂房按跨度分有单跨、双跨和多跨之分（图 2-8-1）。

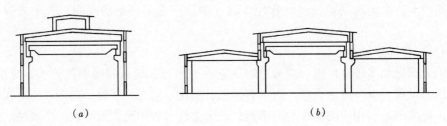

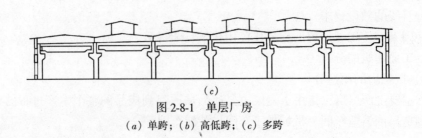

图 2-8-1 单层厂房
(a) 单跨；(b) 高低跨；(c) 多跨

(2) 多层厂房：指二层及以上的厂房。适用于产品重量轻，并能进行垂直运输生产的厂房，如仪表、电子、食品、服装等轻型工业的厂房（图 2-8-2）。

(3) 混合层次厂房：指同一厂房内既有单层，又有多层的厂房。适用于化工业、电力业等的主厂房（图 2-8-3）。

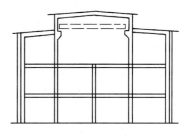

图 2-8-2　多层厂房

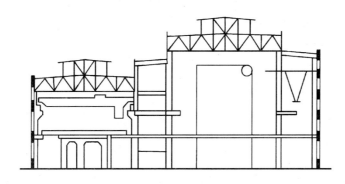

图 2-8-3　混合层次厂房

第二节　单层工业厂房的结构组成

结构是指支承各种荷载作用的构件所组成的骨架。当前单层厂房的结构多采用平面体系，有墙承重结构和骨架承重结构两种类型。

一、墙承重结构

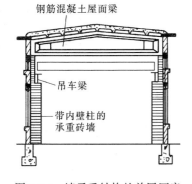

图 2-8-4　墙承重结构的单层厂房

指厂房的承重结构由墙和屋架（或屋面梁）组成，墙承受屋架传来的荷载并传给基础。这种结构构造简单，造价经济，施工方便。但由于墙体材料多为实心黏土砖，并且砖墙的承载能力和抗震性能较差，故只适用于跨度不超过 15m，檐口标高低于 8m，吊车起重吨位不超过 5t 的中小型厂房（图 2-8-4）。

二、骨架承重结构

骨架承重结构的单层厂房一般采用装配式钢筋混凝土排架结构。它主要由承重结构和围护结构组成（图 2-8-5）。

（一）承重结构

装配式排架结构由横向排架、纵向连系构件和支撑构成。横向排架由屋架（或屋面梁）、柱和基础组成，沿厂房的横向布置；纵向连系构件包括吊车梁、连系梁和基础梁，它们沿厂房的纵向布置，建立起了横向排架的纵向连系；支撑包括屋盖支撑和柱间支撑。各构件在厂房中的作用分别是：

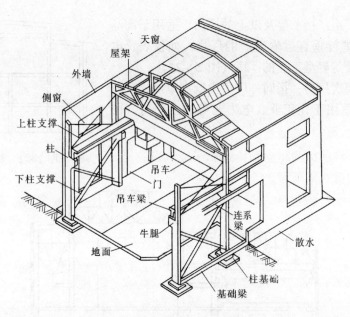

图 2-8-5　排架结构单层厂房的组成

(1) 屋架（或屋面梁）：屋架搁置在柱上，它承受屋面板、天窗架等传来的荷载，并将这些荷载传给柱子。

(2) 柱：承受屋架、吊车梁、连系梁及支撑传来的荷载，并把荷载传给基础。

(3) 基础：承受柱及基础梁传来的荷载，并将荷载传给地基。

(4) 吊车梁：吊车梁支撑在柱牛腿上，承受吊车传来的荷载并传给柱，同时加强纵向柱列的联系。

(5) 连系梁：其作用主要是加强纵向柱列的联系，同时承受其上外墙的重量并传给柱。

(6) 基础梁：基础梁一般搁置在柱下基础上，承受其上墙体重量，并传给基础，同时加强横向排架间的联系。

(7) 屋架支撑：设在相邻的屋架之间，用来加强屋架的刚度和稳定性。

(8) 柱间支撑：包括上柱支撑与下柱支撑，用来传递水平荷载（如风荷载、地震作用及吊车的制动力等），提高厂房的纵向刚度和稳定性。

(二) 围护结构

排架结构厂房的围护结构由屋顶、外墙、门窗和地面组成。

(1) 屋顶：承受屋面传来的风、雨、雪、积灰、检修等荷载，并防止外界的寒冷、酷暑对厂房内部的影响，同时屋面板也加强了横向排架的纵向联系，有利于保证厂房的整体性。

(2) 外墙：指厂房四周的外墙和抗风柱。外墙主要起防风雨、保温、隔热等作用，一般分上下两部分，上部分砌在连系梁上，下部分砌在基础梁上，属自承重墙。抗风柱主要承受山墙传来的水平荷载，并传给屋架和基础。

(3) 门窗：门窗作为外墙的重要组成部分，主要用来交通联系、采光、通风，同时具有外墙的围护作用。

(4) 地面：承受地面的原材料、产品、生产设备等荷载，并根据生产使用要求，提供良好的劳动条件。

第三节　厂房的起重运输设备

为了运送原材料、半成品、成品和进行生产设备的安装检修，厂房内需设置起重运输设备，其中吊车对厂房的结构和构造影响较大，应充分了解。常见的吊车有单轨悬挂吊车、梁式吊车和桥式吊车等。

一、单轨悬挂吊车

单轨悬挂吊车有电动和手动两种，吊车轨道悬挂在厂房的屋架下弦上，一般布置成直线，也可转弯（用来跨间穿越），转弯半径不小于2.5m，滑轮组在钢轨上移动运行。这种吊车操纵方便，布置灵活，但起重量不大，一般不超过5t（图2-8-6）。

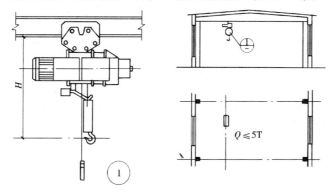

图 2-8-6　单轨悬挂吊车

二、梁式吊车

梁式吊车有悬挂式和支承式两种（图2-8-7）。

悬挂式梁式吊车是在屋架下弦悬挂两根平行的钢轨，在两根钢轨上设有可滑行的横

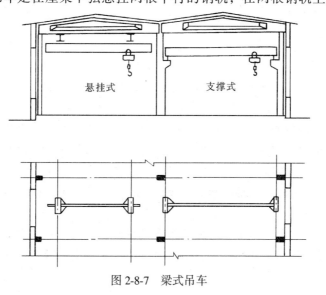

图 2-8-7　梁式吊车

梁，横梁上设有可横向滑行的滑轮组。在横梁与滑轮组移动范围内均可起重。悬挂式梁式吊车的自重和起吊物的重量都传给了屋架，增加了屋顶荷载，故起重量不宜过大，一般不超过5t。

支承式梁式吊车是在排架柱上设牛腿，牛腿支承吊车梁和轨道，横梁沿吊车梁上的轨道运行，其起重量与悬挂式相同。

三、桥式吊车

桥式吊车由桥架和起重小车组成（图2-8-8）。通常是在排架柱的牛腿上搁置吊车梁，吊车梁上安装钢轨，钢轨上放置能沿厂房纵向运行的双榀钢桥架，桥架上设起重小车，小车可沿桥架横向运行。桥式吊车在桥架和小车运行范围内均可起重，起重量从5t至数百吨。其开行一般由专门司机操作，司机室设在桥架的一端。

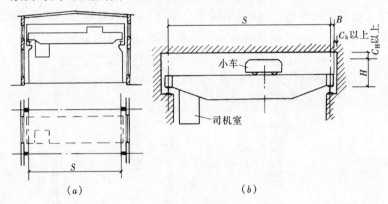

图2-8-8 桥式吊车
(a) 平、剖面示意；(b) 吊车安装尺寸

吊车工作的频率状况对厂房结构有很大的影响，是厂房结构设计的依据，也是厂房空间设计的依据，所以必须考虑吊车的工作频率。通常根据吊车开动时间与全部生产时间的比率将吊车划分成三级工作制，用JC%表示。

轻级工作制——15%（以JC15%表示）；

中级工作制——25%（以JC25%表示）；

重级工作制——40%（以JC40%表示）。

第四节 单层厂房的定位轴线

厂房的定位轴线是确定厂房主要承重构件的位置及其标志尺寸的基线，同时也是施工放线、设备定位和安装的依据。柱子是单层厂房的主要承重构件，为了确定其位置，在平面上要布置纵横向定位轴线。厂房柱子与纵横向定位轴线在平面上形成有规律的网格，称柱网。柱网中，柱子纵向定位轴线间的距离称为跨度，横向定位轴线间的距离称为柱距。

一、柱网选择

确定柱网尺寸，实际就是确定厂房的跨度和柱距。在考虑厂房生产工艺、建筑结构、施工技术、经济效果等因素的前提下，应符合《厂房建筑模数协调标准》的规定。厂房的跨度不超过18m时，应采用扩大模数30M数列，超过18m时应采用扩大模数60M数列；

厂房的柱距应采用扩大模数 60M 数列，山墙处抗风柱柱距应采用扩大模数 15M 数列（图 2-8-9）。

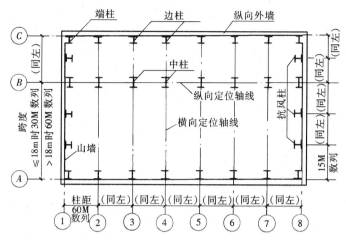

图 2-8-9 跨度和柱距示意图

二、定位轴线划分

定位轴线的划分应使厂房建筑主要构配件的几何尺寸做到标准化和系列化，减少构配件的类型，并使节点构造简单。

（一）横向定位轴线

厂房横向定位轴线主要用来标定纵向构件如屋面板、吊车梁、连系梁、基础梁等的位置，应位于这些构件的端部。

（1）中间柱（除变形缝处的柱和端部柱以外的柱）的中心线应与横向定位轴线相重合。

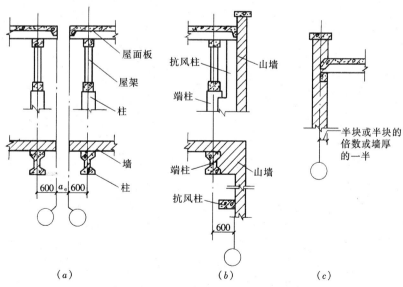

图 2-8-10 墙、柱与横向定位轴线的联系
（a）变形缝处的横向定位轴线；（b）端柱处的横向
定位轴线；（c）承重山墙的横向定位轴线

(2) 横向变形缝处柱应采用双柱及两条横向定位轴线,两条横向定位轴线应分别位于缝两侧屋面板的端部,柱的中心线均应自定位轴线向两侧各移600mm,两条横向定位轴线间所需缝的宽度 a_e 应符合现行有关国家标准的规定（图 2-8-10a）。

(3) 山墙为非承重墙时,横向定位轴线应与山墙内缘重合,端部柱的中心线应自横向定位轴线向内移600mm（图 2-8-10b）。

(4) 山墙为砌体承重时,墙内缘与横向定位轴线间的距离,应按砌体的块材类别分别为半块或半块的倍数或墙厚的一半（图 2-8-10c）。

(二) 纵向定位轴线

厂房纵向定位轴线用来标定横向构件屋架（或屋面梁）的位置,纵向定位轴线应位于屋架（或屋面梁）的端部。墙、柱与纵向定位轴线的关系视具体情况而定。

1. 边柱与纵向定位轴线的关系

(1) 封闭结合：即边柱外缘和墙内缘与纵向定位轴线相重合（图 2-8-11a）。这种屋架端头、屋面板外缘和外墙内缘均在同一条直线上,形成"封闭结合"的构造,适用于无吊车或只有悬挂吊车、柱距为6m、吊车起重量不超过20/5t 的厂房。

(2) 非封闭结合：在有桥式吊车的厂房中,由于吊车运行及起重量、柱距或构造要求等原因,边柱外缘和纵向定位轴线间需加设联系尺寸 a_c,联系尺寸应为 300mm 或其整数倍数,但围护结构为砌体时,联系尺寸可采用 50mm 或其整数倍数。这时,由于屋架标志端

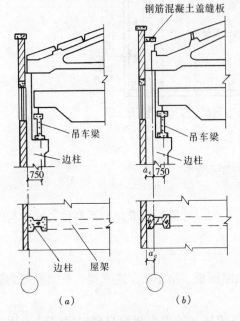

图 2-8-11 边柱与纵向定位轴线的联系
(a) 封闭结合；(b) 非封闭结合

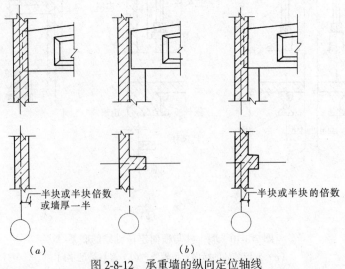

图 2-8-12 承重墙的纵向定位轴线
(a) 无壁柱的承重墙；(b) 带壁柱的承重墙

部与柱子外缘、外墙内缘不能重合，上部屋面板与外墙间便出现空隙，称为"非封闭结合"。上部空隙需加设补充构件盖缝（图 2-8-11b）。

(3) 当厂房采用纵墙承重时，若为无壁柱的承重墙，其内缘与纵向定位轴线的距离宜为墙体所采用砌块的半块或半块的倍数，或使墙身中心线与纵向定位轴线重合（图 2-8-12a）；若为带壁柱的承重墙，其内缘宜与纵向定位轴线重合，或与纵向定位轴线距半块或半块的倍数（图 2-8-12b）。

2. 中柱与纵向定位轴线的定位

(1) 等高跨中柱与定位轴线的定位

1) 当没有纵向变形缝时，宜设单柱和一条纵向定位轴线，柱的中心线宜与纵向定位轴线相重合（图 2-8-13a）。若相邻跨内的桥式吊车起重量、厂房柱距较大或构造要求设插入距时，中柱可采用单柱和两条纵向定位轴线，插入距 a_i 应符合3M数列，柱中心线宜与插入距中心线重合（图 2-8-13b）。

2) 当设纵向伸缩缝时，宜采用单柱和两条纵向定位轴线。伸缩缝一侧的屋架（或屋面梁），应搁置在活动支座上，两条定位轴线间插入距 a_i 等于伸缩缝宽 a_e（图 2-8-14）。若属于纵向防震缝时，宜采用双柱及两条纵向定位轴线，并设插入距。两柱与定位轴线的定位与边柱相同，其插入距 a_i 视防震缝宽度及两侧是否为"封闭结合"而异（图 2-8-15）。

(2) 不等高跨中柱

1) 不等高跨不设纵向变形缝时，中柱设单柱，把中柱看作是高跨的边柱，对于低跨，为简化屋面构造，一般采用封闭结合。根据高跨是否封闭及封墙位置有四种定位方式（图 2-8-16）。

不等高跨处设纵向伸缩缝时，一般设单柱，将低跨的屋架（或屋面梁）搁置在活动支座上。不等高跨处应采用两条纵向定位轴线，并

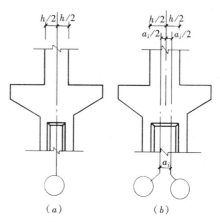

图 2-8-13 等高跨中柱单柱（无纵向伸缩缝）
(a) 一条纵向定位轴线；(b) 两条纵向定位轴线
h—上柱截面高度；a_i—插入距

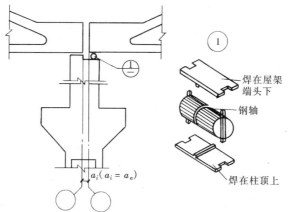

图 2-8-14 等高跨中柱单柱（有纵向伸缩缝）的纵向定位
a_i—插入距；a_e—伸缩缝宽度

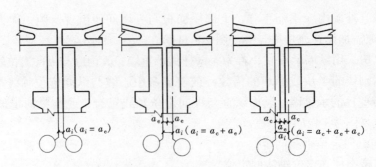

图 2-8-15 等高跨中柱设双柱时的纵向定位轴线

a_i—插入距；a_e—防震缝宽度；a_c—联系尺寸

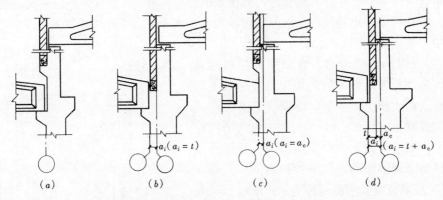

图 2-8-16 不等高跨中柱单柱（无纵向伸缩缝时）与纵向定位轴线的定位

a_i—插入距；t—封墙厚度；a_c—联系尺寸

设插入距，插入距 a_i 根据封堵位置及高跨是否封闭而异（图 2-8-17）。

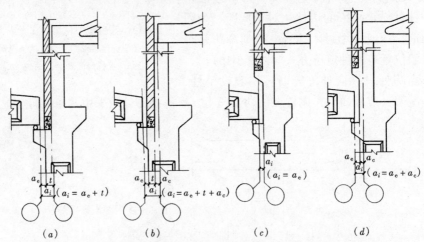

图 2-8-17 不等高跨中柱单柱（有纵向伸缩缝）与纵向定位轴线的定位

a_i—插入距；a_e—防震缝宽度；t—封墙厚度；a_c—联系尺寸

2) 当不等高跨高差悬殊，或吊车起重量差异较大，或需设防震缝时，需设双柱和两条纵向定位轴线。两柱与纵向定位轴线的定位与边柱相同，插入距 a_i 视封墙位置和高跨是否封闭及有无变形缝而定（图 2-8-18）。

（三）纵横跨相交处柱与定位轴线的关系

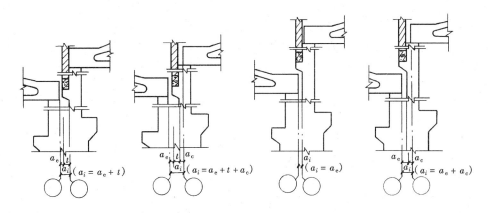

图 2-8-18 不等高跨设中柱双柱与纵向定位轴线的定位

厂房在纵横跨相交处，应设变形缝断开，使两侧在结构上各自独立，因此纵横跨应有各自的柱列和定位轴线。各柱与定位轴线的关系分别按山墙处柱与横向定位轴线和边柱与纵向定位轴线的关系来确定，其插入距 a_i 视封墙为单墙或双墙，及横跨是否封闭和变形缝宽度而定（图 2-8-19）。

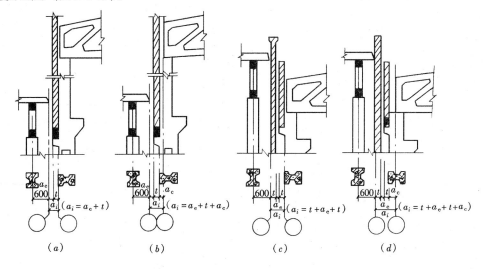

图 2-8-19 纵横跨相交处的定位轴线
（a）、（b）单墙方案；（c）、（d）双墙方案

三、厂房的竖向定位——厂房高度

厂房高度指室内地面到屋架下弦（或屋面梁的下表面）之间的垂直距离，一般情况下为室内地面到柱顶之间的垂直距离。根据《厂房建筑模数协调标准》的规定，厂房高度应符合下列规定：

（1）有吊车和无吊车的厂房（包括有悬挂吊车的厂房），厂房高度应为扩大模数 3M 数列（图 2-8-20a）。

（2）有吊车的厂房，自室内地面至支承吊车梁的牛腿面的高度应为扩大模数 3M 数列（图 2-8-20b）。当牛腿面的标高大于 7.2m 时，按 6M 数列考虑。

（3）钢筋混凝土柱埋入段的长度也应符合模数化要求。

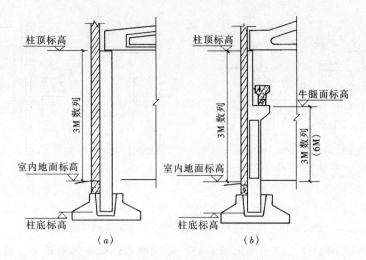

图 2-8-20 厂房高度示意图

注：①自室内地面至支承吊车梁的牛腿面的高度在 7.2m 以上时，宜采用 7.8、8.4、9.0 和 9.6m 等数值；

②预制钢筋混凝土柱自室内地面至柱底的高度宜为模数化尺寸。

第五节　单层厂房的主要结构构件

一、基础和基础梁

（一）基础

由于排架结构厂房的柱距与跨度较大，柱下的基础一般做成钢筋混凝土独立基础。钢筋混凝土独立基础目前普遍采用现场浇灌而成，所用混凝土不宜低于 C15，钢筋采用Ⅰ级或Ⅱ级钢筋，基础下面通常要铺设 100mm 厚的 C10 素混凝土垫层。基础的构造有现浇柱和预制柱基础两种类型。

1. 现浇柱基础

基础与柱均为现场浇灌，但不同时施工。基础顶面一般留出插筋与柱连接，插筋的数量和柱中受力钢筋相同。现浇柱基础的各部分构造尺寸见图 2-8-21。

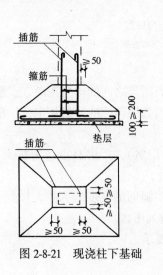

图 2-8-21　现浇柱下基础

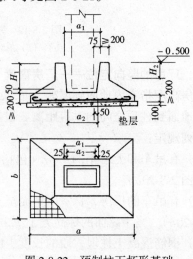

图 2-8-22　预制柱下杯形基础

2. 预制柱基础

是先将基础做成杯形基础,然后再将预制柱插入杯口连接,其构造见图 2-8-22。

杯形基础的杯壁和底板厚度均不应小于 200mm。为了便于柱子的插入,杯口顶应比柱每边大 75mm,杯口底应比柱每边大 50mm。杯口深度应按结构要求确定。在柱子就位前,杯底先用高强度等级细石混凝土做 50mm 的找平层,就位后,杯口与柱子四周缝隙用 C20 细石混凝土填实。

基础杯口顶面的标高至少应低于室内地坪 500mm,以便其上架设基础梁。有时由于地形起伏不平,局部土质软弱,或相邻的设备基础埋置深度较大,而为了使柱子的长度统一,可采用高杯口基础(图 2-8-23)。

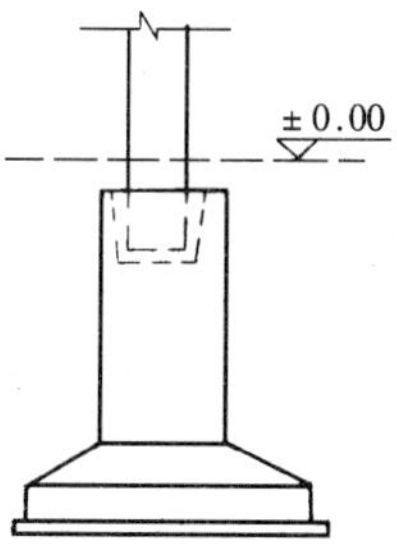

图 2-8-23 高杯口基础

(二) 基础梁

对于装配式钢筋混凝土排架结构的厂房,为了保证外围护墙与柱子整体沉降,墙下一般不设基础,而是在柱基础的杯口上搁置基础梁,将墙砌筑在基础梁上(图 2-8-24a)。基础梁的断面形状为上宽下窄的倒梯形,有预应力和非预应力钢筋混凝土两种,其截面尺寸见图 2-8-24b。

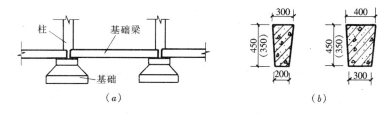

图 2-8-24 基础梁的位置及截面尺寸

为了避免室外雨水进入室内和便于车辆的出入,基础梁搁置位置的要求是:比室内地坪低至少 50mm,比室外地坪高至少 100mm(图 2-8-25)。为了保证基础梁与柱基础能够同步沉降,基础梁下的回填土不需夯实,并与梁底留有 100~150mm 的空隙。寒冷地区应防止土壤冻胀致使基础梁隆起而开裂,在基础梁下一定范围内铺设较厚的干砂或炉渣(图 2-8-25)。

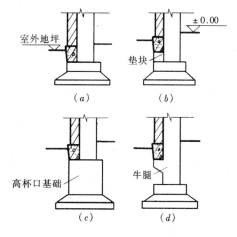

图 2-8-26 基础梁的搁置方式

(a) 放在柱基础顶面;(b) 放在混凝土垫块上;
(c) 放在高杯口基础上;(d) 放在柱牛腿上

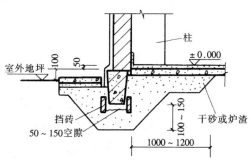

图 2-8-25 基础梁搁置的构造要求及防冻措施

因基础的埋置深度有深有浅,基础梁的搁置位置要满足上述要求,其搁置方式视基础的埋置深度而异(图2-8-26)。

二、柱、吊车梁、连系梁及圈梁

(一)柱

1. 柱的类型

单层厂房一般采用钢筋混凝土柱,钢筋混凝土柱有单肢和双肢柱两大类,常用的形式见图2-8-27。

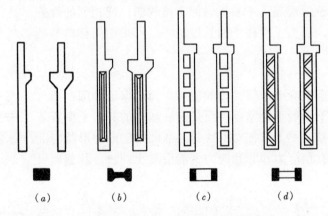

图2-8-27 钢筋混凝土柱的类型
(a)矩形柱;(b)工字形柱;(c)平腹杆双肢柱;(d)斜腹杆双肢柱

(1)矩形截面柱:矩形截面柱外形简单,制作方便,但耗费材料多,自重大,不能充分发挥混凝土的承载能力。多用于截面尺寸不超过400mm×600mm的柱和现浇柱。

(2)工字形截面柱:工字形截面柱受力合理,自重轻,是目前应用很广泛的形式。

(3)双肢柱:双肢柱由两根肢柱和腹杆连接组成,腹杆有平腹杆和斜腹杆两种形式。双肢柱构造复杂,制作麻烦,但承载能力强,刚度大,多用于厂房高度和吊车起重量均较大的情况。

为了加强工字形截面柱和双肢柱在吊装和使用时的整体刚度,在柱与吊车梁、柱间支撑连接处、柱顶、柱脚处均需做成矩形截面。

2. 柱的预埋件

柱与其他构件连接时,应设置相应的预埋件。预埋件包括柱与屋

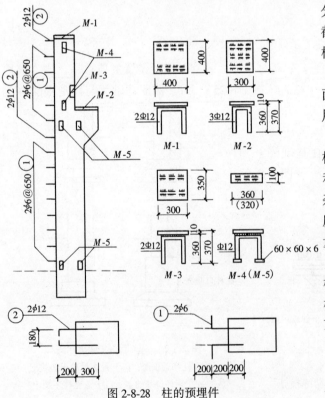

图2-8-28 柱的预埋件

架（M-1）、柱与吊车梁（M-2、M-3）、柱与连系梁或圈梁（2φ12）、柱与墙体（2φ6）、柱与柱间支撑（M-4、M-5）等相互间的连接件（图2-8-28）。

（二）吊车梁

吊车梁设在有梁式吊车或桥式吊车的厂房中，承受吊车的垂直及水平荷载，并传给柱子，并增加了厂房的纵向刚度。

1. 吊车梁的类型

吊车梁一般用钢筋混凝土制成，有普通钢筋混凝土和预应力钢筋混凝土两种，按其外形和截面形状分有等截面的T形、工字形和变截面的鱼腹式吊车梁等（图2-8-29）。

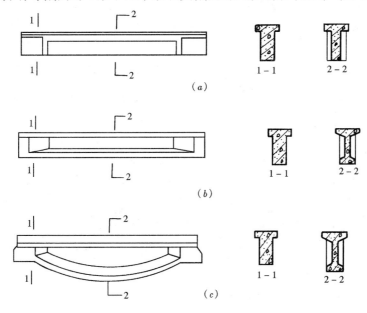

图2-8-29 吊车梁的类型
（a）钢筋混凝土T形吊车梁；（b）钢筋混凝土工字形吊车梁；
（c）预应力混凝土鱼腹式吊车梁

（1）T形吊车梁：T形吊车梁上部翼缘较宽，增加了梁的受压面积，便于安装吊车轨道。还具有施工简单、制作方便、易于埋置预埋件的优点，但自重大。适用于柱距为6m，起重量为3~75t的轻级工作制、起重量为1~30t的中级工作制和起重量为5~20t的重级工作制的吊车。

（2）工字形吊车梁：为预应力构件，具有腹壁薄、自重轻的优点。适用于厂房跨度为12~30m，柱距为6m，起重量为5~100t的轻级工作制、起重量为5~75t的中级工作制和起重量为5~50t的重级工作制的吊车。

（3）鱼腹式吊车梁：梁的下部为抛物线形，符合受力原理，能充分发挥材料强度和减轻自重，有较大的刚度和承载力，但其构造和制作较复杂。适用于厂房跨度为12~30m，柱距为6m，吊车起重量为15~125t的中级工作制和起重量为10~100t的重级工作制的吊车。

2. 吊车梁与柱的连接

吊车梁与柱的连接多采用焊接连接。上翼缘与柱间用钢板或角钢焊接，底部通过吊车梁底的预埋角钢和柱牛腿面上的预埋钢板焊接，吊车梁之间、吊车梁与柱之间的空隙用C20混凝土填实（图2-8-30）。

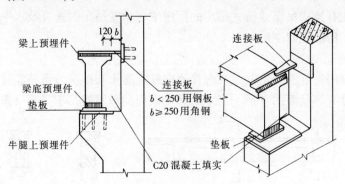

图2-8-30　吊车梁与柱的连接

3. 吊车轨道在吊车梁上的安装

吊车轨道可采用铁路钢轨、吊车专用钢轨或方钢。轨道安装前，先做30～50mm厚的C20细石混凝土垫层，然后铺钢垫板，用螺栓连接压板将吊车轨道固定（图2-8-31）。

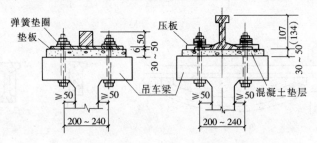

图2-8-31　吊车轨道在吊车梁上的安装

4. 车挡在吊车梁上的安装

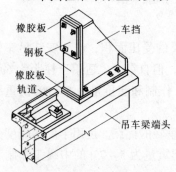

图2-8-32　车挡在吊车梁上的安装

为了防止吊车运行时来不及刹车而冲撞到山墙上，需在吊车梁的端部设车挡。车挡一般用螺栓固定在吊车梁的翼缘上（图2-8-32）。

（三）连系梁与圈梁

连系梁是厂房纵向柱列的水平连系构件，有设在墙内和不在墙内两种，不在墙内的连系梁主要起联系纵向柱列，增加厂房纵向刚度的作用，一般布置在多跨厂房的中列柱中。墙内的连系梁又称墙梁，分非承重和承重两种（图2-8-33）。

非承重墙梁的主要作用是传递山墙传来的风荷载到纵向柱列，增加厂房的纵向刚度。它将上部墙荷载传给下面墙体，由墙下基础梁承受。非承重墙梁一般为现浇，它与柱间用钢筋拉接，只传递水平力而不传竖向力。承重墙梁除了起非承重连系梁的作用外，还承受墙体重量并传给柱子，有预制与现浇两种，搁置在柱的

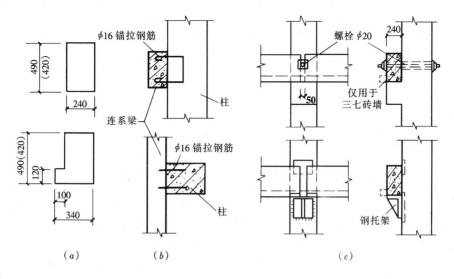

图 2-8-33 连系梁与柱的连接
(a) 连系梁的截面尺寸;(b) 非承重连系梁与柱的连接;(c) 承重连系梁与柱的连接

牛腿上,用螺栓或焊接的方法与柱连接。

圈梁的作用是将围护墙同排架柱、抗风柱等箍在一起,以加强厂房的整体刚度,防止由于地基不均匀沉降或较大的振动对厂房的不利影响。圈梁仅起拉结作用而不承受墙体的重量,一般位于柱顶、屋架端头顶部、吊车梁附近。圈梁一般为现浇,也可预制(图2-8-34)。

在实际工程中,一般尽量调整圈梁、连系梁的位置,使其位于门窗洞口上方,兼起过梁的作用。

三、屋顶结构构件

(一)屋顶的承重构件

屋架(或屋面梁)一般采用钢筋混凝土或型钢制作,直接承受屋面、天窗荷载及安装在其上的顶棚、悬挂吊车、各种管道和工艺设备的重量,并传给支承它的柱子(或纵墙),屋架(或屋面梁)与柱、基础构成横向排架。

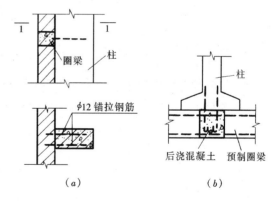

图 2-8-34 圈梁与柱的连接
(a) 现浇圈梁;(b) 预制圈梁

1. 屋面梁

屋面梁截面有T形和工字形两种,外形有单坡和双坡之分,单坡一般用于厂房的边跨(图2-8-35)。屋面梁的特点是形式简单,制作和安装较方便,梁高小,重心低,稳定性好,但自重大,适用于厂房跨度不大,有较大振动荷载或有腐蚀性介质的厂房。

2. 屋架

屋架按材料分为钢屋架和钢筋混凝土屋架两种,钢屋架具有自重轻、便于安装、造型优美的优点,在近年来采用最为广泛。钢屋架的构造形式很多,常用的有三角形屋架、梯形屋架、拱形屋架、折线形屋架等(图2-8-36)。

261

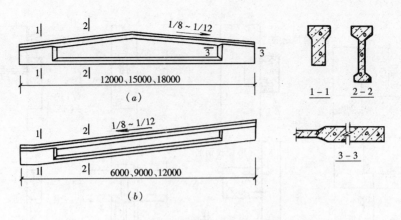

图 2-8-35 钢筋混凝土工字形屋面梁
(a) 双坡屋面梁；(b) 单坡屋面梁

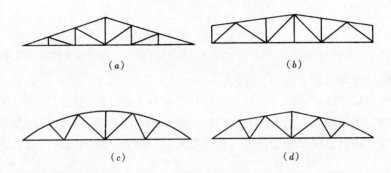

图 2-8-36 钢筋混凝土屋架的外形
(a) 三角形屋架；(b) 梯形屋架；(c) 拱形屋架；(d) 折线型屋架

屋架与柱子的连接方法有焊接和螺栓连接两种，焊接连接是在屋架下弦端部预埋钢板，与柱顶的预埋钢板焊接在一起（图 2-8-37a）。螺栓连接是在柱顶伸出预埋螺栓，在屋架下弦端部焊上带有缺口的支承钢板，就位后用螺栓固定（图 2-8-37b）。

（二）屋顶的覆盖构件

屋顶的覆盖体系有两种，一种是无檩体系，即在屋架（或屋面梁）上直接搁置大型屋面板。其特点是整体性好、刚度大，故应用广泛。另一种是有檩体系，即先在屋架（或屋面梁）间搭设檩条，再将屋面板搁置在檩条上。其特点是屋盖重量轻，但刚度差，适用于中小型厂房（图 2-8-38）。

1. 檩条

檩条用于有檩体系的屋盖中，用来支承小型屋面板，并将屋面荷载传给屋架。檩条的材质应与屋架相对应，有钢檩条和钢筋混凝土檩条。钢筋混凝土檩

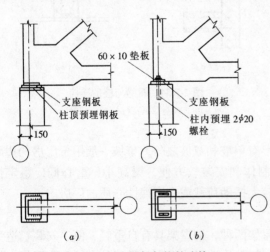

图 2-8-37 屋架与柱的连接
(a) 焊接连接；(b) 螺栓连接

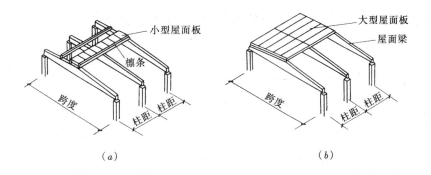

图 2-8-38 屋顶的覆盖结构
（a）有檩体系；（b）无檩体系

的截面形状有倒 L 形和 T 形，在屋架上可立放和斜放（图 2-8-39）。两檩条在屋架上弦的对头空隙应用水泥砂浆填实。

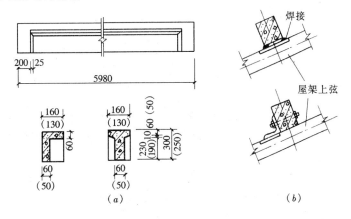

图 2-8-39 檩条及其连接构造
（a）檩条的截面形式；（b）檩条与屋架的连接

2. 屋面板

屋面板是屋面的覆盖构件，分大型屋面板和小型屋面板两种（图 2-8-40）。

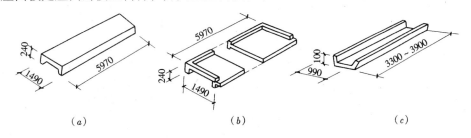

图 2-8-40 屋面板的类型举例
（a）大型屋面板；（b）"F"形屋面板；（c）钢筋混凝土槽板

大型屋面板与屋架采用焊接连接，即将每块屋面板纵向主肋底部的预埋件与屋架上弦相应预埋件相互焊接，焊接连接点不宜少于三点，板间缝隙用不低于 C15 的细石混凝土填实（图 2-8-41）。天沟板与屋架的焊接点不少于四点。

小型屋面板（如槽瓦）与檩条通过钢筋钩或插铁固定，这就需在槽瓦端部预埋挂环或预留插销孔（图2-8-42）。

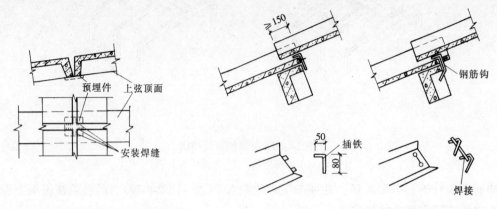

图2-8-41　大型屋面板与屋架焊接　　　图2-8-42　槽瓦的搭接和固定

四、抗风柱

由于单层厂房的山墙面积大，所受到的风荷载也就大，为了保证山墙的稳定性，需在山墙内侧设置抗风柱，将山墙传来的风荷载一部分通过抗风柱下部传给基础，一部分依靠抗风柱上端与屋架上弦连接，通过屋顶系统向厂房纵向柱列传递。

抗风柱的截面尺寸一般为 $400mm \times 600mm$，间距应采用15M数列，有4.5、6、7.5m等。抗风柱的下端插入基础杯口内，上端在屋架高度范围内，将截面缩小，顶部不得触及屋面板。

抗风柱与屋架之间一般采用竖向可以移动，水平方向具有一定刚度的"Z"形弹簧板连接（图2-8-43a）。当厂房沉降较大时，则宜采用螺栓连接（图2-8-43b）。

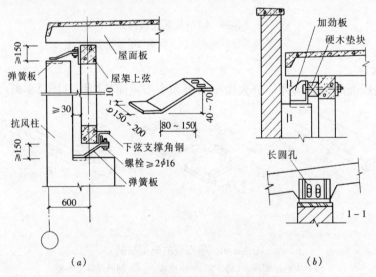

图2-8-43　抗风柱与屋架的连接构造
(a)"Z"形弹簧板连接；(b)螺栓连接

五、支撑系统

支撑系统包括屋架支撑和柱间支撑。

(一) 屋架支撑

屋架支撑主要用以保证屋架受到吊车荷载、风荷载等水平力后的稳定,并将水平荷载向纵向传递。屋架支撑包括三类八种。

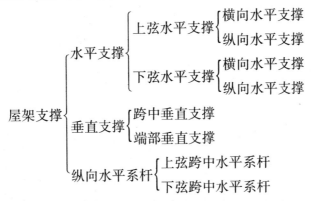

纵向水平支撑和纵向水平系杆沿厂房总长设置,横向水平支撑和垂直支撑一般布置在厂房端部和伸缩缝两侧的第二(或第一)柱间。

(二) 柱间支撑

柱间支撑的作用是将屋盖系统传来的风荷载及吊车制动力传至基础,同时加强柱稳定性。柱间支撑以牛腿为分界线,分上柱支撑和下柱支撑,多用型钢制成交叉形式,也可制成门架式以免影响开设门洞口(图 2-8-44)。

柱间支撑宜布置在各温度区段的中央柱间或两端的第二个柱距中。支撑杆的倾角宜在 35°~55°之间,与柱侧的预埋件焊接连接(图 2-8-45)。

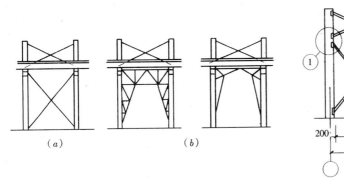

图 2-8-44 柱间支撑形式
(a) 交叉式;(b) 门架式

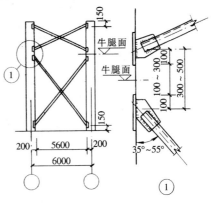

图 2-8-45 柱间支撑与柱的连接构造

第六节 屋面及天窗

一、屋面

(一) 单层厂房屋面的特点

单层厂房屋面与民用建筑屋面相比具有以下特点:

(1) 屋面面积大；

(2) 屋面板大多采用装配式，接缝多；

(3) 屋面受厂房内部的振动、高温、腐蚀性气体、积灰等因素的影响；

(4) 特殊厂房屋面要考虑防爆、泄压、防腐蚀等问题。

这些都给屋面的排水和防水带来困难，因此单层厂房屋面构造的关键问题是排水和防水问题。

(二) 屋面排水

按照屋面雨水排离屋面时是否经过檐沟、雨水斗、雨水管等排水装置，屋面排水分为无组织排水和有组织排水，有组织排水又分为檐沟外排水、长天沟外排水、内排水和内落外排水等方式。

1. 无组织排水

无组织排水适用于地区年降雨量不超过 900mm，檐口高度小于 10m，和地区年降雨量超过 900mm 时，檐口高度小于 8m 的厂房。对于屋面容易积灰的冶炼车间和对雨水管具有腐蚀作用的炼铜车间，也宜采用无组织排水。

无组织排水挑檐长度与檐口高度有关，当檐口高度在 6m 以下时，挑檐挑出长度不宜小于 300mm；当檐口高度超过 6m 时，挑檐挑出长度不宜小于 500mm。挑檐可由外伸的檐口板形成，也可利用顶部圈梁挑出挑檐板（图 2-8-46）。

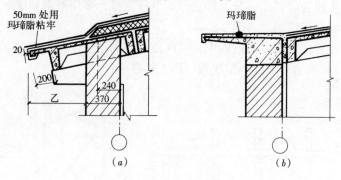

图 2-8-46 挑檐构造
(a) 檐口板挑檐；(b) 圈梁挑出挑檐

2. 有组织排水

(1) 檐沟外排水（图 2-8-47a） 这种排水方式具有构造简单，施工方便，造价低，且不影响车间内部工艺设备的布置等特点，故在南方地区应用较广。檐沟一般采用钢筋混凝土槽形天沟板，天沟板支承在屋架端部的水平挑梁上（图 2-8-47b）。

(2) 长天沟外排水（图 2-8-48a） 即沿厂房纵向设通长天沟汇集雨水，天沟内的雨水由端部的雨水管排至室外地坪的排水方式。这种排水方式构造简单，施工方便，造价较低。但天沟长度大，采用时应充分考虑地区降水雨量、汇水面积、屋面材料、天沟断面和纵向坡度等因素进行确定。

当采用长天沟外排水时，须在山墙上留出洞口，天沟板伸出山墙，并在天沟板的端壁上方留出溢水口（图 2-8-48b）。

(3) 内排水（图 2-8-49） 是将屋面雨水由设在厂房内的雨水管及地下雨水管沟排除

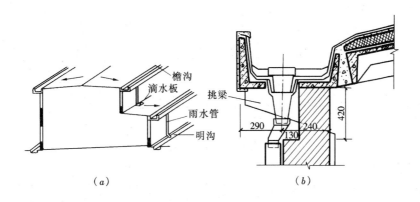

图 2-8-47 檐沟外排水构造
(a) 檐沟外排水示意；(b) 挑檐沟构造

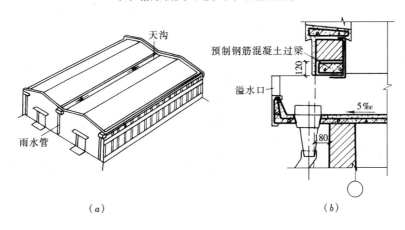

图 2-8-48 长天沟外排水构造
(a) 长天沟外排水示意；(b) 长天沟构造

的排水方式。其特点是排水不受厂房高度限制，排水比较灵活，但屋面构造复杂，造价及维修费高，并且室内雨水管容易与地下管道、设备基础、工艺管道等发生矛盾。内排水常用于多跨厂房，特别是严寒多雪地区的采暖厂房和有生产余热的厂房。

(4) 内落外排水（图 2-8-50） 是将屋面雨水先排至室内的水平管（为了保证排水顺畅，水平管设有 0.5%～1% 的纵坡度），由室内水平管将雨水导至墙外的排水立管来排除雨水的排水方式。这种排水方式克服了内排水需在厂房地面下设雨水地沟、室内雨水管影响工艺设备的布置等缺点，但水平管易被堵塞，不宜用于屋面有大量积尘的厂房。

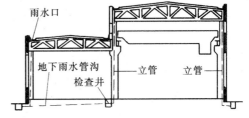

图 2-8-49 内排水示意图

（三）屋面防水

按照屋面防水材料和构造做法，单层厂房的屋面有柔性防水屋面和构件自防水屋面。柔性防水屋面适用于有振动影响和有保温隔热要求的厂房屋面。构件自防水屋面适用于南方地区和北方无保温要求的厂房。

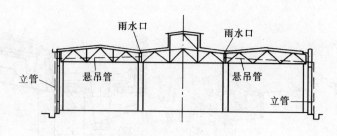

图 2-8-50 内落外排水示意图

1. 卷材防水屋面

单层厂房中卷材防水屋面的构造原则和做法与民用建筑基本相同。但厂房屋面往往荷载大、振动大、变形可能性大，易导致卷材被拉裂，故应加以处理。具体做法是：屋面板的缝隙须用 C20 细石混凝土灌实，在板的横缝上加铺一层干铺卷材延伸层后，再做屋面防水层（图 2-8-51）。

2. 构件自防水屋面

构件自防水屋面是利用屋面板自身的密实性和抗渗性来承担屋面防水作用，其板缝的防水则靠嵌缝、贴缝或搭盖等措施来解决。

（1）嵌缝式、贴缝式构件自防水屋面　是利用屋面板作为防水构件，板缝镶嵌油膏防水为嵌缝式。在嵌油膏的板缝上再粘贴一条卷材覆盖层则成为贴缝式（图 2-8-52）。

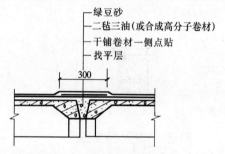

图 2-8-51 屋面板横缝处构造

（2）搭盖式构件自防水屋面　是利用屋面板上下搭盖住纵缝，用盖瓦、脊瓦覆盖横缝和脊缝的方式来达到屋面防水的目的。常见的有 F 板和槽瓦屋面（图 2-8-53）。

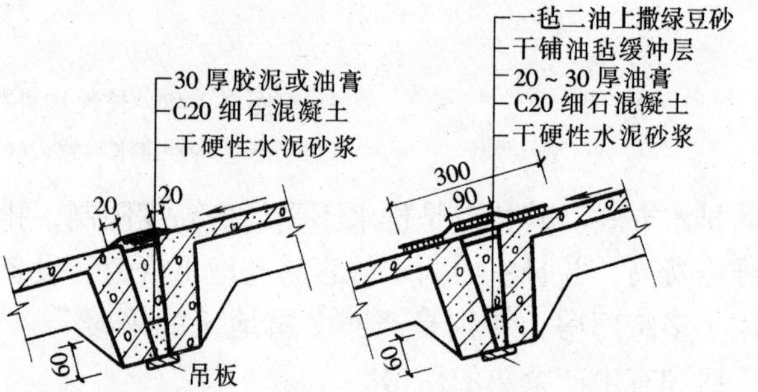

二、天窗

对于多跨厂房和大跨度厂房，为了解决厂房内的天然采光和自然通风问题，除了在侧墙上设置侧窗外，往往还需在屋顶上设置天窗。

图 2-8-52　嵌缝式、贴缝式板缝构造
（a）嵌缝式；（b）贴缝式

（一）天窗的类型和特点

天窗的类型很多，按构造形式分有矩形天窗、M 形天窗、锯齿形天窗、纵横向下沉式天窗、井式天窗、平天窗等（图 2-8-54）。

1. 矩形天窗（图 2-8-54a）

矩形天窗一般沿厂房纵向布置，断面呈矩形，两侧的采光面垂直，采光通风效果好，所以在单层厂房中应用最广。其缺点是构造复杂、自重大、造价较高。

2. M 形天窗（图 2-8-54b）

与矩形天窗的区别是天窗屋顶从两边向中间倾斜，倾斜的屋顶有利于通风，且能增强光线反射，所以 M 形天窗的采光、通风效果比矩形天窗好，缺点是天窗屋顶排水构造复杂。

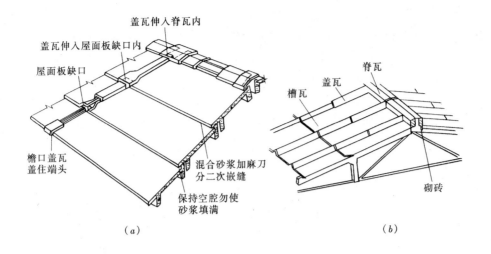

图 2-8-53 搭盖式构件自防水屋面构造
（a）F板屋面；（b）槽瓦屋面

3．锯齿形天窗（图 2-8-54c）

是将厂房屋顶做成锯齿形，在其垂直（或稍倾斜）面设置采光、通风口。当窗口朝北或接近北向时，可避免因光线直射而产生的眩光现象，获得均匀、稳定的光线，有利于保证厂房内恒定的温、湿度，适用于纺织厂、印染厂和某些机械厂。

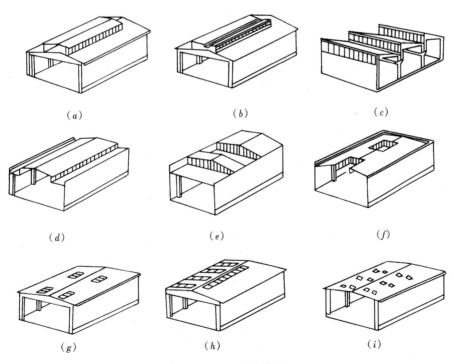

图 2-8-54 天窗的类型
（a）矩形天窗；（b）M形天窗；（c）锯齿形天窗；（d）纵向下沉式天窗；（e）横向下沉式天窗；
（f）井式天窗；（g）采光板平天窗；（h）采光带平天窗；（i）采光罩平天窗

4. 纵向下沉式天窗（图2-8-54d）

是将厂房的屋面板沿纵向连续下沉搁置在屋架下弦上，利用屋面板的高度差在纵向垂直面设置天窗口。这种天窗适用于纵轴为东西向的厂房，且多用于热加工车间。

5. 横向下沉式天窗（图2-8-54e）

是将左右相邻的整跨屋面板上下交替布置在屋架上下弦上，利用屋面板的高度差在横向垂直面设天窗口。这种天窗适用于纵轴为南北向的厂房，天窗采光效果较好，但均匀性差，且窗扇形式受屋架形式限制，规格多，构造复杂，屋面的清扫、排水不便。

6. 井式天窗（图2-8-54f）

是将局部屋面板下沉铺在屋架下弦上，利用屋面板的高度差在纵横向垂直面设窗口，形成一个个凹嵌在屋面之下的井状天窗。其特点是布置灵活，排风路径短捷，通风好，采光均匀，因此广泛用于热加工车间，但屋面清扫不方便，构造较复杂，且使室内空间高度有所降低。

7. 平天窗（图2-8-54g、h、i）

平天窗的形式有采光板、采光带和采光罩。采光板是在屋面上留孔，装设平板透光材料形成；采光带是将屋面板在纵向或横向连续空出来，铺上采光材料形成；采光罩是在屋面上留孔，装设弧形玻璃形成。这三种平天窗的共同特点是采光均匀，采光效率高，布置灵活，构造简单，造价低，因此在冷加工车间应用较多，但平天窗不易通风，易积灰，易眩光，透光材料易受外界影响而破碎。

（二）矩形天窗的构造

矩形天窗沿厂房纵向布置，为了简化构造并留出屋面检修和消防通道，在厂房两端和横向变形缝两侧的第一个柱间通常将矩形天窗断开，并在每段天窗的端壁设置上天窗屋面的检修梯。

矩形天窗由天窗架、天窗屋顶、天窗端壁、天窗侧板和天窗扇五部分组成（图2-8-55）。

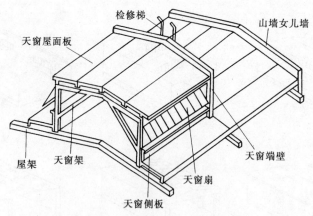

图2-8-55 矩形天窗的构造组成

1. 天窗架

天窗架是天窗的承重构件，支承在屋架（或屋面梁）上，其高度据天窗扇的高度确定。天窗架的跨度一般为厂房跨度的1/3～1/2，且应符合扩大模数30M系列，常见的有

6、9、12m。天窗架有钢筋混凝土天窗架和钢天窗架（图2-8-56）。为便于天窗架的制作和吊装，钢筋混凝土天窗架一般加工成两榀或三榀，在现场组合安装，各榀之间采用螺栓连接，与屋架采用焊接连接。钢天窗架一般采用桁架式，自重轻，便于制作和安装，其支脚与屋架一般采用焊接连接，适用于较大跨度的厂房。

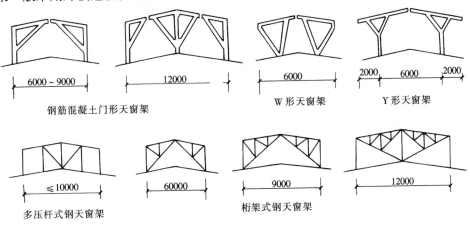

图2-8-56 天窗架形式

2. 天窗屋顶

天窗屋顶的构造与厂房屋顶构造相同。由于天窗跨度和高度一般均较小，故天窗屋顶多采用无组织排水，挑檐板采用带挑檐的屋面板，挑出长度300~500mm。厂房屋面上天窗檐口滴水范围须铺滴水板，以保护厂房屋面。

3. 天窗端壁

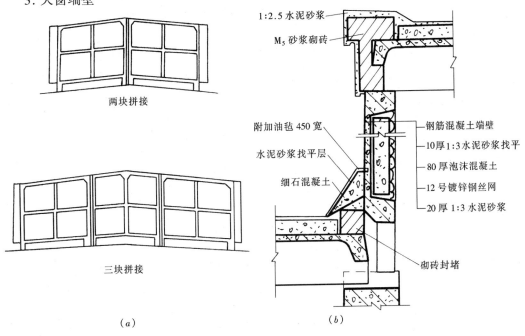

图2-8-57 天窗端壁构造
（a）天窗端壁组成；（b）天窗端壁立面

天窗端壁是天窗端部的山墙。有预制钢筋混凝土天窗端壁（可承重）、石棉瓦天窗端壁（非承重）等。

预制钢筋混凝土天窗端壁（图2-8-57）可以代替端部天窗架，具有承重与围护双重功能。端壁板一般由两块或三块组成，其下部焊接固定在屋架上弦轴线的一侧，与屋面交接处应作泛水处理，上部与天窗屋面板的空隙，采用M5砂浆砌砖填补。对端壁有保温要求时，可在端壁板内侧加设保温层。

4．天窗侧板

为防止沿天窗檐口下落的雨水溅入厂房及积雪影响窗扇的开启，天窗扇下部应设天窗侧板。天窗侧板的高度不应小于300mm，多雪地区可增高至400～600mm。

天窗侧板的选择应与屋面构造及天窗架形式相适应，当屋面为无檩体系时，应采用与大型屋面板等长度的钢筋混凝土槽形侧板，侧板可以搁置在天窗架竖杆外侧的钢牛腿上（图2-8-58a），也可以直接搁置在屋架上（图2-8-58b），同时应做好天窗侧板处的泛水。

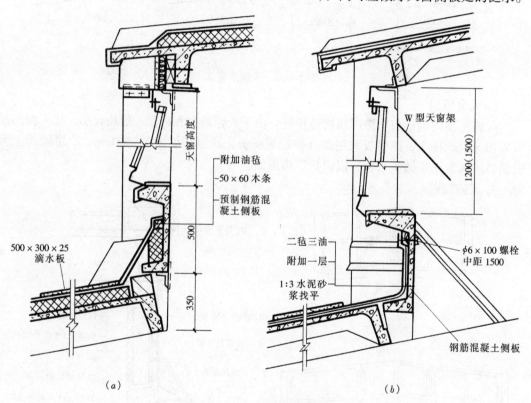

图2-8-58 天窗侧板构造

(a) 天窗侧板搁置在角钢牛腿上；(b) 天窗侧板搁置在屋架上

5．天窗扇

工业厂房中的天窗扇有上悬式和中悬式等开启方式。上悬式天窗扇最大开启角为45°，开启方便，防雨性能好，所以采用较多。

上悬式钢天窗扇主要由开启扇和固定扇组成，可以布置成统长窗扇和分段窗扇（图2-8-59）。统长窗扇由两个端部窗扇和若干个中间扇利用垫板和螺栓连接而成；分段窗扇是每个柱距设一个窗扇，各窗扇可独立开启。在天窗的开启扇之间及开启扇与天窗端壁之间，均须设置固定窗扇起竖框作用。为了防止雨水从窗扇两端开口处飘入车间，须在固定扇的后侧附加 600mm 宽的固定挡雨板。

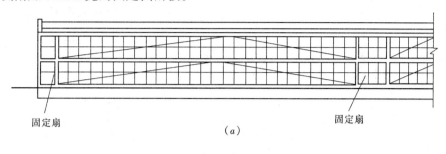

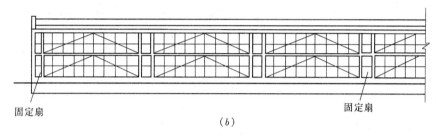

图 2-8-59 上悬式钢天窗扇的形式
(a) 统长天窗扇；(b) 分段天窗扇

第七节 大门与侧窗

一、大门

（一）大门洞口尺寸

工业厂房的大门应满足运输车辆、人流通行等要求，为使满载货物的车辆能顺利通过大门，门洞的尺寸应比满载货物车辆的外轮廓加宽 600～1000mm，加高 400～500mm。同时，门洞的尺寸还应符合《建筑模数协调标准》的规定，以 3M 为扩大模数进级。我国单层厂房常用的大门洞口尺寸（宽×高）有如下几种：

通行电瓶车的门洞：2100mm×2400mm；2400mm×2400mm

通行一般载重汽车的门洞：3000mm×3000mm；3000mm×3300mm；3300mm×3000mm；3300mm×3600mm

通行重型载重汽车的门洞：3600mm×3600mm；3600mm×4200mm

通行火车的门洞：4200mm×5100mm

（二）大门的类型

工业厂房的大门按用途分为一般大门和特殊大门（如保温门、防火门、防风砂门、隔声门、冷藏门、烘干室门、射线防护门等）。按开启方式分为平开门、推拉门、折叠门、上翻门、升降门、卷帘门等（图 2-8-60）。

(1) 平开门：构造简单，开启方便，是单层厂房常用的大门型式。门扇通常向外开，洞口上部设雨篷。当平开门的门扇尺寸过大时，易产生下垂或扭曲变形。

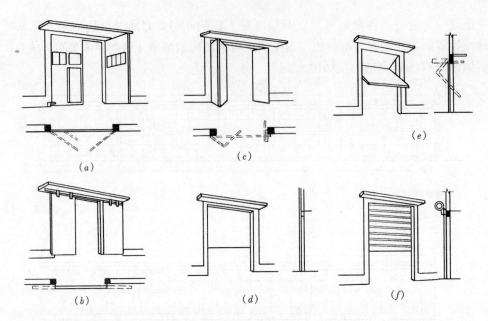

图 2-8-60 厂房大门的开启方式
(a) 平开门；(b) 推拉门；(c) 折叠门；(d) 升降门；(e) 上翻门；(f) 卷帘门

(2) 推拉门：在门洞的上下部设轨道，门扇通过滑轮沿导轨左右推拉开启。推拉门扇受力合理，不易变形，但密闭性较差，不宜用于密闭要求高的车间。

(3) 折叠门：由几个较窄的门扇相互间用铰链连接而成，开启时门扇沿门洞上下导轨左右滑动，使中间扇开启一个或两个或全部开启，且占用空间少，适用于较大的门洞。

(4) 上翻门：门洞只设一个大门扇，门扇两侧中部设置滑轮或销键，沿门洞两侧的竖向轨道提升，开启后门扇翻到门过梁下部，不占厂房使用面积，常用于车库大门。

(5) 升降门：开启时门扇沿导轨上升，门扇贴在墙面，不占使用空间，只需在门洞上部留有足够的上升高度。升降门可以手动或电动开启，适用于较高大的大型厂房。

(6) 卷帘门：门扇用冲压而成的金属片连接而成，开启时采用手动或电动开启，将帘板卷在门洞上部的卷筒上。这种门制作复杂，造价较高，适用于不经常开启的高大门洞。

(三) 大门的构造

大门的规格、类型不同，构造也各不相同，这里只介绍工业厂房中较多采用的平开钢木大门和推拉门的构造，其他大门的构造做法参见厂房建筑有关的标准通用图集。

1. 平开钢木大门

平开钢木大门由门扇和门框组成（图 2-8-61）。门扇采用角钢或槽钢焊成骨架，上贴 25mm 厚木门芯板并用 φ6 螺栓固定。当门扇尺寸较大时，可在门扇中间加设角钢横撑和交叉支撑以增强刚度。门框有钢筋混凝土门框和砖门框两种，当门洞宽度大于 3m 时，应采用钢筋混凝土门框，铰链与门框上的预埋件焊接。当门洞宽度小于 3m 时，一般采用砖门框，砖门框在安装门轴的部位砌入有预埋铁件的混凝土块。

2. 推拉门

推拉门由门扇、门框、滑轮、导轨等部分组成。门扇有单扇、双扇或多扇，开启后藏在夹槽内或贴在墙面上。推拉门的支承方式分为上挂式和下滑式两种。当门扇高度小于

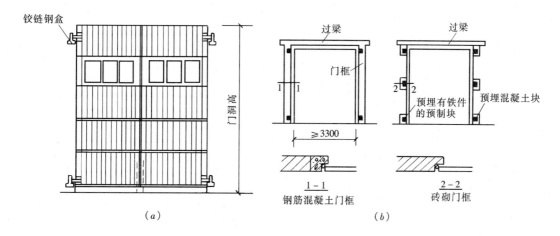

图 2-8-61 平开钢木大门构造
(a) 平开钢木大门外形;(b) 大门门框

4m 时采用上挂式,即将门扇通过滑轮吊挂在导轨上推拉开启(图 2-8-62)。当门扇高度大于 4m 时,多采用下滑式,下部的导轨用来支承门扇的重量,上部导轨用于导向。

二、侧窗

单层厂房侧窗除应满足采光通风要求外,还应满足生产工艺上的特殊要求,如泄压、保温、防尘、隔热等。侧窗需综合考虑上述要求来确定其布置型式和开启方式。

1. 侧窗的布置型式及窗洞尺寸

单层厂房侧窗的布置型式有两种,一种是被窗间墙隔开的独立窗,一种是沿厂房纵向连续布置的带形窗。

窗口尺寸应符合建筑模数协调标准的规定。洞口宽度在 900~2400mm 之间时,应以 3M 为扩大模数进级,在 2400~6000mm 之间时,应以 6M 为扩大模数进级。洞口高度一般在 900~4800mm 之间,超过 1200mm 时,应以 6M 为扩大模数进级。

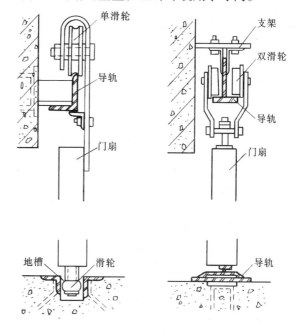

图 2-8-62 上挂式推拉门

2. 侧窗的类型

侧窗按开启方式分为中悬窗、平开窗、固定窗、立转窗等。由于厂房的侧窗面积较大,故一般采用强度较大的金属窗,如铝合金窗、彩钢窗等,也可以采用塑钢窗,少数情况下采用木窗。

(1) 中悬窗:开启角度大,通风良好,有利于泄压,可采用机械或手动开关,但构造复杂,窗扇与窗框之间有缝隙,易漏雨,不利于保温。

(2) 平开窗：构造简单，通风效果好，但防水能力差，且不便于设置联动开关器，通常布置在侧窗的下部。

(3) 固定窗：构造简单，节省材料，造价低，只能用作采光窗，常位于中部，作为进排气口的过渡。

(4) 立转窗：窗扇开启角度可调节，通风性能好，且可装置手拉联动开关器，启闭方便，但密封性差，常用于热加工车间的下部作为进风口。

3. 侧窗的构造

为了便于侧窗的制作和运输，窗的基本尺寸不能过大，钢侧窗一般不超过 1800mm×2400mm（宽×高），木侧窗不超过 3600mm×3600mm，我们称其为基本窗，其构造与民用建筑的相同。而由于厂房侧窗面积往往较大，就必须选择若干个基本窗进行拼接组合。

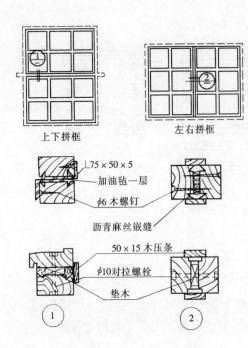

图 2-8-63　木窗拼框节点

(1) 木窗的拼接

两个基本窗可以左右拼接，也可以上下拼接。拼接固定的方法通常是，用间距不超过 1m 的 $\phi 6$ 木螺栓或 $\phi 10$ 螺栓将两个窗框连接在一起。窗框间的缝隙用沥青麻丝嵌缝，缝的内外两侧用木压条盖缝（图 2-8-63）。

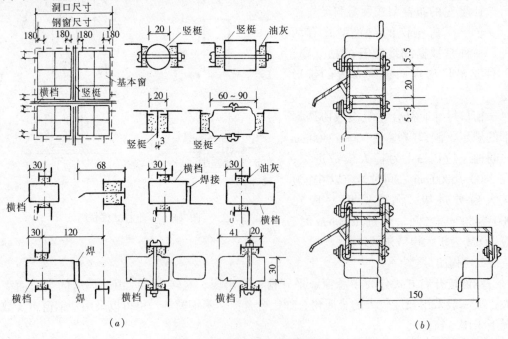

图 2-8-64　钢窗拼装构造举例
(a) 实腹钢窗；(b) 空腹钢窗（沪 68 型）

（2）钢窗的拼接

钢窗拼接时，需采用拼框构件来连系相邻的基本窗，以加强窗的刚度和调整窗的尺寸。左右拼接时应设竖梃，上下拼接时应设横档，用螺栓连接，并在缝隙处填塞油灰（图 2-8-64）。竖梃与横档的两端或与混凝土墙洞上的预埋件焊接牢固，或插入砖墙洞的预留孔洞中，用细石混凝土嵌固（图 2-8-65）。

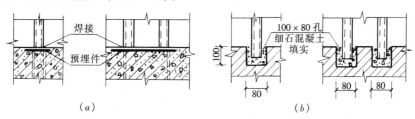

图 2-8-65　竖梃、横挡安装节点
（a）竖梃安装；（b）横档安装

第八节　外墙、地面及其他设施

一、外墙

装配式钢筋混凝土排架结构的厂房外墙只起围护作用，根据外墙所用材料的不同，有砖墙（砌块墙）、板材墙和开敞式外墙等几种类型。

（一）砖墙（砌块墙）

砖墙（砌块墙）和柱子的相对位置有两种基本方案（图 2-8-66）：第一种，外墙包在柱的外侧，具有构造简单、施工方便、热工性能好，便于基础梁与连系梁等构配件的定型化和统一化等优点，所以在单层厂房中被广泛采用；第二种，外墙嵌在柱列之间，具有节

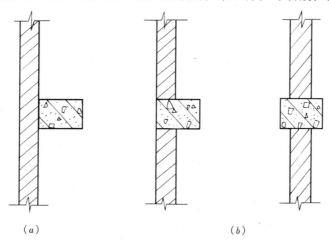

图 2-8-66　砖墙与柱的相对位置
（a）外墙包在柱外侧；（b）外墙嵌在柱列之间

省建筑占地面积，可增加柱列刚度，代替柱间支撑的优点，但要增加砍砖量，施工麻烦，不利于基础梁、连系梁等构配件统一化，且柱子直接暴露在外，不利于保护，热工性能也较差。

1. 墙与柱的连接

为保证墙体的稳定性和提高其整体性，墙体应和柱子（包括抗风柱）有可靠的连接。常用做法是沿柱高每隔 500~600mm 预埋伸出两根 $\phi6$ 钢筋，砌墙时把伸出钢筋砌在灰缝中（图 2-8-67）。

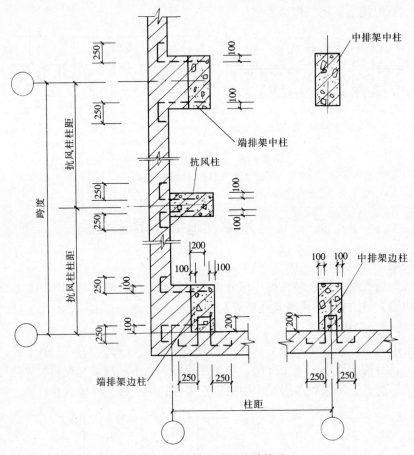

图 2-8-67　墙与柱的连接构造

2. 墙与屋架的连接

一般在屋架上下弦预埋拉结钢筋，若在屋架的腹杆上不便预埋钢筋时，可在腹杆上预埋钢板，再焊接钢筋与墙体连接（图 2-8-68）。

3. 墙与屋面板的连接

当外墙伸出屋面形成女儿墙时，为保证女儿墙的稳定性，墙和屋面板间应采取拉结措施（图 2-8-69）。

（二）板材墙

板材墙是采用在工厂生产的大型墙板，在现场装配而成的墙体。与砖墙（砌块墙）相比，能充分利用工业废料和地方材料，简化、净化施工现场，加快施工速度，促进建筑工业化。虽然目前仍存在耗钢量多，造价偏高，接缝不易保证，保温、隔热效果不理想的问题，但仍有广阔的发展前景。

1. 墙板的规格和类型

一般墙板的长和宽应符合扩大模数 3M 数列，板长有 4500、6000、7500、12000mm 四种，板宽有 900、1200、1500、1800mm 四种，板厚以 20mm 为模数进级，常用厚度为 160～240mm。

墙板的分类方法有很多种，按照墙板在墙面位置不同，可分为檐口板、窗上板、窗下板、窗框板、一般板、山尖板、勒脚板、女儿墙板等。按照墙板的构造和组成材料不同，分为单一材料的墙板（如钢筋混凝土槽形板、空心板、配筋钢筋混凝土墙板）和复合墙板（如各种夹心墙板）。

2. 墙板的布置

墙板的布置方式有横向布置、竖向布置和混合布置三种（图 2-8-70），其中以横向布置应用最多，其特点是以柱距为板长，板型少，可省去窗过梁和连系梁，便于布置窗框板或带形窗，连接简单，构造可靠，有利于增强厂房的纵向刚度。

3. 墙板与柱的连接

墙板与柱的连接分为柔性和刚性连接。

（1）柔性连接：柔性连接包括螺栓连接和压条连接等做法。螺栓连接是在水平方向用螺栓、挂钩等辅助件拉结固定，在垂直方向每3～4块板在柱上焊一个钢支托支承（图 2-8-71a）。压条连接是在柱上预埋或焊接螺栓，然后用压条和螺母将两块墙板压紧固定在柱上，最后将螺母和螺栓焊牢（图 2-8-71b）。

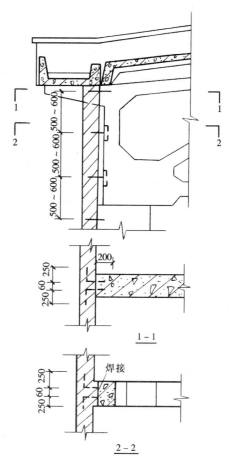

图 2-8-68 墙与屋架的连接

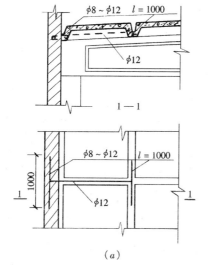

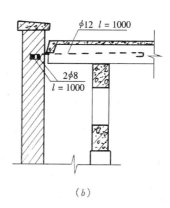

图 2-8-69 外墙与屋面板的连接

（a）纵向女儿墙与屋面板的连接；（b）山墙与屋面板的连接

279

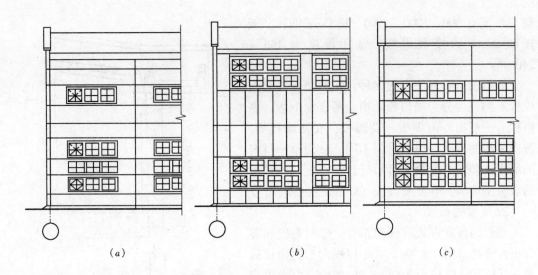

图 2-8-70 板材墙板的布置
(a) 横向布置；(b) 竖向布置；(c) 混合布置

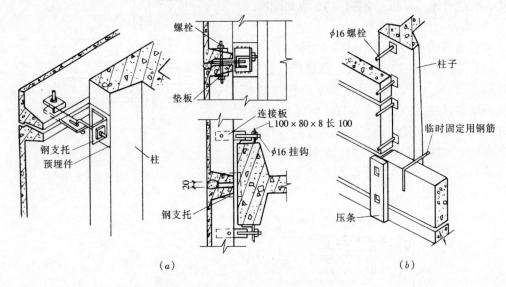

图 2-8-71 板材墙板的柔性连接构造
(a) 螺栓连接；(b) 压条连接

柔性连接可使墙与柱在一定范围内相对位移，能够较好地适应变形，适用于地基沉降较大或有较大振动影响的厂房。

(2) 刚性连接：刚性连接是在柱子和墙板上先分别设置预埋件，安装时用角钢或 $\phi 16$ 的钢筋段把它们焊接在一起（图 2-8-72）。其优点是用钢量少、厂房纵向刚度强、施工方便，但楼板与柱间不能相对位移，适用于非地震地区和地震烈度较小的地区。

4. 板缝处理

无论是水平缝还是竖直缝，均应满足防水、防风、保温、隔热要求，并便于施工制作、经济美观、坚固耐久。板缝的防水处理一般是在墙板相交处做出挡水台、滴水槽、空腔等，然后在缝中填充防水材料（图 2-8-73）。

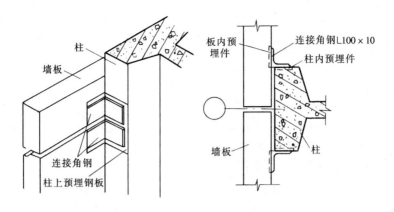

图 2-8-72 板材墙板的刚性连接构造

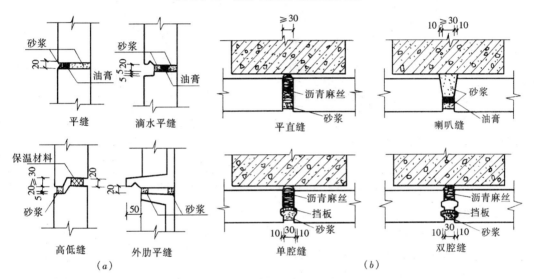

图 2-8-73 板材墙的板缝构造
（a）水平缝构造；（b）垂直缝构造

（三）开敞式外墙

在南方炎热地区和热加工车间，为了获得良好的通风，厂房外墙可做成开敞式外墙。开敞式外墙最常见的形式是上部为开敞式墙面，下部设矮墙见窗（图 2-8-74）。

为了防止太阳光和雨水通过开敞口进入厂房，一般要在开敞口处设置挡雨遮阳板。挡

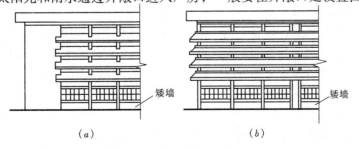

图 2-8-74 开敞式外墙的形式
（a）单面开敞式外墙；（b）四面开敞式外墙

雨遮阳板有两种做法，一种是用支架支承石棉水泥瓦挡雨板或钢筋混凝土挡雨板（图2-8-75a）；一种是无支架钢筋混凝土挡雨板（图2-8-75b）。

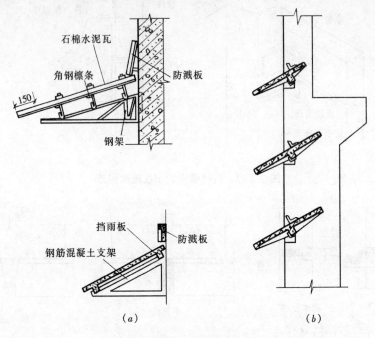

图 2-8-75 挡雨板构造
(a) 有支架的挡雨板；(b) 无支架钢筋混凝土挡雨板

二、地面

（一）厂房地面的特点

厂房地面与民用建筑地面相比，其特点是面积较大，承受荷载较重，并应满足不同生产工艺的不同要求，如防尘、防爆、耐磨、耐冲击、耐腐蚀等。同时厂房内工段多，各工段生产要求不同，地面类型也应不同，这就增加了地面构造的复杂性。所以正确而合理地选择地面材料和构造，直接影响到建筑造价和生产能否正常进行。

（二）厂房地面的构造

厂房地面由面层、垫层和基层三个基本层次组成，有时，为满足生产工艺对地面的特殊要求，需增设结合层、找平层、防潮层、保温层等，其基本构造与民用建筑相同。此处只介绍厂房地面特殊部位构造。

1. 地面变形缝（图2-8-76）

当地面采用刚性垫层，且有下列三者之一时，应在地面相应位置设变形缝：①厂房结构设变形缝；②一般地面与振动大的设备（如锻锤、破碎机等）基础之间；③相邻地段荷载相差悬殊。防腐蚀地面处应尽量避免设变形缝，若必须设时，需在变形缝两侧设挡水，并做好挡水和缝间的防腐处理。

2. 不同地面的接缝

厂房若出现两种不同类型地面时，在两种地面交接处容易因强度不同而遭到破坏，应采取加固措施。当接缝两边均为刚性垫层时，交界处不做处理（图2-8-77a）；当接缝两侧均为柔性垫层时，其一侧应用C10混凝土作堵头（图2-8-77b）；当厂房内车辆频繁穿过接

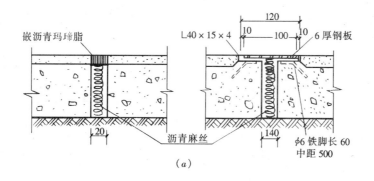

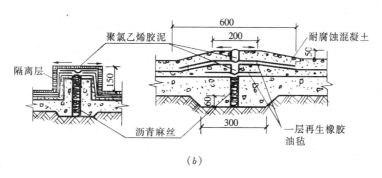

图 2-8-76 地面变形缝的构造
(a) 一般地面变形缝；(b) 防腐蚀地面变形缝

缝时，应在地面交界处设置与垫层固定的角钢或扁钢嵌边加固（图 2-8-77c）。

防腐地面与非防腐地面交接处，及两种不同的防腐地面交接处，均应设置挡水条，防止腐蚀性液体或水漫流（图2-8-78）。

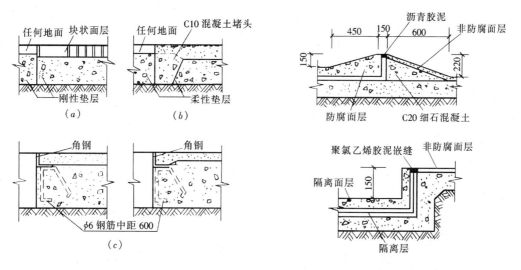

图 2-8-77 不同地面的接缝构造　　图 2-8-78 不同地面接缝处的挡水构造

3. 轨道处地面处理

厂房地面设轨道时，为使轨道不影响其他车辆和行人通行，轨顶应与地面相平。为了

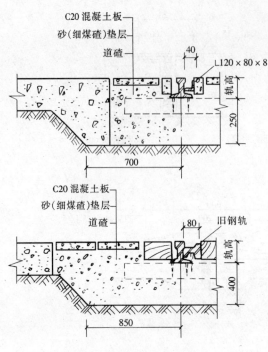

图 2-8-79 轨道区域的地面

防止轨道被车辆碾压倾斜,轨道应用角钢或旧钢轨支撑。轨道区域地面宜铺设块材地面,以方便更换枕木(图2-8-79)。

三、其他设施

(一)钢梯

厂房需设置供生产操作和检修使用的钢梯,如作业台钢梯、吊车钢梯、屋面消防检修钢梯等。

1. 作业钢梯

作业钢梯是为工人上下操作平台或跨越生产设备联动线而设置的钢梯。定型钢梯倾角有45°、59°、73°、90°四种,宽度有600、800mm两种。

作业钢梯由斜梁、踏步和扶手组成。斜梁采用角钢或钢板,踏步一般采用网纹钢板,两者焊接连接。扶手用 $\phi 22$ 的圆钢制作,其铅垂高度为900mm。钢梯斜梁的下端和预埋在地面混凝土基础中的预埋钢板焊接,上端与作业台钢梁或钢筋混凝土梁的预埋件焊接固定(图2-8-80)。

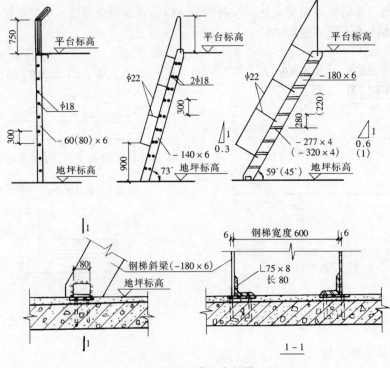

图 2-8-80 作业台钢梯

2. 吊车钢梯

吊车钢梯是为吊车司机上下司机室而设置的。为了避免吊车停靠时撞击端部的车挡，吊车钢梯宜布置的厂房端部的第二个柱距内，且位于靠司机室一侧。一般每台吊车都应有单独的钢梯，但当多跨厂房相邻跨均有吊车时，可在中部上设一部共用吊车钢梯（图2-8-81）。

吊车钢梯由梯段和平台两部分组成。梯段的倾角为 63°，宽度为 600mm，其构造同作业台钢梯。平台支承在柱上，采用花纹钢板制作，标高应低于吊车梁底 1800mm 以上，以免司机上下时碰头。

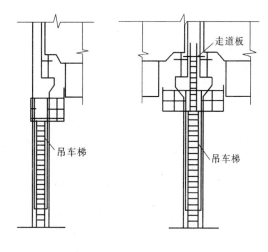

图 2-8-81 吊车钢梯

3. 屋面消防检修梯

消防检修梯是在发生火灾时供消防人员从室外上屋顶之用，平时兼作检修和清理屋面时使用。消防检修梯一般设于厂房的山墙或纵墙端部的外墙面上，不得面对窗口。当有天窗时应设在天窗端壁上。

消防检修梯一般为直立式，宽度为 600mm，为防止儿童和闲人随意上屋顶，消防梯应距下端 1500mm 以上。梯身与外墙应有可靠的连接，一般是将梯身上部伸出短角钢埋入墙内，或与墙内的预埋件焊牢（图 2-8-82）。

（二）吊车梁走道板

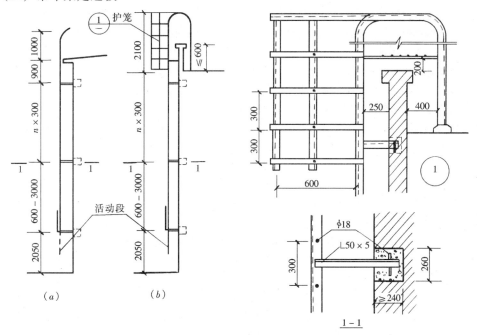

图 2-8-82 消防检修梯构造
（a）无护笼梯；（b）有护笼梯

走道板是为维修吊车和吊车轨道的人员行走而设置的,应沿吊车梁顶面铺设。目前走道板采用较多的是预制钢筋混凝土走道板,其宽度有 400、600、800mm 三种,长度与柱子净距相配套。走道板的铺设方法有以下三种:

(1) 在柱身预埋钢板,上面焊接角钢,将钢筋混凝土走道板搁置在角钢上(图 2-8-83a)。

(2) 走道板的一侧边支承在侧墙上,另一边支承在吊车梁翼缘上(图 2-8-83b)。

(3) 走道板铺放在吊车梁侧面的三角支架上(图 2-8-83c)。

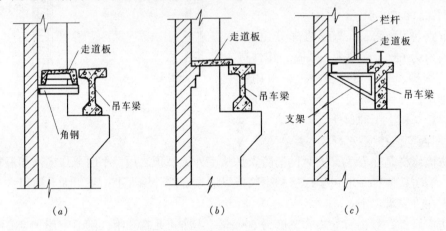

图 2-8-83　走道板的铺设方式

思 考 题

1. 什么是工业建筑?工业建筑是如何进行分类的?
2. 装配式钢筋混凝土排架结构厂房由哪些构件组成,各自的作用是什么?
3. 吊车的工作制如何划分?
4. 什么叫柱网、跨度和柱距?什么是封闭结合和非封闭结合?
5. 排架结构厂房中横向定位轴线、纵向定位轴线的位置分别位于何处?
6. 图示纵横向定位轴线在各种情况下的定位。
7. 基础梁的搁置要求是什么?有哪些搁置方式?
8. 图示柱身上的埋件,注明分别与哪些构件连接?
9. 联系梁有哪些类型,与圈梁的区别和联系是什么?
10. 屋顶的覆盖体系有哪两种?各有何特点?
11. 屋架与柱如何连接?檩条、屋面板如何与屋架连接?
12. 抗风柱与屋架连接的构造要求是什么?
13. 单层厂房的支撑系统有哪些?在厂房中如何布置?
14. 厂房屋面与民用建筑相比的特点是什么?
15. 什么是构件自防水屋面?
16. 图示卷材防水屋面和构件自防水屋面的板缝构造。
17. 厂房中常用的天窗有哪些类型?各有何特点?
18. 矩形天窗由哪些构件组成?
19. 砖墙(砌块墙)与柱子的相对位置有哪些?各有何特点?
20. 砖墙(砌块墙)与柱、屋架、屋面板是如何连接的?

21. 板材墙板与柱的连接方式有哪些？各自的特点和适用条件是什么？
22. 侧窗有哪两种布置形式？常用的开启方式有哪些？
23. 图示窗的拼接构造。
24. 厂房大门洞口尺寸是如何确定的？大门的常用开启方式是什么？
25. 图示厂房地面在变形缝、不同的地面的接缝、轨道处地面的构造。
26. 吊车梁走道板的作用是什么？它是如何铺设的？

第三篇

房屋建筑及装饰施工图

　　将一幢房屋的内外形状和大小，以及各部的结构、构造、装修、设备等施工内容，按照国标及相应规范，用投影的方法，详细、准确地表达出来的图样称为房屋建筑工程图。它是用于指导房屋建筑工程施工的图纸，所以又称房屋施工图。本篇将着重介绍房屋建筑工程中建筑及装饰施工图的形成、图示内容、表达方法以及识读与绘制的基本方法。

第一章 房屋建筑工程图的基本知识

房屋建筑工程图有其相应的表达方法和特点，学习和掌握这些内容，将为迅速而准确地识读专业施工图打下良好基础。

第一节 房屋建筑工程图的组成、编排及图示特点

房屋建筑工程是一项系统工程。它是由建筑工程、设备工程、装饰工程等多种专业施工队伍协调配合，按房屋建筑工程图的设计要求及相应专业工种施工，并按验收规范的要求，在规定的期限及费用范围内完成的工程。它涉及的内容多，技术性强，所以用于指导施工的图纸必须准确、详尽，同时要编排有序，便于识读，提高识图效率。

一、房屋建筑工程图的组成

一套房屋建筑工程图，通常由以下图纸组成：

1. 建筑施工图（简称建施图）

其中有首页、总平面图、建筑平面图、建筑立面图、建筑剖面图和建筑详图。建施图反映了房屋的外形、内部布置、建筑构造及详细做法等内容。

2. 结构施工图（简称结施图）

其中有基础、上部结构平面布置图，以及组成房屋骨架的各构件的构件详图。结施图主要反映房屋建筑各承重构件（如基础、承重墙、柱、梁、板、楼梯等）的布置、形状、大小、材料、构造及其相互关系的图样。

3. 设备施工图（简称设施图）

其中有给水排水施工图（简称水施），供暖通风施工图（简称暖通施）等反映设备内容、布局、安装及制作要求的图样。主要有设备的平面布置图、系统轴测图和详图。

4. 装饰施工图（简称装施图）

其中有房屋外观装饰立面图及详图，室内装饰平面图、顶棚平面图、室内墙（柱）面立面图、装饰构造详图等组成。装施图是用来反映建筑物内外装饰的位置、造型、尺寸及装饰构造、材料及色彩要求等的施工图样。

各专业工种的施工图纸，按图样内容的主从关系系统编排：总体图在前、局部图在后，布置图在前、构件图在后，先施工的在前、后施工的在后，以便前后对照，清晰地识读。

二、房屋建筑工程图的特点

房屋建筑工程图在图示方法上有如下特点：

（一）施工图各图样主要根据正投影原理绘制。所以按正投影法绘制的图样都应符合正投影的投影规律。

1. 六面及多面投影

对于简单的工程物体，我们可以应用三面投影或更少的投影图来反映其详细情况，但对于复杂的工程物体就显不足。这时我们可以在原 V、H、W 三个投影面相对并平行的位置上设立 V_1、H_1 和 W_1 三个新投影面，这六个投影面就组成了六面投影体系，将要表达的工程物体放在该投影体系中，如图 3-1-1（a）所示，然后用正投影方法分别向各面投影，便得到物体六个面的投影，从而将物体各个侧面的情况反映清楚。

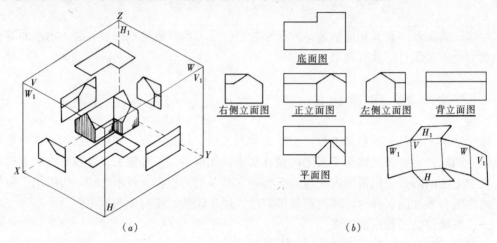

图 3-1-1　六面投影体及物体正投影
（a）六面投影体系；（b）六面投影的展开及布图

把六个投影面展开到和 V 面共面以后，就得到物体的六面投影图，如图 3-1-1（b）所示。在建筑工程图中习惯将 V、W 及 V_1、W_1 面上的投影称为立面图，其中把主要用于反映物体特征的 V 面投影叫做正立面图，其余按形成投影时的投影方向，分别叫做左侧立面图（即 W 投影）、右侧立面图（W_1 投影）和背立面图（V_1 投影）。在 H 面上的投影叫做平面图，在 H_1 面上的投影叫做底面图，如图 3-1-1（b）所示。

不论各图样是否画在同一张图纸上，都要在各图样的下方注写相应的图名，并画上图名线（粗实线），如图 3-1-1（b）所示。

六面投影图也符合"长对正、高平齐、宽相等"的投影关系。有时根据表达的需要，只画其中几个投影，称为多面投影。

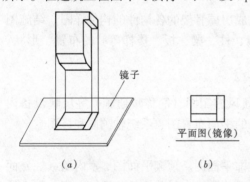

图 3-1-2　镜像投影法
（a）形成镜像；（b）投影图（正投影）

2. 镜像投影法

在建筑工程图中，还采用叫做镜像投影法的方法绘制。所谓镜像投影法，就是在作正投影时，把镜子中的影像投射到投影面上所得到的正投影图。镜像投影图在其图后要加注"镜像"二字，如图 3-1-2 所示，主要用于装饰装修施工图中的吊顶平面图的投影表达。

（二）房屋建筑工程图要根据工程形体大小，采用不同的比例来绘制。

如建施图中的平、立、剖面图常用较小的比例绘制，而建筑详图由于构造复杂，采用较大比例绘制。施工图的常用及可用比例见表 3-1-1。

施 工 图 采 用 的 比 例　　　　　　　　表 3-1-1

图　　　名	常 用 比 例	必要时可增加的比例
总平面图	1:500，1:1000，1:2000	1:2500，1:5000，1:10000
总图专业的断面图	1:100，1:200，1:1000，1:2000	1:500，1:5000
平面图、剖面图、立面图	1:50，1:100，1:200	1:150，1:300
次要平面图	1:300，1:400	1:500
详图	1:1，1:2，1:5，1:10，1:20，1:25，1:50	1:3，1:4，1:30，1:40

（三）由于房屋建筑工程的构配件和材料规格种类繁多，为作图简便起见，国标规定了一系列的图例、符号和代号，用以表示建筑构配件、建筑材料和设备等。

（四）房屋建筑工程图中的尺寸，除标高和总平面图以米为单位外，一般施工图必须以毫米为单位。在尺寸数字后面，不必标注尺寸单位。

第二节　房屋建筑工程图的有关规定

为了保证制图质量、提高效率，并做到统一规范、便于阅读，我国制定了《房屋建筑制图统一标准》（GB/T 50001—2001）。在绘制施工图时，必须严格遵守国家标准中的规定。

绘制施工图，除应符合第一章中制图基本标准外，现再选择下列几项来说明它的主要规定和表示方法。

一、图线

房屋建筑工程图的图线线型、线宽和一般用途仍须按照第一章基本标注中的表 1-1-2 及有关说明来选用。绘图时，首先应按照所绘图样的具体情况，来选定粗实线的线宽"b"，此时其他线宽就随之而定。

二、定位轴线

施工图上的定位轴线是施工定位、放线的重要依据。凡是承重墙、柱子、大梁或屋架等主要承重构件都要画上确定其位置的基准线即定位轴线。对于非承重的隔墙、次要承重构件或建筑配件等的位置，有时用分轴线，有时也可通过注明它们与附近轴线的相关尺寸的方法来确定。

定位轴线用细点划线画出，并按国标要求编号。轴线的端部画细实线圆圈（直径 8～10mm），编号写在圈内。平面图上定位轴线的编号，宜标注在下方与左侧，横向（墙的短向）编号采用阿拉伯数字从左向右顺序编号；竖向（墙的长向）编号采用大写拉丁字母（其中 I、O、Z 不能用），自下而上顺序编写。其他编号方法详见第二篇第一章的相关内容。

三、尺寸和标高

（一）尺寸

尺寸是施工图中的重要内容，必须标注全面、清晰。尺寸单位除标高及建筑总平面图以米为单位外，其余一律以毫米为单位。尺寸的基本标注方法详见第一篇第一章。

（二）标高

标高是标注建筑物高度的一种尺寸形式。

1. 标高的种类

根据在工程中应用场合的不同，标高共有四种，标高的数值单位为米。

（1）绝对标高：是以山东青岛海洋观测站平均海平面定为零点起算的高度，其他各地标高均以其为基准。例如图 3-2-1 所示的总平面中的室外整平地面标高。绝对标高数值，精确至小数点后两位。

（2）相对标高：在施工图上要标出很多部位的高度，如全用绝对标高，不但数字繁琐，而且不易得出所需要的高差，这是很不实用的。因此，除总平面图外，一般均采用相对标高，即把房屋建筑室内底层主要房间地面定为高度的起点所形成的标高。相对标高精确到小数点后三位，其起始处记作"±0.000"。比它高的叫正标高，但在数字前不写"+"号；比它低的叫负标高，在标高数字前要写"－"号，如室外地面比室内底层主要房间地面低 0.75m，则应记作"－0.750"，标高数字的单位省略不写。

在总平面图中要标明相对标高与绝对标高的关系，即相对标高的 ±0.000 相当于绝对标高的多少米，以利于用附近水准点来测定拟建工程的底层地面标高，确定竖向高度基准。

（3）建筑标高：建筑物及其构配件在装修、抹灰以后表面的相对标高称为建筑标高。如上述的"±0.000"即底层地面面层施工完成后的标高。

（4）结构标高：建筑物及其构配件在没有装修、抹灰以前表面的相对标高称为结构标高。由于它与结构件的支模或安装位置联系紧密，所以通常标注其底面的结构标高，以利施工操作，减少不必要的计算差错。结构标高通常标在结施图上。

2. 标高符号及画法

标高符号为 45°等腰直角三角形，高约 3mm，如图 3-1-3 所示。除总平面图中室外地面整平标高用黑三角画出外，其他标高符号均用细实线画出。

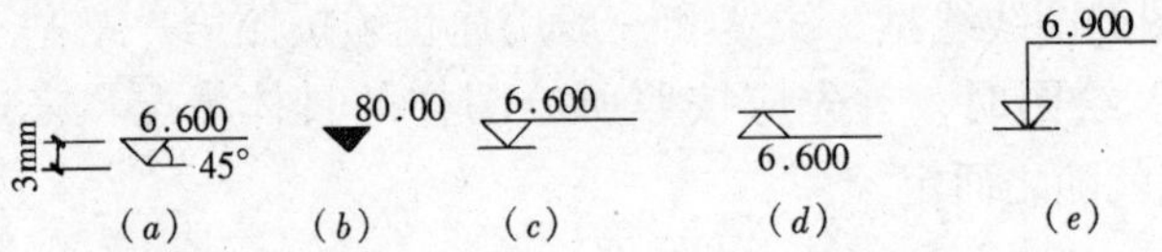

图 3-1-3　标高符号（三角形为等腰直角三角形）

标高符号的 90°角的角点，应指到被注高度，其 90°角端可向上指也可向下指，如图 3-1-3（c）、（d）所示。标高数值写在三角形右侧或有水平引出线一侧，引出线长与数字注写长度大致相同。图 3-1-3（a）所示符号表示反映实形的平面处的标高，图（b）用于表示总平面标高，图（c）、（d）表示平面变为积聚投影时的标高，图 3-1-3（e）是带长引出线的画法。

四、符号

（一）索引与详图符号

1. 索引符号

图样中的某一局部或构件，如需另见详图时，则应以索引符号索引。索引符号的形式如图 3-1-4 所示，索引符号的圆及直径横线均以细实线画出，圆的直径为 10mm。索引符号应遵守下列规定：

（1）索引的详图，如与被索引的图样位于同在一张图纸内时，应在索引符号上半圆中用阿拉伯数字注明详图的编号，并在下半圆中间画一段水平细实线，如图 3-1-4（b）所示。

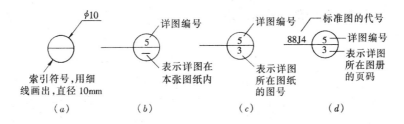

图 3-1-4 索引符号

(2) 索引的详图，如与被索引的图样不在同张图纸内时，应在索引符号的下半圆中用阿拉伯数字注明该详图所在图纸的图号（即页码）如图 3-1-4（c）所示。

(3) 索引的详图，如采用标准图，应在索引符号水平直径的延长线上加注标准图册的代号，如图 3-1-4（d）所示。

索引符号如用于索引剖面详图，应在被剖切的部位画出剖切位置线，长度以贯通所剖切内容为准，并以引出线引出索引符号，引出线所在的一侧应为剖视方向。如图 3-1-5 所示，图 3-1-5（a）表示剖切以后向左投影，图 3-1-5（b）表示剖切后向下投影。

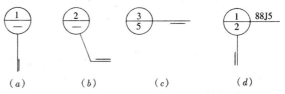

图 3-1-5 用于索引剖面图的索引符号
（a）自右向左投影；（b）自上向下投影；
（c）自下向上投影；（d）自左向右投影

2. 详图符号

详图的位置和编号，应以详图符号表示。详图符号应以粗实线画出，直径应为 14mm，详图符号应按下列规定绘制。

(1) 详图与被索引的图样同在一张图内时，应在详图符号内用阿拉伯数字注明详图的编号，如图 3-1-6（a）所示。

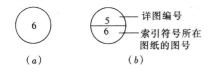

图 3-1-6 详图符号
（a）索引与详图在同一页的详图符号；
（b）索引与详图不在同一页的详图符号

(2) 详图与被索引的图样如不在同一张图纸内，可用细实线在详图符号内画一水平直径，在上半圆中注明详图编号，在下半圆中注明被索引图纸的图号，如图 3-1-6（b）。

（二）引出线

(1) 引出线应以细实线绘制。宜采用水平方向的直线、与水平方向成 30°、45°、60°、90°的直线，或经上述角度再折为水平的折线。文字说明宜注在水平横线的上方，如图 3-1-7（a）所示；也可写在横线的端部，如图 3-1-7（b）所示；索引详图的引出线，应对准索引符号的圆心，如图 3-1-7（c）所示。

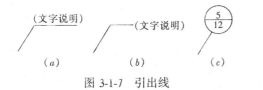

图 3-1-7 引出线

图 3-1-8 共用引出线

(2) 同时引出几个相同部分的引出线，宜互相平行，也可画成集中于一点的放射线，如图 3-1-8 所示。

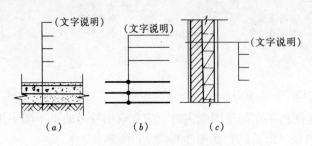

图 3-1-9 多层构造引出线
(a) 上下分层的构造；(b) 多层管道；
(c) 从左到右分层的构造

(3) 多层构造或多层管道的共用引出线，应通过被引出的各层（或各管道）。文字说明宜注写在横线的上方，也可注写在横线的端部，说明的顺序应由上至下，并应与被说明的层次相互一致；如层次为横向排列，则由上至下的说明顺序，应与由左至右的层次相互一致，如图 3-1-9 所示。

（三）指北针：用于指明建筑物方向的符号。除用于总平面图外，还常绘于底层建筑平面图上。其画法是：指北针的圆圈直径宜为 24mm，尾宽宜为 3mm，指针头部应注"北"或"N"字，如图 3-1-10 所示。

五、其他符号

1. 对称符号

表示工程物体具有对称性的图示符号，如图 3-1-11 所示。该符号用细点画线绘制，平行线的长度宜为 6～10mm，每对平行线的间距宜为 2～3mm，平行线在中心线两侧的长度应相等。

2. 连接符号

应以折断线表示需连接的部位，并以折断线两端靠图样一侧的大写拉丁字母表示连接编号，两个被连接的图样，必须用相同的字母编号，如图 3-1-12 所示。

图 3-1-10 指北针

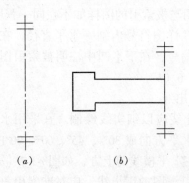

图 3-1-11 对称符号
(a) 对称符号；(b) 对称符号的应用

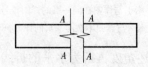

图 3-1-12 连接符号

思 考 题

1. 房屋建筑工程图是由哪几种图纸组成的？它们的编排顺序有什么要求？
2. 六面投影与三面投影相比有什么特点？V_1、H_1、W_1 投影图在工程图上的图名分别称做什么？

3. 什么是镜像投影？图名如何命名？
4. 什么是定位轴线？如何绘制和进行编号？
5. 房屋建筑工程图上的尺寸单位有哪些？如何应用？
6. 什么是绝对标高和相对标高？
7. 采用索引符号的目的是什么？剖面索引的剖视方向是如何规定的？

第二章 建筑施工图

建筑施工图是房屋工程施工图中具有全局性地位的图纸，反映房屋的平面形状、功能布局、外观特征、各项尺寸和构造做法等，是其他专业进行设计、施工的技术依据和条件。通常编排在整套图纸的最前位置，其后有结构施工图、设备施工图、装饰施工图等。所以掌握建筑施工图的识读及其表达要求是学好其他施工图的基础。

建筑施工图是由首页和总平面图、建筑平面图、建筑立面图、建筑剖面图、建筑详图等图纸组成。

第一节 首页和总平面图

一、首页图

首页图主要包括图纸目录、设计说明、工程做法和门窗表。现结合某单位职工住宅楼建筑施工图加以说明。

（一）图纸目录

除图纸的封面外，图纸目录安排在一套图纸的最前面，说明本工程的图纸类别、图号编排，图纸名称和备注等，以方便图纸的查阅和排序。表 3-2-1 是某住宅楼图纸目录，其中的图号即为图纸的页码。

图 纸 目 录　　　　　表 3-2-1

图别	图号	图 纸 名 称	备注	图别	图号	图 纸 名 称	备注
建施	1	设计说明、工程做法、门窗表		建施	8	背立面图	
建施	2	总平面图		建施	9	单元平面图、侧立面图	
建施	3	地下室平面图		建施	10	1-1 剖面图、2-2 剖面图	
建施	4	一层平面图		建施	11	墙身大样图	
建施	5	标准层平面图		建施	12	楼梯平面图、楼梯剖面图、楼梯详图	
建施	6	屋顶平面图		建施	13	阳台详图、雨篷详图	
建施	7	正立面图					

（二）设计说明

主要说明工程的设计概况，工程做法中所采用的标准图集代号，以及在施工图中不宜用图样而必须采用文字加以表达的内容，如材料的选用、饰面的颜色、环保要求、施工注意事项、采用新材料、新工艺的情况说明等。小型工程的设计说明可与施工图中的说明合并。

下面是某职工住宅楼设计说明举例：

（1）本工程为某公司六层职工住宅楼(有地下室)，砖混结构，全现浇钢筋混凝土楼板。

（2）建筑面积××××m²，一层地面±0.00m 相当于绝对标高 782.00m。

（3）该建筑抗震设防烈度为八度。

（4）工程做法选用图集 98J1~12。外墙门窗为提高气密、水密、隔声和节能性能，选用塑钢材料制作，表面白色，采用双层中空玻璃，标准图集为98J4（一）；内墙门窗采用木质材料，罩灰白色磁漆三道，标准图集为98J4（二）。

（5）外墙抹灰墙面均刷聚丙烯防水乳胶漆，颜色先做样板，经建设单位同意后再进行大面积施工。窗台板采用20mm厚浅米黄花岗石，石材辐射性水平应符合居室使用的A类标准，材料到货时应提供检测报告。

（6）地下室外墙±0.000以下做垂直防潮层，做法为防水砂浆（详见做法表）做好后刷冷底子油一道，热沥青两道。

（7）基坑回填土采用2:8灰土分层夯填，形成隔水层。

（8）本工程施工时，建筑、结构、水、暖、电等各工种应紧密配合，准确预留孔洞，禁止事后开凿，影响工程质量。

（9）其他未尽事宜在施工时应严格遵守现行施工操作和验收规范。

（三）工程做法表

工程做法表是对建筑物各部位构造、做法、层次、选材、尺寸、施工要求等的详细说明。是现场施工和备料、施工监理、工程预决算的重要技术文件。某住宅楼工程做法如表3-2-2所示。

工 程 做 法 表　　　　　　　　　　表3-2-2

名称	工程做法	施工范围	名称	工程做法	施工范围
平屋面	20厚SBS高聚物改性沥青卷材防水层一道	屋面	抹灰内墙面	喷内墙涂料	除卫生间以外的内墙面
	20厚1:3水泥砂浆找平层			5厚1:2.5水泥砂浆罩面压实赶光	
	1:6水泥焦渣最低处30厚，找2%坡度，振捣密实，面表抹光			13厚1:3水泥砂浆打底扫毛	
	100厚聚苯乙烯泡沫塑料板保温层			素水泥浆一道（内掺水泥重量3.5%的807胶）	
	钢筋混凝土现浇楼板		釉面砖内墙面	白水泥擦缝	卫生间
水泥砂浆楼地面	1:2水泥砂子抹面压实赶光	楼梯间、阳台、地下室		贴5厚釉面砖面层（品种颜色另定）	
	素水泥浆结合层一道			8厚1:0.1:2.5水泥石灰膏砂浆结合层	
	40厚1:2:3细石混凝土随打随抹			12厚1:3水泥砂浆打底扫毛	
	钢筋混凝土楼板		外墙面	外墙防水乳胶漆	颜色详见立面图
铺地砖楼面（一）	10厚地砖楼面，干水泥擦缝（防滑地砖）	卫生间		6厚1:2.5水泥砂浆罩面	
	撒素水泥面（洒适量清水）			12厚1:3水泥砂浆打底	
	20厚1:4干硬性水泥砂浆结合层		墙身防潮	20厚1:2.5水泥砂浆加水泥重量10%的UEA-H型膨胀剂抹平	±0.00以下外墙
	素水泥浆结合层一道		板底抹灰顶棚	喷内墙涂料	
	聚氨酯防水涂膜防水层			2厚仿瓷涂料罩面	
	50厚（最高处）1:2:4细石混凝土从门口处向地漏找泛水			5厚1:2.5水泥砂浆罩面	
	最低处不小于30厚			5厚1:3水泥砂浆打底	
	聚氨酯防水涂膜防水层			钢筋混凝土板底刷素水泥浆一道（内掺水泥重量5%的807胶）	
	20厚1:3水泥砂浆找平层，四周抹小八字角		踢脚	8厚1:2.5水泥砂浆罩面压实赶光	随楼地面，踢脚高120
	素水泥浆结合层一道			12厚1:3水泥砂浆打底扫毛	
	钢筋混凝土现浇楼板		水泥台阶	20厚1:2.5水泥砂浆罩面压实赶光	
铺地砖楼面（二）	10厚地砖铺面，干水泥擦缝	客厅、餐厅、卧室		60厚C15混凝土，台阶面向外坡1%	
	撒素水泥面（洒适量清水）			300厚3:7灰土（分两次打）	
	20厚1:4干硬性水泥砂浆结合层			素土夯实	
	40厚1:2:3细石混凝土随打随抹		金属面	调和漆二遍	楼梯栏杆，刷浅灰色
	钢筋混凝土现浇楼板			红丹防锈漆一遍	

(四) 门窗统计表

一栋房屋所使用的门窗，在设计时应将其列表，反映门窗的类型、编号、数量、尺寸规格等相应内容，以备施工、预算所需。表 3-2-3 为某住宅楼门窗统计表。

门窗统计表   表 3-2-3

序号	图中编号	洞口尺寸（mm）		数量合计	采用标准图集		备注
		宽	高		图集代号	型号	
1	M-1	1000	2100	24	98J4（二）	1M17	木门
2	M-2	900	2100	72	98J4（二）	1M37	木门
3	M-3	750	2000	48	98J4（二）	1M02	木门
4	M-4	1500	2100	2	98J4（二）	$1M_157$	木门
5	M-5	900	1900	24	98J4（二）	1M02	木门，高度改为 1900
6	MC-1	2400	2500	24	98J4（一）	$2CM_{3,4}$-88	塑钢门联窗，高度改为 2500
7	MC-2	2100	2500	24	98J4（一）	$2CM_{3,4}$-78	塑钢门联窗，高度改为 2500
8	C-1	1500	1500	48	98J4（一）	$2TC_3$-55	塑钢推拉窗
9	C-2	1200	1200	12	98J4（一）	$2TC_1$-44	塑钢推拉窗
10	C-3	1200	1500	12	98J4（一）	$2TC_1$-45	塑钢推拉窗
11	C-4	900	1500	12	98J4（一）	$2TC_1$-35	塑钢推拉窗
12	C-5	1200	600	22	98J4（一）	$2TC_1$-43	塑钢推拉窗，高度改为 600

二、总平面图

（一）图示方法及用途

将新建工程四周一定范围内的新建、拟建、原有和拆除的建筑物、构筑物连同其周围的地形、地物状况用正投影的方法和相应的图例所画出的 H 面投影图，称为总平面图。主要是表示新建房屋的位置、朝向，与原有建筑物的关系，以及周围道路、绿化和给水、排水、供电条件等方面的情况。以其作为新建房屋施工定位、土方施工、设备管网平面布置，安排施工时进入现场的材料和构配件堆放场地以及运输道路布置等的依据。

总平面图的比例一般为 1:500、1:100、1:1500 等。

（二）图示内容

（1）新建建筑的定位

新建建筑的定位有三种方式：一种是利用新建建筑与原有建筑或道路中心线的距离确定新建建筑的位置；第二种是利用施工坐标确定新建建筑的位置；第三种是利用大地测量坐标确定新建建筑的位置。

（2）相邻建筑、拆除建筑的位置或范围。

（3）附近的地形、地物情况。

（4）道路的位置、走向以及与新建建筑的联系等。

（5）用指北针或风向频率玫瑰图指出建筑区域的朝向。

（6）绿化规划。

(7)补充图例。若图中采用了建筑制图规范中没有的图例时,则应在总平面图下方详细补充图例,并予以说明。

(三)图例符号

常用的总平面图例如表3-2-4所示。

总 平 面 图 例　　　　　　　　　　　　　　　表3-2-4

序号	名　称	图　例	说　明
1	新建的建筑物	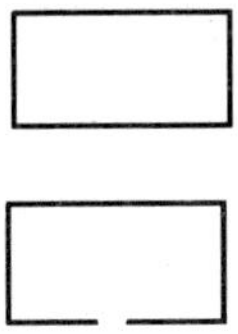	1. 上图为不画出入口图例、下图为画出入口图例 2. 需要时,可在图形内右上角以点数或数字(高层宜用数字)表示层数 3. 用粗实线表示
2	原有的建筑物		1. 应注明拟利用者 2. 用细实线表示
3	计划扩建的预留地或建筑物		用中虚线表示
4	拆除的建筑物	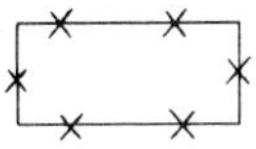	用细实线表示
5	新建的地下建筑物或构筑物		用粗虚线表示
6	建筑物下面的通道	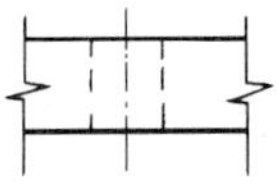	
7	围墙及大门	 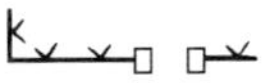	上图为砖石、混凝土或金属材料的围墙 下图为镀锌钢丝网、篱笆等围墙 如仅表示围墙时不画大门
8	挡土墙		被挡的土在"突出"的一侧
9	坐标	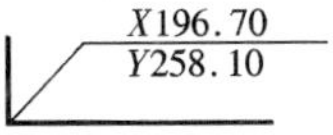 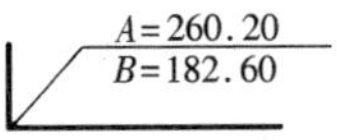 $X196.70$ $Y258.10$ $A=260.20$ $B=182.60$	上图表示测量坐标 下图表示施工坐标
10	方格网交叉点标高	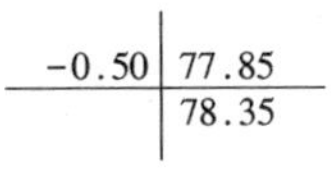 -0.50 | 77.85 78.35	"78.35"为原地面标高 "77.85"为设计标高 "-0.50"为施工高度 "-"表示挖方("+"表示填方)

续表

序号	名 称	图 例	说 明
11	填方区、挖方区、未整平区及零点线	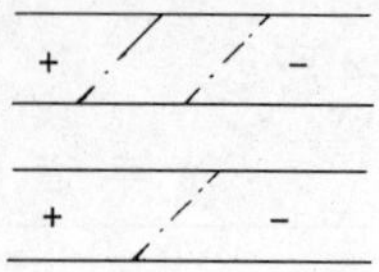	"+"表示填方区 "-"表示挖方区 中间为未整平区 点画线为零点线
12	护 坡		短划画在坡上一侧
13	室内标高	±0.00=56.70	
14	室外标高	▼150.00	
15	原有道路		
16	计划扩建的道路	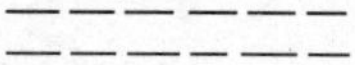	
17	桥 梁	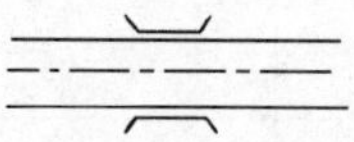	1. 上图为公路桥 下图为铁路桥 2. 用于旱桥时应注明
18	针叶乔木、灌木		
19	阔叶乔木、灌木		
20	草地、花坛		

（四）总平面图的识读

现以图 3-2-1 为例，说明总平面图的识读方法。

（1）先看总平面区域形状和功能布局。总平面图是包括新建房屋在内的某个区域的水平正投影图，本图总平面为一矩形，左侧为生活区、右侧为厂区，新建房屋（粗实线线框）在生活区内。

（2）了解总平面图上所反映的方向。从右侧的风向频率玫瑰图（简称风玫瑰）可知该厂总平面为上北下南、左西右东。

（3）了解地形地貌、工程性质、用地范围和新建房屋周围环境等情况。从等高线的变化可以看出，该厂区地形北部高，南部低。在总平面的西侧，本次新建四栋住宅楼（粗实

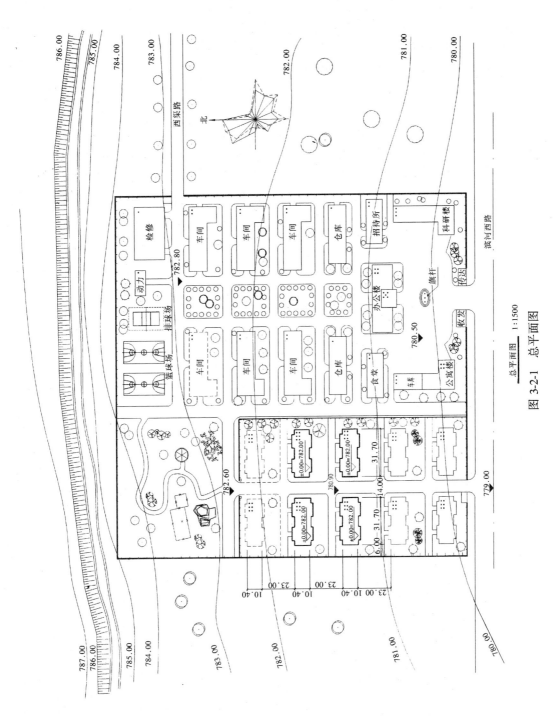

图 3-2-1 总平面图

线图形中突出部分为阳台的投影），每栋为六层，室内一层地面 ±0.00m 相当于绝对标高 782.00m。后面预留两栋住宅楼的拟建空地（见细虚线框）。在住宅楼后面为一片绿化区，其内有需拆除的房屋两座。东侧的厂前区有办公楼、科研楼、公寓楼、食堂、招待所等，在这些建筑的北面依次排列有仓库、车间，最北面有篮球场和排球场。而在北围墙后面是东西向的护坡和排水渠。该厂区的外围为砖围墙。

（4）熟悉新建建筑的定形、定位尺寸。图中新建住宅楼的长宽为 31.70m 和 10.40m 的定形尺寸；两楼东西间距 14.00m、南北间距 23m，以及墙边距西围墙的尺寸 6m 是定位尺寸。

（5）了解新建建筑附近的室外地面标高、明确室内外高差。图中新楼之间路面标高 780.90m，而室内底层地面为 782.00m，所以室内外高差为 782.00 − 780.90 = 1.10m。

（6）风玫瑰或指北针。主要用来表明该地区风向和建筑朝向的，如图 3-2-1 中右侧的风玫瑰。十字线上端表示北向。风玫瑰用于反映建筑场地范围内常年主导风向和六、七、八三个月的主导风向（虚线表示），共有 16 个方向，风向是指从外侧刮向中心。刮风次数多的风，在图上离中心远，称为主导风，如图中常年主导风向为西北风。明确风向有助于建筑构造的选用及材料的堆场，如有粉尘污染的材料应堆放在下风向等。

第二节　建筑平面图

一、建筑平面图的形成及作用

用一个假想的水平剖切平面沿略高于窗台的位置剖切房屋后，移去上面部分，对剩下部分向 H 面做正投影，所得的水平剖面图，称为建筑平面图，简称平面图。平面图反映新建房屋的平面形状、房间大小、功能布局、墙柱选用的材料、截面形状和尺寸、门窗的类型及位置等，作为施工时放线、砌墙、安装门窗、室内外装修及编制预算等的重要依据，是建筑施工中的重要图纸。

二、建筑平面图的图示方法

一般来讲，房屋有几层就应画几个平面图，并在图的下方注明相应的图名，如底层平面图，二层平面图，……顶层平面图，以及屋顶平面图。如前所述，反映房屋各层情况的建筑平面图实际是水平剖面图，而屋顶平面图则不同，它是从建筑物上方往下观看得到屋顶的水平直接正投影图，主要表明建筑屋顶上的布置以及屋顶排水设计。

如果建筑物的各楼层平面布置相同，则可以用两个平面图表达，即只画底层平面图和楼层平面图。此时楼层平面图代表了中间各层相同的平面，故亦称中间层或标准层平面图。顶层平面图有时也用楼层平面图代表。

因建筑平面图是水平剖面图，因此在绘图时，应按剖面图的方法绘制，被剖切到的墙、柱轮廓用粗实线（b），门的开启方向线可用中粗实线（$0.5b$）或细实线（$0.25b$），窗的轮廓线以及其他可见轮廓和尺寸线等均用细实线（$0.25b$）表示。

建筑平面图常用的比例是 1:50、1:100、1:150，而实际工程中使用 1:100 最多。在建筑施工图中，比例小于等于 1:50 的图样，可不画材料图例和墙柱面抹灰线，为了有效加以区分，墙、柱体画出轮廓后，在描图纸上砖砌体断面用红铅笔涂红，而钢筋混凝土则用涂黑的方法表示，晒出蓝图后分别变为浅蓝和深蓝色，即可识别其材料。

三、建筑平面图的图示内容

(1) 表示墙、柱、内外门窗位置及编号,房间的名称、轴线编号。
(2) 注出室内外各项尺寸及室内楼地面的标高。
(3) 表示楼梯的位置及楼梯上下行方向。
(4) 表示阳台、雨篷、台阶、雨水管、散水、明沟、花池等的位置及尺寸。
(5) 画出室内设备,如卫生器具、水池、橱柜、隔断及重要设备的位置、形状。
(6) 表示地下室布局、墙上留洞、高窗等位置、尺寸。
(7) 画出剖面图的剖切符号及编号(在底层平面图上画出,其他平面图上省略不画)。
(8) 标注详图索引符号。
(9) 在底层平面图上画出指北针。
(10) 屋顶平面图一般有:屋顶檐口、檐沟、屋面坡度、分水线与落水口的投影,出屋顶水箱间、上人孔、消防梯及其他构筑物、索引符号等。

四、平面图的图例符号

阅读平面图时,首先应熟悉常用的图例符号,如图 3-2-2 所示。

五、平面图的识读

下面以图 3-2-3 某厂职工住宅楼为例说明平面图的识读方法和识图步骤。

1. 了解图名、比例及总长、总宽尺寸,了解图中代号的意义

如图 3-2-3 所示为住宅楼的底层平面图,比例为 1:100。总长为 31.70m,总宽为 13.70m。图中 M 表示门,C 表示窗,MC 表示门联窗。如"C-1"则表示窗、编号为 1。门窗的设计情况需查看门窗统计表。

2. 理解建筑的朝向和平面布局

图中结合指北针可以看出,该建筑的朝向是坐北朝南并为两单元组合式住宅楼。①-④轴线为一单元,每单元中间有一部两跑式楼梯,连接着左右两户住宅(简称"一梯两户")。每户平面内均有南向的两间、北向的一间卧室,一间客厅、一间餐厅和两间卫生间,并有前后两个阳台(简称"三室两厅一厨两卫")。④~⑦轴线为第二单元,这个单元也为一梯两户,套型与第一单元相同。从图中可见楼梯间入口设有单元门 M-4,形式为双扇外开门。

3. 看清平面图中的各项尺寸及其意义

看清平面图所注的各项尺寸,并通过这些尺寸了解各房间的开间、进深等设计内容。值得注意的是,在平面图中所注的尺寸均为未经抹灰的结构表面间的尺寸。房间的开间是指平面图中相邻两道横向定位轴线之间的距离;进深是指平面图中相邻两道纵向定位轴线之间的距离。如图餐厅的开间、进深分别为 3.30m 和 3.90m,楼梯间的开间、进深分别为 2.40m 和 5.70m。

平面图上注有外部和内部两种形式的尺寸。

(1) 内部尺寸:说明室内的门窗洞、孔洞、墙厚和固定设备(如卫生间等)的大小与位置。如图中进户门(M-1)门洞宽 1000、门垛宽 300;除卫生间隔墙厚 120mm 外,其他位置内墙厚度为 240mm,楼梯间内墙厚 370mm。

(2) 外部尺寸:为便于读图和施工,一般在图形的下方及左侧注写三道尺寸(如平面布局中某侧有不对称的设置时,该侧也需标注相应尺寸)。

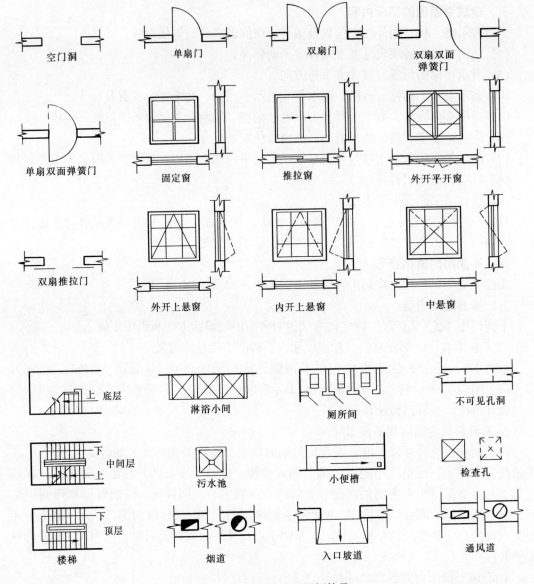

图 3-2-2 平面图常用图例符号

第一道尺寸：表示建筑物外轮廓的水平总尺寸，从一端外墙边到另一端外墙边的总长和总宽尺寸，如图中长为 31.70m、宽为 13.70m。

第二道尺寸：表示定位轴线之间的尺寸。即开间和进深尺寸。

第三道尺寸：表示门洞窗洞等细部位置的定形、定位尺寸。如图中 C-1 洞口长度为 1800mm，离左右定位轴线的距离均为 750mm 等。在图中还应注明阳台挑出、散水、台阶等细部尺寸，如图中南向阳台挑出 1500mm、散水宽 900mm 等。

4. 熟悉平面图中各组成部分的标高情况

在平面图中，对各功能区域如地面、楼面、楼梯平台面，室外台阶顶面、阳台面等处，一般均应注明标高，这些标高都采用相对标高形式。如有坡度时，应注明坡度方向和坡度值。如图中卧室标高为 ±0.000，楼梯门厅地面为 -0.940，表面该处比卧室地面低了 0.94m。

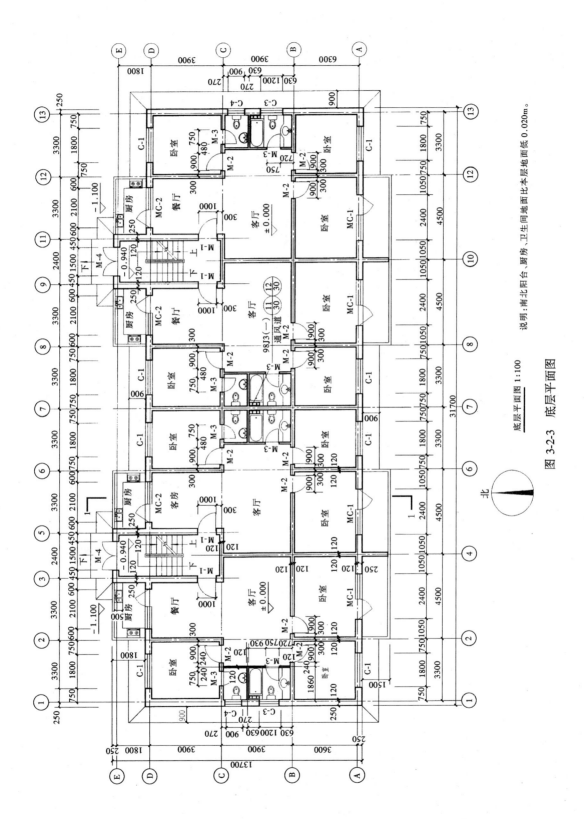

图 3-2-3 底层平面图

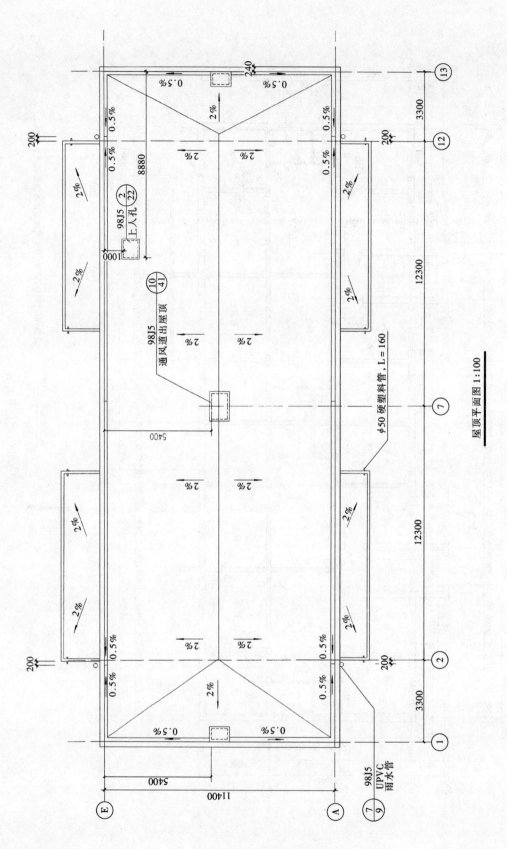

图 3-2-4 屋顶平面图

如相应位置不易标注标高时，可以说明形式在图内注明。

5．了解门窗的位置、编号、选材、数量及宽高尺寸

在平面图中，只能表示门窗的位置、编号和洞口宽度尺寸，选材、数量及洞高尺寸未表示。除需核对各门窗的数量外，还需通过门窗统计表（如表3-2-2所示）了解门窗选材和洞口高度尺寸（注意洞口尺寸中不含抹灰层的厚度）。

6．注意建筑剖面图的剖切位置、投影方向和剖切到的构造体内容

在底层平面图中，应画出建筑剖面图的剖切位置和符号，一般民用建筑在选择剖切位置时需经过门窗洞口或楼梯间等有代表性的位置进行剖切，如图3-2-3中的⑤、⑥轴间的1－1剖切符号，它是从Ⓐ轴开始，自下而上经阳台、MC-1、M-2、MC-2洞口、上下墙体、楼板屋面等，沿横向将住宅楼全部剖切开来，移去右侧部分并向左侧投影。

7．了解索引符号

从图中了解平面图内出现的各种索引符号的引出部位和含义，采用标准图集的代号，注意索引符号所指部位的构造与周围的联系。如⑦轴线墙上卫生间的通风道即采用98J3（一）标准图中第30页的⑪、⑫号通风道做法，此通风道为水泥砂浆风道。

8．了解楼梯间及室内设施、设备等的布置情况

楼梯是建筑物内连接上下层的交通设施，图中的楼梯为两跑式，"上"、"下"箭头线表示以本层楼地面为基准的梯级走向。本图的"下"箭头指向地下室。梯段剖断处用折断线表示。建筑物内如厨房的水池、灶台，卫生间的洁具及通风道等，读图时注意其位置、形式及索引符号。有时会选用标准图表达。

六、楼层平面图的识读

楼层平面图与底层平面图的形成相同，在楼层平面图上，为了简化作图，已在底层或下一层平面图上表示过的室外内容，不再表示。如二层平面图上不再画一层的散水、明沟及室外台阶等；三层平面图上不画二层已表示的雨篷等。中间各楼层平面相同，可只画一个标准层平面图。识读楼层平面图的重点是查找与下层平面图的异同，如房间布局、门窗开设、墙体厚度、阳台位置有无变化等，同时注意楼面标高的变化。

七、屋顶平面图的识读

从屋顶平面图可了解到屋顶的投影内容，如通风道出屋顶、上人孔、雨水口、天沟、排水分区和坡度等设置和尺寸，以及它们所采用的标准图集和索引符号。图3-2-4为住宅楼的屋顶平面图，屋面排水坡度2%，天沟纵坡0.5%，坡向雨水口，通风道、上人孔出屋顶做法均选用98J5中的相应详图。

第三节　建筑立面图

一、建筑立面图的形成与作用

在与建筑物立面平行的铅直投影面上所作的投影图称为建筑立面图，简称立面图。一座建筑物是否美观、是否与周围环境协调，主要取决于立面的艺术处理，包括建筑造型与尺度、装饰材料的选用、色彩的选用等内容，在施工图中立面图主要反映房屋各部位的高度、层数、门窗形式、屋顶造型等建筑物外貌和外墙装修要求，是建筑外装修的主要依据。

二、建筑立面图的图示方法及其命名

为使建筑立面图主次分明、表达清晰，通常将建筑物外轮廓和有较大转折处的投影线用粗实线（b）表示；外墙上突出凹进的部位如壁柱、窗台、楣线、挑檐、阳台、门窗洞等轮廓线用中粗实线（$0.5b$）表示；而门窗细部分格、雨水管、尺寸标高以及外墙装饰线用细实线（$0.25b$）表示；室外地坪线用加粗实线（$1.2b$）表示。门窗形式及开启符号、阳台栏杆花饰和墙面复杂的装修等细部，往往难以详细表示清楚，习惯上对相同的细部分别画出其中一个或两个作为代表，其他均简化画出，即只需画出它们的轮廓及主要分格。

房屋立面如果一部分不平行于投影面，例如成圆弧形、折线形、曲线形等，可将该部分展开到与投影面平行，再用正投影法画出其立面图，但应在图名后注写"展开"两字。

立面图的命名方式有三种：

（1）可用朝向命名，立面朝向那个方向就称为某向立面图，如朝南，则称南立面图；朝北，称北立面图。

（2）可用外貌特征命名，其中反映主要出入口或比较显著地反映房屋外貌特征的那一面的立面图，称为正立面图，其余立面图可称为背立面图和侧立面图等。

（3）可以立面图上首尾轴线命名，如图3-2-5～图3-2-6中的南、北立面图可改称为①～⑪立面图和⑪～①立面图。通常，立面图的比例与平面图比例一致。

三、立面图的图示内容

（1）画出室外地面线及房屋的勒脚、台阶、花池、门窗、雨篷、阳台、室外楼梯、墙柱、檐口、屋顶、雨水管、墙面分格线等内容。

（2）注出外墙各主要部位的标高。如室外地面、台阶顶面、窗台、窗上口、阳台、雨篷、檐口、女儿墙顶、屋顶水箱间及楼梯间屋顶等的标高。

（3）注出建筑物两端的定位轴线及其编号。

（4）标注索引符号。

（5）用文字说明外墙面装修的材料及其做法。

四、建筑立面图的识读

下面以图3-2-5、图3-2-6为例说明建筑立面图的识读方法和步骤。

1. 了解图名和比例

从图3-2-5和图3-2-6中可以看出这两个立面图分别为南立面图和北立面图。比例为1:100，如果用轴线来命名，应分别为①～⑪立面图和⑪～①立面图（以轴号在立面图中从左向右的顺序来命名）。

2. 注意建筑的外貌和特征

从图3-2-5～图3-2-6中可以看到该住宅楼为六层，下面带有地下室，地下室为半地下室，地下室的外窗在室外地面以上。与平面图结合识读可知楼梯间就在外门部位，因此外门上的小窗为楼梯间平台上方的窗户，与各屋的外窗不在同一水平位置。若该楼每层都有圈梁，且设在各层窗洞上方与过梁重合，则楼梯间窗洞会将圈梁断开，此时应注意附加圈梁的设置。在各个楼梯间的左右两侧设有阳台。两楼梯间一侧各有一雨水管。檐口为女儿墙形式。从图3-2-5～图3-2-6中可以看出，该建筑的南立面上分别画出了各层的窗及阳台的形式。

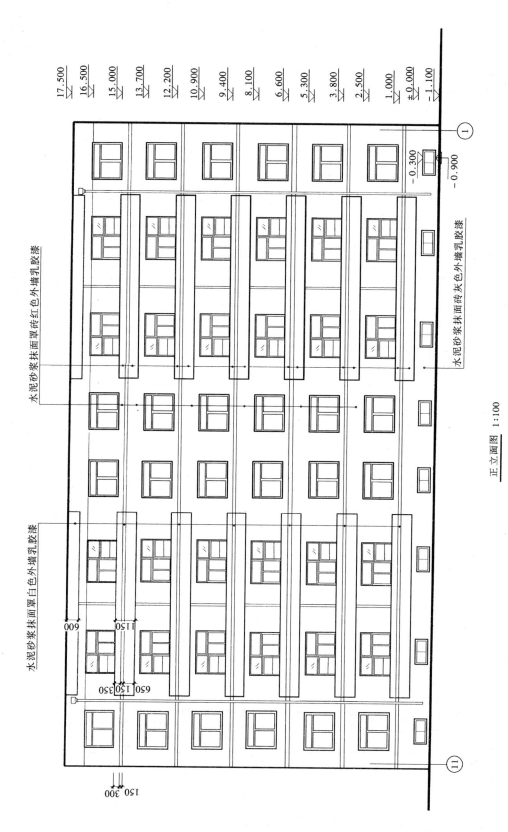

图 3-2-5 正立面图

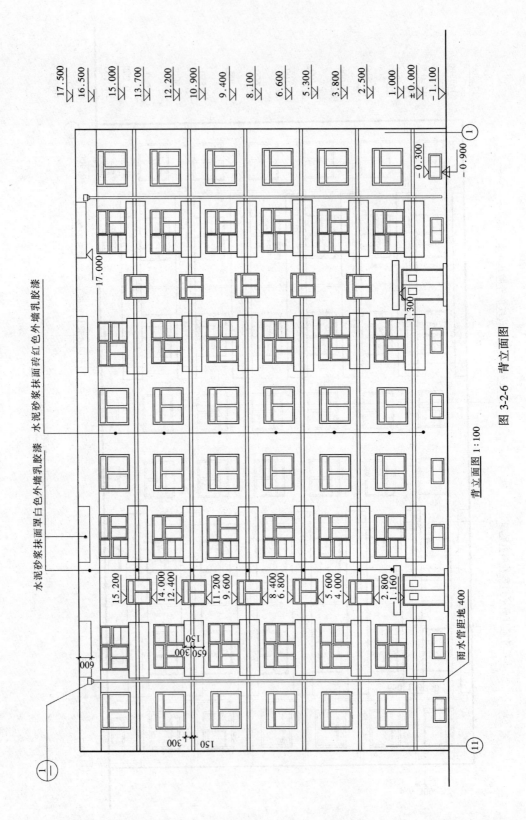

图 3-2-6 背立面图

3．熟悉建筑外装修要求

从图中可知该建筑外墙面装修做法。图中是用文字加以注明，有时也用代号表示。在工程做法中详细说明墙面的装修方法，如正立面图的墙面做法首先采用水泥砂浆抹面，再罩外墙乳胶漆，并且大面积为砖红色，装饰横线位置为白色宽为150，女儿墙位置也为白色乳胶漆，图3-2-7中的侧立面图做法与图3-2-5~图3-2-6相同。

4．了解建筑高度

从图3-2-5和图3-2-6可知，该建筑屋顶标高为17.500m，室外地坪标高-1.100m，住宅楼自室外地面起的高度为17.500＋1.100＝18.600m。各层窗洞的高度为窗顶标高与窗台标高的差值，如2.500－1.000＝1.500m，表示窗洞高1.50m。楼梯间窗洞4.000－2.800＝1.200m。

第四节　建筑剖面图

一、建筑剖面图的形成与作用

假想用一个或一个以上的铅直平面剖切房屋，所得到的剖面图称为建筑剖面图，简称剖面图。建筑剖面图用以表达房屋的结构形式、分层情况、竖向墙身及门窗、楼地面层、屋顶檐口等的构造设置及相关尺寸和标高。

剖面图的数量及其位置应根据建筑自身的复杂程度而定，一般剖切位置选择房屋的主要部位或构造较为典型的地方如楼梯间等，并应通过门窗洞口。剖面图的图名符号应与底层平面图上的剖切符号相对应。

二、建筑剖面图的图示内容

（1）表示被剖切到的墙、柱、门窗洞口及其所属定位轴线。剖面图的比例应与平面图、立面图的比例一致，因此在1∶100的剖面图中一般也不画材料图例，而用粗实线表示被剖切到的墙、梁、板等轮廓线，被剖断的钢筋混凝土梁板等应涂黑表示，具体省略画法同本篇第二节。

（2）表示室内底层地面、各层楼面及楼层面、屋顶、门窗、楼梯、阳台、雨篷、防潮层、踢脚板、室外地面、散水、明沟及室内外装修等剖到或能见到的内容。

（3）标出尺寸和标高。

在剖面图中要标注相应的标高及尺寸。

1）标高：应标注被剖切到的所有外墙门窗口的上下标高，室外地面标高，檐口、女儿墙顶以及各层楼地面的标高。

2）尺寸：应标注门窗洞口高度，层间高度及总高度，室内还应注出内墙上门窗洞口的高度以及内部设施的定位、定形尺寸。

（4）楼地面、屋顶各层的构造

一般可用多层共用引出线说明楼地面、屋顶的构造层次和做法。如果另画详图或已有构造说明（如工程做法表），则在剖面图中用索引符号引出说明。

三、建筑剖面图的识读方法和步骤

以图3-2-7为例说明建筑剖面图的阅读方法。

1．了解图名、比例

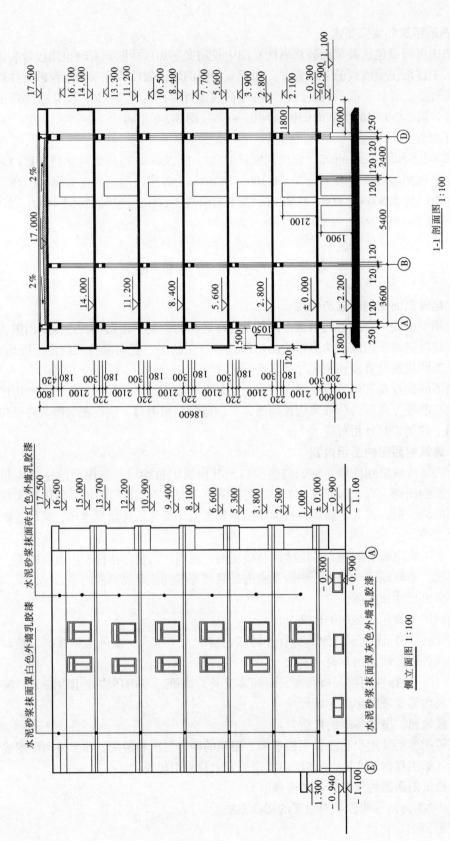

图 3-2-7 侧立面图、1-1 剖面图

首先应将剖面图的图名与底层平面图上的剖切符号对照阅读，弄清楚剖切位置及剖视方向。从图 3-2-7 中可以看到该剖面图为 1-1 剖面图，与底层平面图剖切符号对照可以看到剖切位置在⑤～⑥轴线之间，将整座楼剖切开并向左侧投影。

2. 明确建筑的主要结构材料和构造形式

从图 3-2-7 中 1-1 剖面图可以看到该住宅的垂直方向承重构件是砖墙，水平方向承重构件从地下室底板、各层楼板到屋顶均为现浇钢筋混凝土（如果用预制楼板，通常用两条中粗实线表示楼板的轮廓，中间不涂黑），楼板与内外墙相交处均做现浇钢筋混凝土圈梁（梁高 300、宽度随墙）。所以该住宅是砖混结构（即由砖和钢筋混凝土结构混合承重的结构），阳台与楼板浇筑成一体，为现浇整体式楼盖。从图中还可看到门窗洞口上均有钢筋混凝土过梁，截面高 180。以上构件的材料选用和配筋情况需看结构施工图。

3. 注意建筑各部位的竖向高度

本建筑室内外高差为 1.10m（指室外地面与一层地面之间的高差）。住宅楼总高为 18.60m。首层室内地面标高为 ±0.000，地下室标高为 -2.20m，所以地下室的层高为 2.2m。一层至五层层高为 2.80m，六层层高为 3.00m。阳台栏板高为 1.05m。图中内门高度，地下室为 1.90m，其他各层为 2.10m。

4. 识读图中的水平尺寸，同时注意屋面坡度和构造情况

图中下方标注了住宅楼横向的剖面尺寸，如墙厚、进深等尺寸。

从图中可知该建筑屋面坡度是 2%，且为保温屋面（画有网状材料图例）。图中标高 17.000m 为屋面板的结构上皮标高。

第五节 建 筑 详 图

建筑平面图、立面图、剖面图表达出建筑的外形、平面布局、墙柱楼板及门窗设置和主要尺寸，但因反映的内容范围大，使用的比例就较小，因此对建筑的细部构造就难以表达清楚。为了满足施工要求，对房屋的细部构造用较大的比例、详细地表达出来，这样的图称为建筑详图，有时也叫做大样图。常用的比例有 1:25、1:20、1:10、1:5、1:2、1:1 等。通常有局部构造详图（如墙身、楼梯等详图）、局部平面图（如住宅的厨房、卫生间等平面图），以及装饰构造详图（如墙面的墙裙做法、门窗套装饰做法等）详图。

下面介绍建筑施工图中常见的详图识读。

一、墙身详图

墙身详图也叫墙身大样图，实际上是建筑剖面图的局部放大图。它表达了墙身与地面、楼面、屋面的构造连接情况以及檐口、门窗顶、窗台、勒脚、防潮层、散水、明沟的尺寸、材料、做法等构造情况，是砌墙、室内外装修、门窗安装、编制施工预算以及材料估算等的重要依据。有时在外墙详图上引出分层构造，注明楼地面、屋顶等的构造情况，而在建筑剖面图中省略不标。

在多层房屋中，若各层的构造情况一样时，可只画墙脚、檐口和中间层（含门窗洞口）三个节点，按上下位置整体排列，如图 3-2-8 所示。由于门窗一般均有标准图集，为简化作图采用折断省略画法，因此门窗在洞口处出现双折断线（该部位图形高度变小，但标注的窗洞竖向尺寸不变）。有时墙身详图不以整体形式布置，而把各个节点详图分别单

独绘制，也称为墙身节点详图。墙身详图应按剖面图的画法绘制，被剖切到的结构墙体用粗实线（b）绘制，装饰层轮廓用细实线绘制（$0.25b$），在断面轮廓线内画出材料图例。

墙身详图的主要内容有：

（1）表明墙身的定位轴线编号，墙体的厚度、材料及其本身与轴线的关系（如墙体是否为中轴线等）。

（2）表明墙脚的做法，墙脚包括勒脚、散水（或明沟）、防潮层（或地圈梁）以及首层地面等的构造。

（3）表明各层梁、板等构件的位置及其与墙体的联系，构件表面抹灰、装饰等内容。

（4）表明檐口部位的做法。檐口部位包括封檐构造（如女儿墙或挑檐）、圈梁、过梁、屋顶泛水构造、屋面保温、防水做法和屋面板等结构构件。

（5）图中的详图索引符号等。

现以图 3-2-8 为例说明墙身详图的读图方法和步骤，一般以自下而上顺序识读。

1. 了解该墙的位置、厚度及其定位

从图中可知该墙为外纵墙，轴线编号是Ⓐ，墙厚 370mm，定位轴线与墙外皮相距 250mm，与墙内皮相距 120mm。

2. 熟悉竖向高度尺寸及其标注形式

在详图外侧标注一道竖向尺寸，从室外地面至女儿墙顶（各尺寸如图所示）。在楼地面层和屋顶板标注标高，注意中间层楼面标高采用 2.800、5.600、8.400、11.200m 上下叠加方式简化表达，图样在此范围中只画中间一层。在图的下方，标注了板式基础的尺寸和地下室地面标高等。

3. 详细识读墙脚构造

从图中可知该住宅楼有地下室，地下室底板是钢筋混凝土，最大厚度 450mm，起承重作用，地下室地面做法如图所示，采用分层共用引出线方式表达。地下室顶板即首层楼板为现浇钢筋混凝土。楼板下地下室的窗洞高为 600mm，洞口上方为圈梁兼过梁，圈梁高 300mm。

图中散水的做法是下面素土夯实并垫坡，其上为 150mm 厚 3:7 灰土，最上面 50mm 厚 C15 混凝土压实抹光。一层窗台下暖气槽做法详见 93J3（一）第 13 页中"2b"号详图。

4. 看清各层梁、板、墙的关系

如图中所示，各层楼板下方都设有现浇钢筋混凝土圈梁与楼板成为一体，且为圈梁兼过梁的构造，梁截面宽度为 370mm、高度 300mm。楼地层做法在楼层位置标注，分层做法如图所示。

5. 详细识读檐口部位的构造

如图所示为女儿墙檐口做法，墙下的圈梁与屋面板现浇成为一体。女儿墙厚 240、高 500mm，上部压顶为钢筋混凝土（厚度最大处为 120mm，压顶斜坡坡向屋面一侧）。该楼屋顶做法是：现浇钢筋混凝土屋面板，上面铺 60mm 厚聚苯乙烯泡沫塑料板保温层，1:6 水泥焦渣找坡 2%，最薄处厚 30mm，在找坡层上做 20mm 厚 1:2.5 水泥砂浆找平层，上做 4mm 厚 SBS 改性沥青防水层。檐口位置的雨水管、女儿墙泛水压顶均采用标准图集 98J5 中的相应详图。

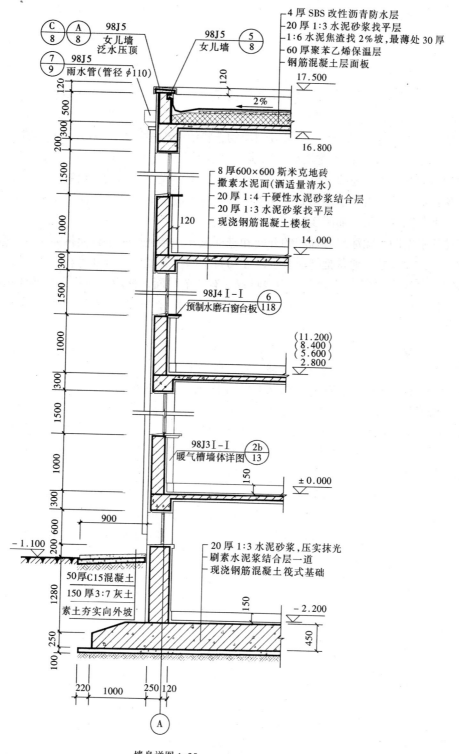

图 3-2-8 墙身详图

二、楼梯详图

楼梯是建筑中构造比较复杂的部位，其详图一般包括楼梯平面图，楼梯剖面图和节点详图三部分内容。

（一）楼梯平面图

楼梯平面图就是建筑平面图中在楼梯间部分的放大，一般用1∶50的比例绘制，通常只画底层、中间层和顶层三个平面图。

底层平面图是从第一个平台下方剖切的，将第一跑楼梯段断开（用倾斜成30°，45°的折断线表示），因此只画半跑楼梯，用箭头表示上、下行的方向。中间层平面图需画出被剖切的向上的梯段，还要画出由该层向下行的完整梯段以及休息平台等。顶层平面图是从顶层窗台处剖开，由于未剖切到楼梯段，因此图中应画出完整的楼梯段和平台，在梯口处应注"下"字及箭头，如图3-2-9所示。

楼梯平面图，除注出楼梯间的开间和进深尺寸，楼地面和平台面标高尺寸，还需注出各细部的详细尺寸。通常把梯段长度尺寸与每个踏步宽度尺寸合并写在一起，如"280×7=1960"，表示该楼梯每一踏面宽为280mm，有7个踏面，梯段水平投影长为1960mm。画图时，应将三个平面图放在同一张图纸上，做到互相对齐，便于阅读。

现以图3-2-9住宅楼梯平面图，说明楼梯平面图的读图方法。

（1）了解楼梯或楼梯间在房屋中的平面位置。如图可知该住宅楼的两部楼梯分别位于横轴③~⑤与⑨~⑪范围内以及纵轴Ⓒ~Ⓔ区域中。

（2）熟悉楼梯段、楼梯井和休息平台的平面形式、位置、踏步的宽度和踏步的数量。该楼梯为两跑楼梯。在地下室和一层平面图上，去地下室楼梯梯段有7个踏面，踏面宽280mm，楼梯段水平投影长1960mm，楼梯井宽60mm。在标准层和顶层平面图上（二层及其以上）每个梯段有8个踏步，每个踏步面宽为280mm，楼梯井宽也为60mm。楼梯栏杆用两条细线表示。

（3）了解楼梯间处的墙、柱、门窗平面位置及尺寸。该楼梯间外墙和两侧内墙厚370mm，平台上方分别设门窗洞口，洞口宽度都为1200mm，窗口居中。

（4）看清楼梯的走向以及楼梯段起步的位置。楼梯的走向用箭头表示。地下室起步台阶的定位尺寸为800mm，其他各层的定位读者可自行分析。

（5）了解各层平台的标高。一层入口处地面标高为-0.940，其余各层休息平台标高分别为1.400、4.200、7.000、9.800m，在顶层平面图上看到的平台标高为12.600m。

（6）在楼梯平面图中了解楼梯剖面图的剖切位置。从地下室平面图中可以看到3-3剖切符号，表达出楼梯剖面图的剖切位置和剖视方向。

（二）楼梯剖面图

楼梯剖面图是用假想的铅直剖切平面通过各层的一个梯段和门窗洞口将楼梯垂直剖开，向另一未剖到的楼梯段方向投影所作的剖面图。楼梯剖面图主要表达楼梯踏步、平台的构造与连接，以及栏杆的形式及相关尺寸。比例一般为1∶50、1∶30或1∶40，习惯上，如果各层楼梯都为等跑楼梯，中间各层楼梯构造又相同，则剖面图可只画出底层、顶层剖面，中间部分可用折断线省略。

在楼梯剖面图中应注明各层楼地面、平台、楼梯间窗洞的标高，每个梯段踢面的高度、踏步的数量以及栏杆的高度等。如图3-2-10中楼梯剖面图，识读时应从以下几个方面

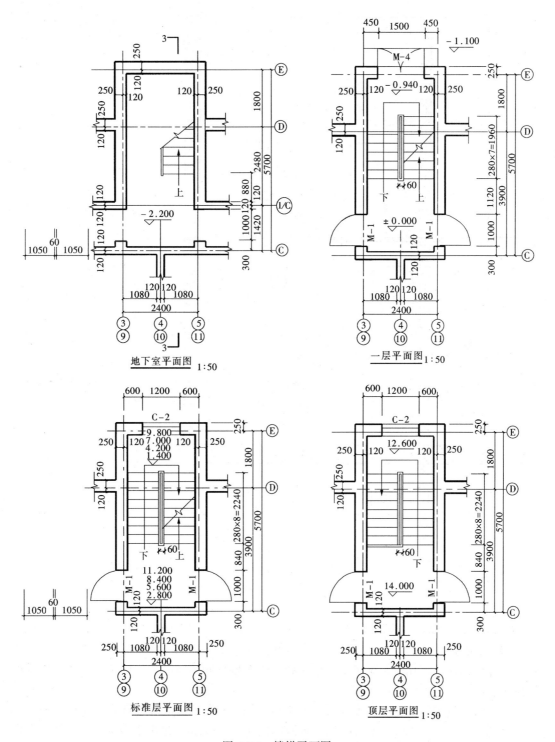

图 3-2-9 楼梯平面图

进行。

(1) 了解楼梯的构造形式。从图中可以看出该楼梯为板式楼梯,并为双跑式。

(2) 熟悉楼梯在竖向和进深方向的有关标高、尺寸和详图索引符号。该楼梯间层高

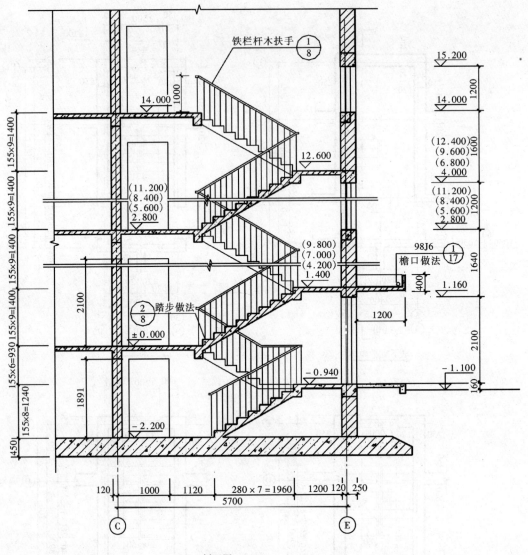

图 3-2-10 楼梯剖面图

2.800m,进深 5.70m。在图中扶手上有一索引符号,选自 98J8 中的栏杆、扶手做法。

(3) 了解楼梯段、平台、栏杆、扶手等相互间的连接构造。该楼梯为现浇钢筋混凝土板式楼梯,梯段板放在平台梁上,平台梁将力传至楼梯间横墙上。栏杆、扶手构造在节点详图中表示。

(4) 明确踏步的宽度、高度及栏杆的高度。每个梯段的竖向尺寸常采用乘积的形式来表达,如 "155×8=1240" 表示地下室梯段的踏步高 155mm、踏步个数为 8、梯段垂直高为 1240mm。楼梯栏杆高为 1000mm。

(三) 楼梯节点详图

楼梯节点详图主要指栏杆详图、扶手详图以及踏步详图。它们分别用索引符号与楼梯平面图或楼梯剖面图联系。如图 3-2-11 为栏杆、扶手和踏步做法详图。

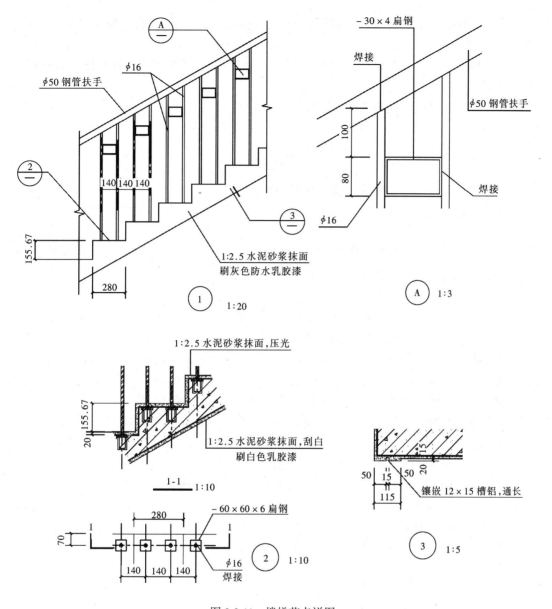

图 3-2-11 楼梯节点详图

三、其他详图

在建筑、结构设计中,对大量重复出现的构配件如门窗、台阶、面层做法等,通常采用标准设计,即由国家或地方编制的一般建筑常用的构件和配件详图,供设计人员选用,以减少不必要的重复劳动,如前述的用于华北地区的 98J 标准图等。在读图时要学会查阅这些标准图集。

查阅标准图集和查字典的方法一样,根据施工图中的说明或索引符号进行查找,查找步骤如下:

(1) 根据施工图中索引线上的代号,看清标准图集的名称、编号,找到所选用的图集。

(2) 看标准图集的说明，了解设计依据、适用范围、选用条件、施工要求及注意事项。

(3) 根据标准图集内配件、构件的代号、找到所需要的配件、构件详图，看懂做法、构造和尺寸。

(4) 注意该详图与相邻构配件的联系，明确交接做法。

第六节　施工图的识读要点

阅读施工图时，应按如下步骤并掌握其中要点：

(1) 先看目录和设计说明，了解建筑的功能、建筑面积、结构形式、层数等，对建筑有初步了解。

(2) 按照目录查阅图纸是否齐全，图纸编号与图名是否符合。如采用标准图则要了解标准图的代号，准备标准图集，以备查看。

(3) 阅读设计要求、工程做法等。

(4) 阅读总平面图，了解建筑的定位位置、尺寸、朝向、周围的环境、地形和地貌。

(5) 阅读平面图、立面图、剖面图。读图时应先看底层平面图，了解建筑的平面形状、内部布置、各向尺寸，再看其他平面图。从立面图上了解建筑的外观造型、高度以及装修要求；从剖面图上了解建筑的分层情况、楼地面、屋顶的构造做法，再把这三大图样联合起来，在大脑中"组建"该建筑的形状。对建筑的主要部位尺寸、标高及做法应适当记忆，如建筑总长、总宽、总高，房间的开间、进深、层高、墙体厚度，主要材料的标号及相应要求等。

(6) 阅读建筑详图，更加深入地了解建筑细部构造。

(7) 边看边记。在看图时，应养成边看边记笔记的习惯，记下关键内容，以便工作时备查，特别是自己比较生疏的地方。

(8) 随着识图能力的不断提高和专业知识的积累，在看图中间还应对照建筑图查阅与结构施工图、设备施工图是否有矛盾，同时也要了解其他专业对土建的要求。

第七节　绘制建筑施工图的目的和步骤

通过绘制建筑施工图，一方面能培养学生认真负责、一丝不苟的工作作风，另一方面能进一步加强学生识读施工图的能力，使学生更深入地了解施工图中每条线、每个图例的意义和构造做法，学会施工图的图示表达。

现以某住宅楼为例，说明绘制建筑施工图的步骤。

一、建筑平面图的画图步骤

如图 3-2-12 所示。

(1) 画墙身定位轴线，如图 3-2-12（a）。

(2) 画墙身轮廓线等，如图 3-2-12（b）。

(3) 画门窗洞口、楼梯、散水等细部。如图 3-2-12（c）。

(4) 检查全图无误后，擦去多余线条，按建筑平面图的要求加深加粗，并标注轴线、

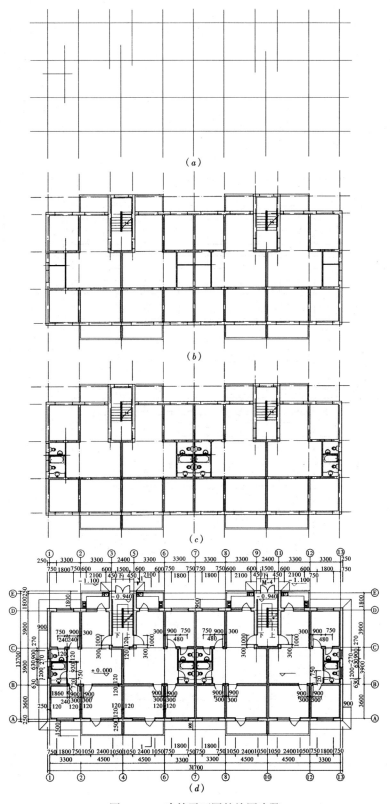

图 3-2-12 建筑平面图的绘图步骤

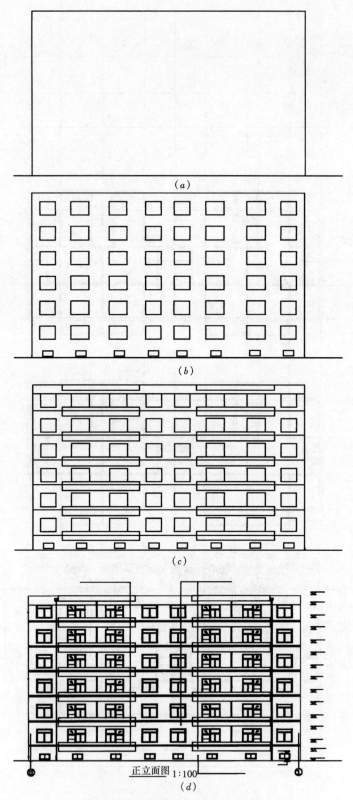

图 3-2-13 建筑立面图的绘图步骤

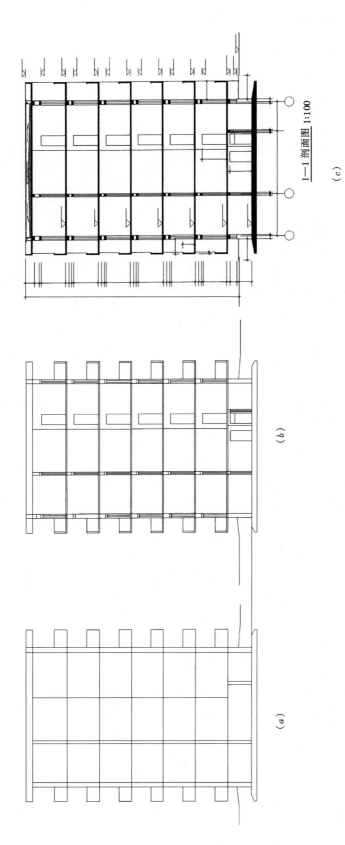

图 3-2-14 建筑剖面图的绘图步骤

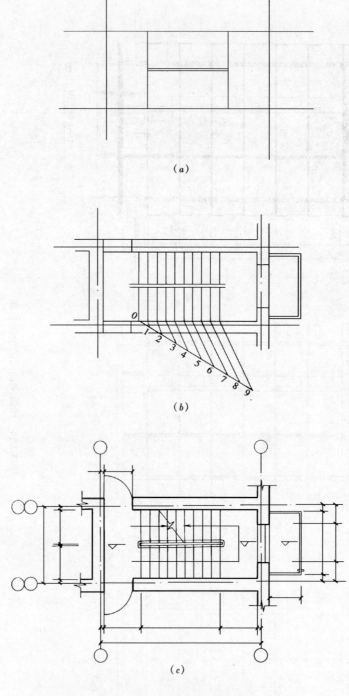

图 3-2-15 楼梯平面图的画法

尺寸、门窗编号、剖切位置线等。

(5) 写图名、比例及其他文字内容。汉字写长仿宋字：图名字高一般为 7~10 号字，图内说明字一般为 5 号字，写前最好打格，以求匀称、美观。尺寸数字字高通常用 3.5 号。字形要工整、清晰不潦草。

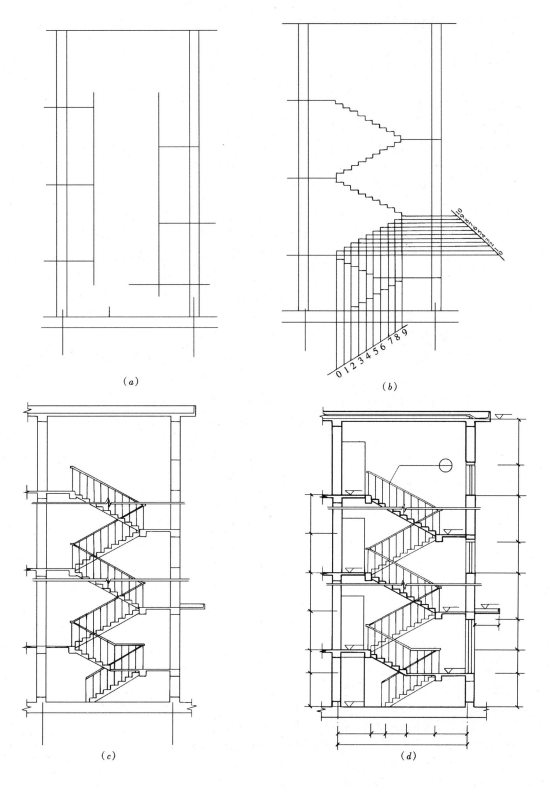

图 3-2-16 楼梯剖面图的画法步骤

二、建筑立面图的画法

如图 3-2-13 所示。

(1) 画室外地坪线、外墙边线和屋檐线，如图 3-2-13 (a)。

(2) 画各层门窗洞口线，如图 3-2-13 (b)。

(3) 画墙面细部，如阳台等。如图 3-2-13 (c)。

(4) 画门窗细部分格，墙面装修分格线等。

(5) 检查无误后，按建筑立面图所要求的图线加深、加粗、并标注标高、首尾轴线号、墙面装修说明文字、图名和比例。说明文字可用 5 号字，图名 7~10 号字。

三、建筑剖面图的画法

根据底层平面图上剖切符号确定剖面图的图示内容，做到心中有数。

(1) 画被剖切到的墙体定位轴线、墙体、楼板面及阳台、雨篷等，如图 3-2-14 (a)。

(2) 在被剖切的墙上画门窗洞口以及可见的门窗投影，如图 3-2-14 (b)。

(3) 按建筑剖面图的图示方法加深加粗图线，标注标高和尺寸。

(4) 最后对定位轴线编号，并写图名、比例、说明等，如图 3-2-14 (c)。

四、楼梯详图的画法

（一）楼梯平面图的画法（图 3-2-15）

(1) 根据楼梯间的开间、进深尺寸，画楼梯间定位轴线、墙身以及楼梯段、楼梯平台的投影位置，如图 3-2-15 (a)。

(2) 用平行线等分楼梯段，画出各踏面的投影，如图 3-2-15 (b)。

(3) 画出栏杆、楼梯折断线、门窗等细部内容，并画出定位轴线，标出尺寸、标高和楼梯剖切符号等，如图 3-2-15 (c)。

(4) 写出图名、比例、说明文字等。

（二）楼梯剖面图的画法（图 3-2-16）

(1) 画定位轴线及各楼面、休息平台、墙身等高线，如图 3-2-16 (a)。

(2) 用平行线等分的方法，画出梯段剖面图上各踏步的投影，如图 3-2-16 (b)。

(3) 画楼地面、楼梯休息平台的厚度以及其他细部内容，如图 3-2-16 (c)。

(4) 检查无误后，加深、加粗并画详图索引符号，最后标注尺寸、图名等，如图 3-2-16 (d)。

思 考 题

1. 建筑施工图包括哪些图样？
2. 总平面图的作用是什么？
3. 建筑平面图是如何形成的？应标注哪些尺寸和标高？什么是标准层平面图？
4. 阅读图 3-2-3，试述该建筑的平面形状、开间、进深、层高及墙体类型、厚度等。
5. 建筑平面图中应标注哪些尺寸和标高？说出其标注的位置。
6. 建筑立面图是如何形成的？主要反映哪些内容？有哪几种命名方式？
7. 什么是建筑剖面图？它表达哪些内容？
8. 墙身详图主要反映哪三部分内容？
9. 楼梯详图包括哪些内容？楼梯平面图、剖面图和详图是如何得到的？阅读时能了解哪些内容？
10. 建筑平面图、立面图、剖面图的主要绘图步骤有哪些？图中的线宽各有哪些要求？

实训题——抄绘建筑施工图

一、目的
1. 明确建筑施工图的组成和编排顺序。
2. 掌握建筑施工图中的有关规定，明确建筑施工图的形成和图示表达方法。
3. 熟练掌握建筑平面图、建筑立面图、建筑剖面图和建筑详图的识读方法，明确识读重点。
4. 掌握建筑施工图的画法。

二、内容
用 A2 图幅铅绘纸（白图纸），按图示比例抄绘附录 A 中"一层平面图"到"屋顶平面图"的图样（或由教师指定其中应完成的图样。标题栏采用作业用标题栏）。

三、要求
1. 完整识读附录 A 整套图样，明确图示建筑物的造型，主要内外施工做法、材料要求和构造尺寸。
2. 明确建筑施工图中做法、标高及尺寸等标注的基本形式、注写规律和要求。
3. 会应用索引符号查找对应的详图。认真理解详图中的构造做法、尺寸标高等施工技术内容。
4. 进一步熟悉建筑施工图中各图样的绘图要求，促进识图能力的提高。
5. 结合图纸，在教师的指导下，可进行每层建筑面积、总建筑面积、外墙面积、教室净面积、门窗数量及面积等的计算，从而提高识读能力。
6. 绘图步骤及要求：参照本章第七节内容。

四、注意事项
1. 用铅笔绘制各图样，比例遵守图示比例。
2. 按照制图标准绘制图线和标注尺寸，最好在写字前打好字格。
3. 尺寸数字用 3.5 号字、说明文字 5 号字，图名 10 号字书写。写好长仿宋字。
4. 图形应按图示尺寸绘制。如有不详处可按大致比例绘出。
5. 对于墙体、柱子等承重构件的位置一定要先画出定位轴线，然后再画其轮廓。

五、识图要点
建筑平面图：
（1）建筑物的功能用途，结合底层平面图上的指北针判定建筑物的朝向。明确主要出入口所在的位置。
（2）各层的平面形状，总长、总宽尺寸，各主要功能房间的开间、进深尺寸。注意对照各层的异同。下一层平面图上已画的室外内容（散水、台阶、雨篷等），通常在上层平面图中省略不画。
（3）建筑物的内外墙体厚度尺寸、门窗洞口尺寸和编号情况。
（4）楼梯间的数量、位置；楼梯的形式。
（5）各层楼地面的标高。有水房间地面、阳台地面的标高一般与其他地面相比要低。
（6）注意有无悬挑出的阳台、雨篷及其相应尺寸。
（7）注意索引符号及其所在的位置构造。
（8）注意平面图中的尺寸，通常不含抹灰层厚度。

六、扩展知识
简单工程量计算配套学习资料。
详见书后附录 C、D。

第三章 装饰施工图

随着我国经济的发展及人民生活水平的提高，建筑装饰越来越受到人们的重视，成为建筑工程中不可忽视的内容，所以，识读装饰施工图也是学习建筑识图的任务之一。

一、装饰施工图的组成

装饰施工图是用于表达建筑物室内室外装饰美化要求的施工图样。它是以透视效果图为主要依据，采用正投影等投影法反映建筑的装饰结构、装饰造型、饰面处理，以及反映家具、陈设、绿化等布置内容。图纸内容一般有平面布置图、顶棚平面图、装饰立面图、装饰剖面图和节点详图等。

二、装饰施工图的特点

装饰施工图与建筑施工图的图示方法、尺寸标注、图例代号等基本相同。因此，其制图与表达应遵守现行建筑制图标准的规定。装饰施工图是在建筑施工图的基础上，结合环境艺术设计的要求，更详细地表达了建筑空间的装饰做法及整体效果，它既反映了墙、地、顶棚三个界面的装饰结构、造型处理和装修做法，又图示了家具、织物、陈设、绿化等的布置。常用的装饰图例见表3-3-1。

三、装饰施工图的内容

（一）平面布置图

1. 形成

平面布置图是假想用一水平的剖切平面，沿需装饰的房间的门窗洞口处作水平全剖切，移去上面部分，对剩下部分所作的水平正投影图。它与建筑平面图的形成及表达的结构体内容相同，所不同的是增加了装饰和陈设的内容。

平面布置图的比例一般采用1:100、1:50，内容比较少时采用1:20。剖切到的墙、柱等结构体的轮廓，用粗实线表示，其他内容均用细实线表示。

装饰施工图图例　　　　　　　　　表3-3-1

图例	名称	图例	名称	图例	名称
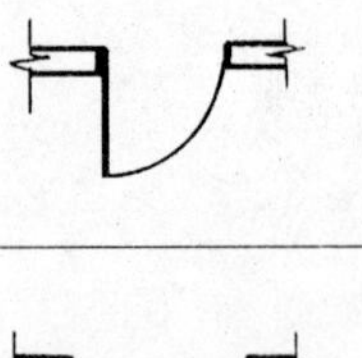	单扇门	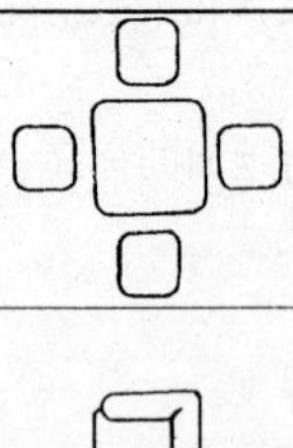	四人桌椅	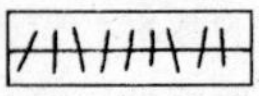	衣柜
	双扇门		沙发		其他家具（写出名称）
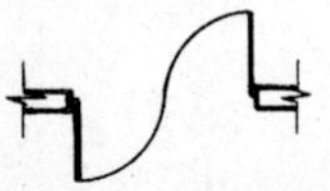	双扇内外开弹簧门		各类椅凳		双人床及床头柜

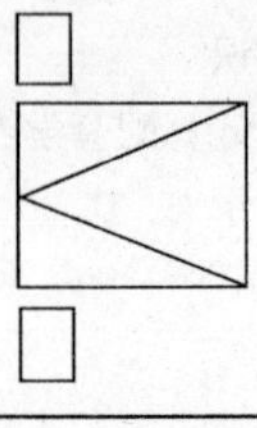

续表

图 例	名 称	图 例	名 称	图 例	名 称
	单人床及床头柜		盆 花		吊 灯
	电视机		地 毯		消防喷淋器
		○	嵌 灯		烟感器
	帘 布		台灯或落地灯		浴 缸
	钢 琴		吸顶灯		洗面台
					座式大便器

2. 图示内容

现以某宾馆会议室（装饰效果如图 3-3-1）为例，说明平面布置图的内容，如图 3-3-2 所示。

图 3-3-1　某会议室效果图

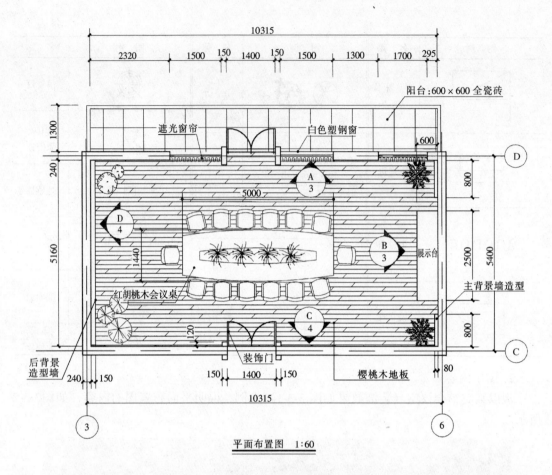

图 3-3-2 平面布置图

(1) 图上尺寸内容有三种：一是建筑结构体的尺寸；二是装饰布局和装饰结构的尺寸；三是家具、设备等尺寸。如会议室平面长为③～⑥轴线的10.315m，宽为ⓒ～ⓓ轴线的5.40m，室外有挑出1.30m的阳台。⑥轴线墙一侧有主背景墙造型，突出墙面。室内有红胡桃木制作的船形会议桌、椅子及展示台等，会议桌长宽为5.00m和1.44m。

(2) 表明装饰结构的平面布置、具体形状及尺寸，表明饰面的材料和工艺要求。一般装饰体随建筑结构而做，如本图门洞两侧做了装饰造型，形成突出墙面的矩形假柱，平面尺寸分别为150mm和120mm。后背景墙造型突出墙面150mm，地面为胡桃木地板。

(3) 室内设备、陈设、织物、绿化的摆放位置。在图中四角放置了盆栽植物用于点缀，窗口位置设窗帘用于遮阳等。

(4) 表明门的开启方式及洞口尺寸。有关门窗的造型、做法，在平面布置图中不反映，交由详图表达。所以图中可见会议室门为内开门，阳台门为外开门。两门宽度均为1.40m。

(5) 理解各面墙的内视投影符号。如图中的"A/3"，表示站在该处向ⓓ轴线墙面观察（箭头所指方向）、并把观察到的投影命名为"A"向、图样画在图号为"3"的图纸上。内视投影符号的直径为10～15mm，细实线绘制。

(二) 顶棚平面图

1. 形成

用一个假想的水平剖切平面,沿需装饰房间的门窗洞口处,作水平全剖切,移去下面部分对剩余的上面部分所作的镜像投影,就是顶棚平面图,如图 3-3-3 所示。镜像投影是镜面中反射图像的正投影。顶棚平面图一般不画成仰视图。

顶棚平面图用于反映房间顶面的造型、装饰做法及所属设备的位置、尺寸、标高等内容。常用比例同平面布置图。

2. 图示内容

现结合图 3-3-3 加以说明:

(1) 反映顶棚范围内的装饰造型及尺寸标高等。本图为一有弧线造型的顶棚,对照效果图再看顶棚平面图可知,图中平行竖线部分为圆弧吊顶投影,其中的 "240" mm 代表两道圆弧之间的灯槽,竖向虚线代表灯槽板。四周沿墙吊顶(由于有叠落,该吊顶也称叠级吊顶)的标高为 2.85m,梁底为直接刮白、刷乳胶漆完成面标高为 2.800m。

(2) 反映顶棚所用的材料规格、灯具灯饰等装饰内容(若有空调风口及消防报警等设备时还需画出它们的位置)。本图弧形吊顶采用轻钢龙骨纸面石膏板,板面刮白、罩白色乳胶漆。而 ⓒ、Ⓓ 轴线一侧造型吊顶采用木龙骨纸面石膏板做法,此处为向上倾斜的吊顶,挑出长度 700mm。吊顶中设有筒灯和暗槽灯(虚线为灯槽板投影),筒灯为直接照明,暗槽灯为内藏日光灯带,属间接照明,烘托装饰效果。

(3) 对造型复杂的地方,应有反映其做法的详图索引符号。如图中反映纵向构造做法的 1-1 剖切符号和圆弧顶造型的 "A/23" 剖切索引符号。

(三)装饰立面图

1. 形成

将建筑物装饰的外墙面或内部墙面向铅直的投影面所作的正投影图就是装饰立面图。图上主要反映墙面的装饰造型、饰面处理,以及剖切到的顶棚的断面形状、投影到的灯具或风管等内容。

装饰立面图所用比例为 1:100、1:50 或 1:25。室内墙面的装饰立面图一般选用较大比例,如图 3-3-4 为 1:50。

2. 图示内容

以图 3-3-4、图 3-3-5 为例说明:

(1) 在图中用相对于本层地面的标高(习惯上本层装饰完成后的地面标作 ±0.000),标注各装饰位置竖向尺寸,如图中窗台、梁底标高等。

(2) 顶棚面的距地及其叠级(凸出或凹进)造型的相关尺寸。如图 3-3-4A 向立面图中顶棚距地为 2.85m。图 3-3-5B 向立面图圆弧顶棚距地为 3.200m,左右两侧叠级吊顶的造型尺寸分别为 300、400mm。

(3) 墙面造型的样式及饰面的处理。在图 3-3-4 中墙面用红胡桃木饰面板饰面,墙面窗台以上水平分格线采用宽 12×12×1 [宽×高×厚] 不锈钢槽线装饰,窗台以下分格线为 3mm 宽留缝做法(简称工艺缝),窗台下暖气罩用红胡桃木制作、格栅造型。图 3-3-5 中墙面也用红胡桃木饰面,但分格线做法均为 3mm 工艺缝,墙面中央有挂画,两侧有壁灯装饰。

(4) 墙面与顶棚面相交处的做法。在图 3-3-4、图 3-3-5 中采用墙面与吊顶面直接相交

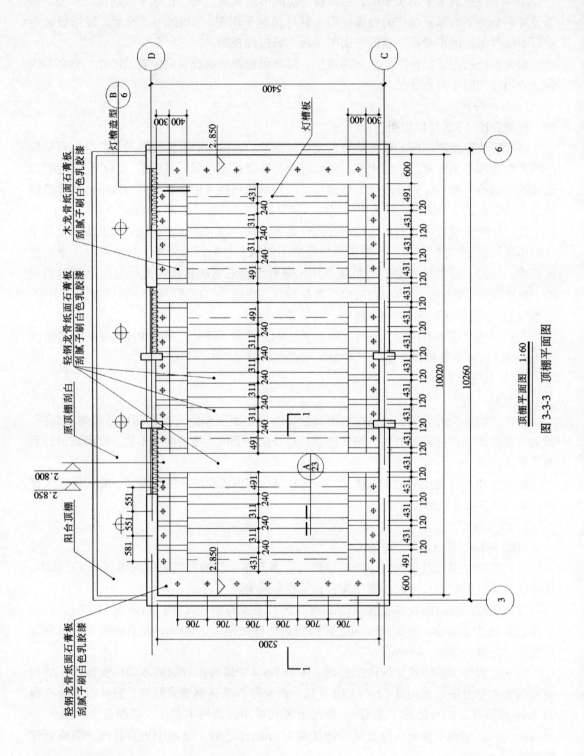

图 3-3-3 顶棚平面图

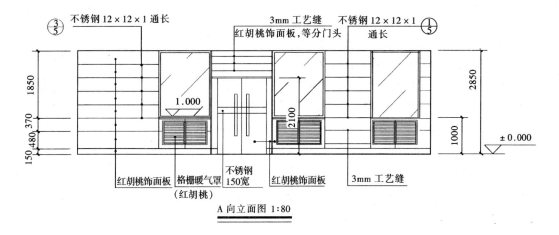

图 3-3-4 装饰立面图——A 向立面图

做法,无顶角线。

(5) 门窗的位置、形式及墙面、顶棚面上的灯具及其他设备。在 A 向立面图中,大门为装饰门,门上部亮子区域为横线做法,门面和门套均为红胡桃木饰面,门上有 150mm 宽水平不锈钢装饰带。

(6) 固定家具在墙面中的位置、立面形式和主要尺寸。从图 3-3-5 中可见有展示柜一张,长度为 2.40m。

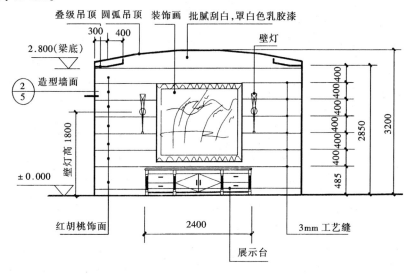

图 3-3-5 装饰立面图—B 向立面图

四、装饰剖面图及节点详图

装饰剖面图是将装饰面(或装饰体)整体剖开(或局部剖开)后,得到的反映内部装饰结构与饰面材料之间关系的正投影图。一般采用 1:10~1:50 的比例。

节点详图是前面所述各种图样中未明之处,用较大的比例画出的用于施工图的图样(也称作大样图)。

在图 3-3-6、图 3-3-7 中顶棚的装饰剖面及节点详图即为一例。图中反映了某会议室弧形顶棚的构造做法。图 3-3-6 的 1-1 剖面图反映了顶棚与墙和梁相交的做法和造型，顶棚最低处为 2.850m，左侧吊顶宽度为 600mm，向右的其他水平尺寸表示了圆弧顶的吊顶面和灯槽口处的宽度，灯槽口立边高为 80mm。图 3-3-7 表示了圆弧顶棚节点做法，其做法为轻钢龙骨吊顶纸面石膏板封闭，板面刮白罩乳胶漆，两侧吊顶形成的开口水平宽为 240mm，圆弧吊顶高度从最低的 150mm 到最高的 500mm，高差为 350mm，灯槽内设有 20W 日光灯带（沿圆弧长度设置），灯槽板及楼板底面均直接刮白后罩白色乳胶漆。

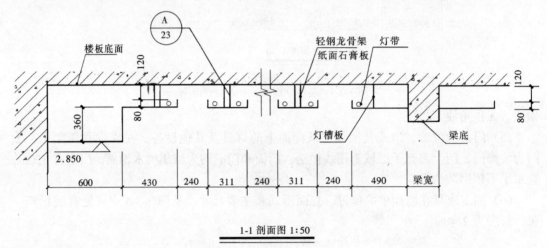

图 3-3-6 装饰剖面图—顶棚剖面图

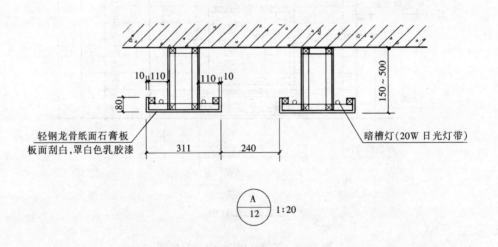

图 3-3-7 装饰节点图—顶棚节点详图

五、装饰施工图的画法

装饰施工图的绘图步骤、要求同建筑施工图，这里不再赘述。

思 考 题

1. 装饰施工图由哪些图纸组成？
2. 装饰施工图有哪些特点？
3. 平面布置图、顶棚平面图是怎样形成的，反映哪些内容？
4. 什么是内视符号，怎样绘制？
5. 内视符号对应的是什么图，反映什么内容？

附录 A 某楼建筑施工图

一、为了提高读者的识图能力，这里选编了某教学楼建筑施工图一套作为识图训练之用。

二、限于篇幅，选编了其中的主要图样。

三、由于印刷制版的原因、图形缩小，图中的比例已不是原图所标注的比例。

四、某综合楼建筑施工图图纸目录。

工 程 做 法 表

序号	部 位	做 法 说 明	索引图集代号
1	大门雨篷	正立面雨篷造型,香槟色铝塑板装饰(详图见装饰施工图)	
2	其他雨篷	其他雨篷为水泥砂浆抹面,刷白色外墙乳胶漆	98J1外4
3	外墙面	外墙面水泥砂浆抹面,刷白色外墙乳胶漆(颜色见立面图或现场定)	98J1外7
4	挑檐口	水泥砂浆抹面刷白色外墙乳胶漆	98J1外5
5	大门台阶	混凝土台阶铺50厚芝麻白机刨板	98J1台9-A
6	其他门台阶	混凝土台阶水泥砂浆抹面	98J1台2
7	散 水	混凝土散水	98J1散3
8	其他门棚底	板底水泥石灰膏抹面白色外墙乳胶饰面	98J1棚7
9	屋 面	改性沥青柔性油毡(SBS)防水层,冷粘法	98J1屋11
10	屋面保温	聚苯乙烯泡沫塑料板保温,厚60	
11	雨水管	UPVC白色雨水管	98J5p9-7
12	地 面	铺800×800×5全瓷抛光地砖,藕荷色	98J1地13
13	楼 面	铺800×800×5全瓷抛光地砖,藕荷色	98J1楼13
14	踢脚线	中国黑花岗石踢脚线,150高	98J1踢6,厚10
15	卫生间地面	铺防滑地砖300×300,颜色现场定	98J1地14
16	卫生间楼面	铺防滑地砖300×300,颜色现场定	98J1楼14
17	卫生间墙底	贴白色瓷砖200×300,1800高	98J内37
18	卫生间内墙	混合砂浆抹灰,刮白色仿瓷涂料	98J1内5,油18
19	顶 棚	混合砂浆抹灰,刮白色仿瓷涂料	98J1棚7,油18
20	窗 台 板	花岗石窗台板,长同洞口,周角抛光	详图见建施2
21	门窗护角	1:1水泥砂浆抹每侧60宽,高1800	
22	楼梯踏步	铺贴全瓷抛光台阶防滑颜色板楼面,设配套防滑条	98J18楼18
23	楼梯栏杆	木制钢栏杆高1200	98J18p37-2
24	油漆墙裙	走廊教室门厅办公室楼梯间等,灰白色	98J1油9
25	其他油漆	外露金属防锈漆一遍,罩灰白色调和漆一遍	98J1油24
26	木作油漆	木作批腻子磨平罩灰白色调和漆一遍	98J1油9
27	教室黑板	大黑板为墨绿色金属黑板,学习园地为磨砂玻璃5厚	
28	讲 台	砖砌架混凝土板,表面同教室地面做法	98J2p27-6,p37-9
29	卫生间洗面台	中国黑花岗石台面,台下圆盆	98J2p27-6,p37-9
30	外墙勒脚	贴仿磨菇石外墙面,砖灰色,1450高	98J1外24 98J12-B类-EFG

门 窗 统 计 表

门窗名称	洞口尺寸 宽×高	门窗数量 1层	门窗数量 2至5层	门窗数量 6层	图集名称	图集中代号	备 注
C-1	1800×1800	13	56	3	98J4(一)PVC门窗	2GC-66	
C-2	2100×1800		8		98J4(一)PVC门窗	2GC-76	
C-3	1500×1500		7		98J4(一)PVC门窗	2GC-55	
M-1	1000×2400	3			98J4(三)木门窗		见装饰图
M-2	1000×2400	8	52	3	98J4(三)木门窗	1M,18	
M-3	1500×2400	3		1	98J4(三)木门窗	4M58	

设计说明:

◆ 本工程建筑面积3216m²,局部六层,钢筋混凝土框架结构。
◆ 框架填充墙:MU7.5灰渣砖,M5混合砂浆砌筑。门窗洞口四周用240厚同标号实心黏土砖砌筑。
◆ 钢筋混凝土过梁选用C322图集;GLA4102用于1m宽窗门,GLA4152用于1.5m洞口,GLA4182用于1.80m洞口。
◆ 门窗设于端柱中心线上,铺中国黑花岗石,长同洞口,宽为150,厚为20。
◆ 施工时请遵守现行施工验收规范。

图 纸 目 录

序号	图别	图号	图纸内容	备 注
1	建施	01	设计说明,工程做法,门窗表	
2	建施	02	一层平面图	
3	建施	03	二至五层平面图	
4	建施	04	六层平面图	
5	建施	05	正立面图	
6	建施	06	背立面图	
7	建施	07	左侧立面图	
8	建施	08	1-1剖面图,檐口详图	
9	建施	09	屋顶平面图	
10	建施	10	屋顶造型平面图、立面图	
11	建施	11	屋顶造型详图	

项目负责		专业负责		××建筑设计研究所	工程名称	××大学经济信息学院 教学楼	设计号	03-16
审 定		设 计			设计说明 工程做法 门窗表		图别	建施
校 核		制 图					图号	01

339

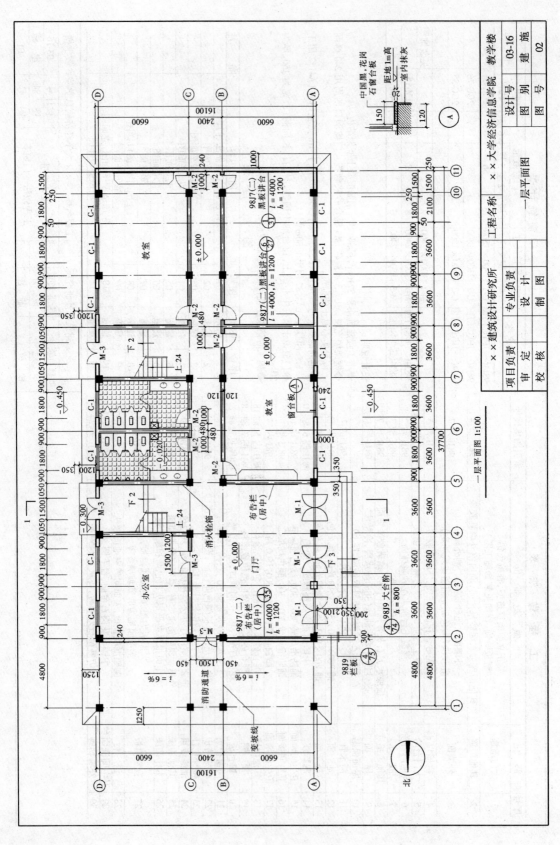

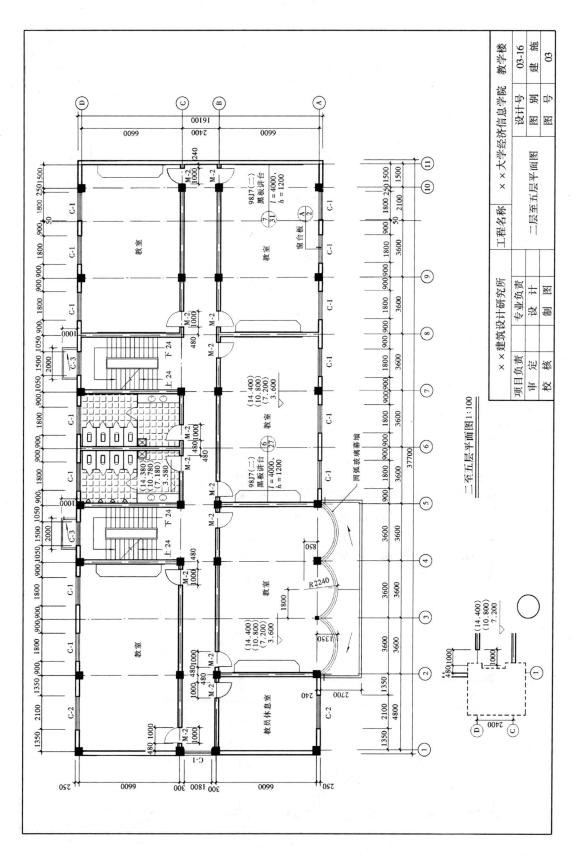

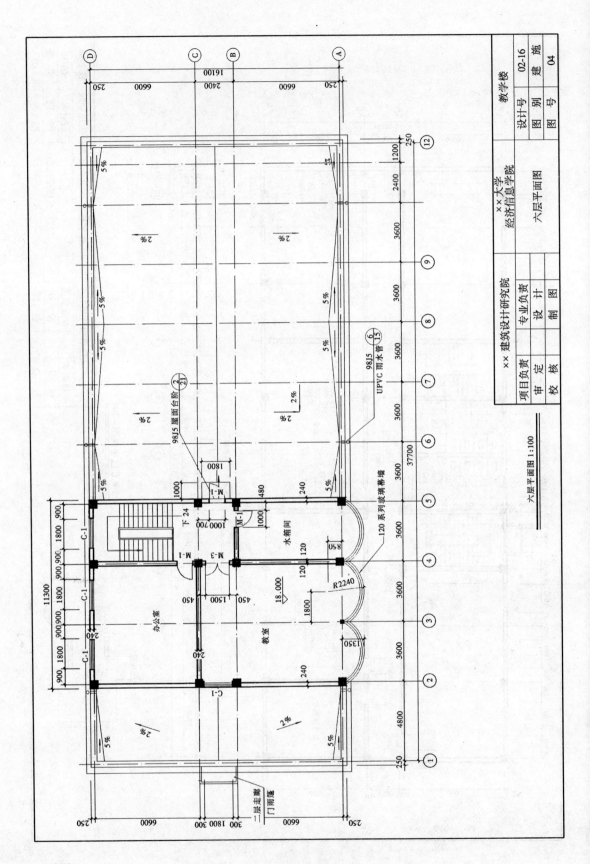

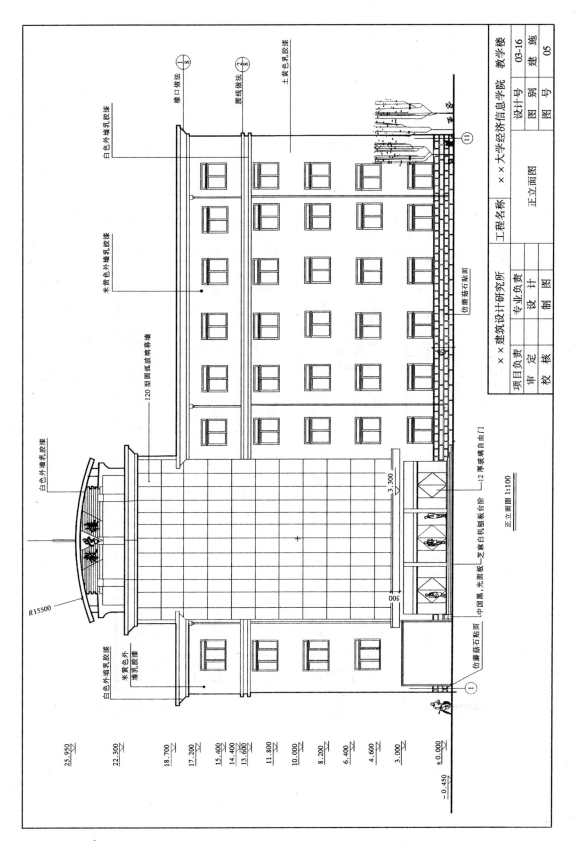

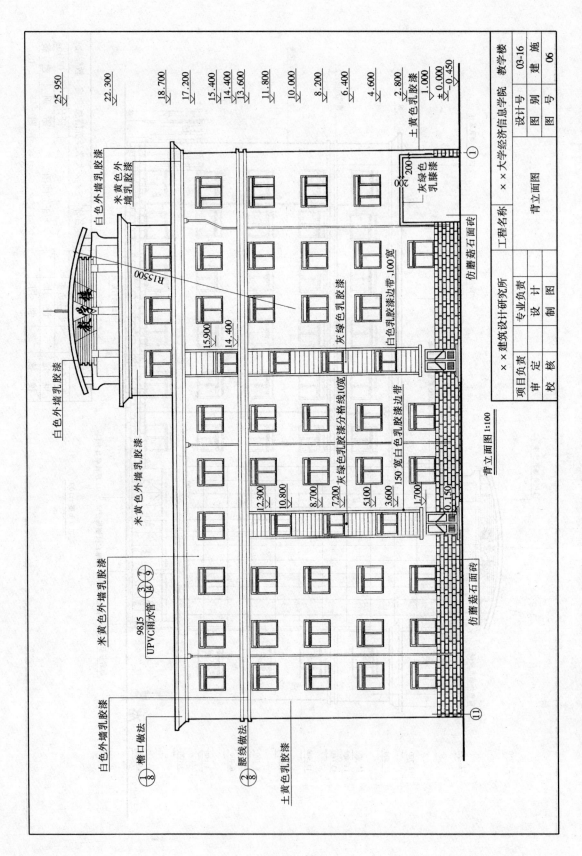

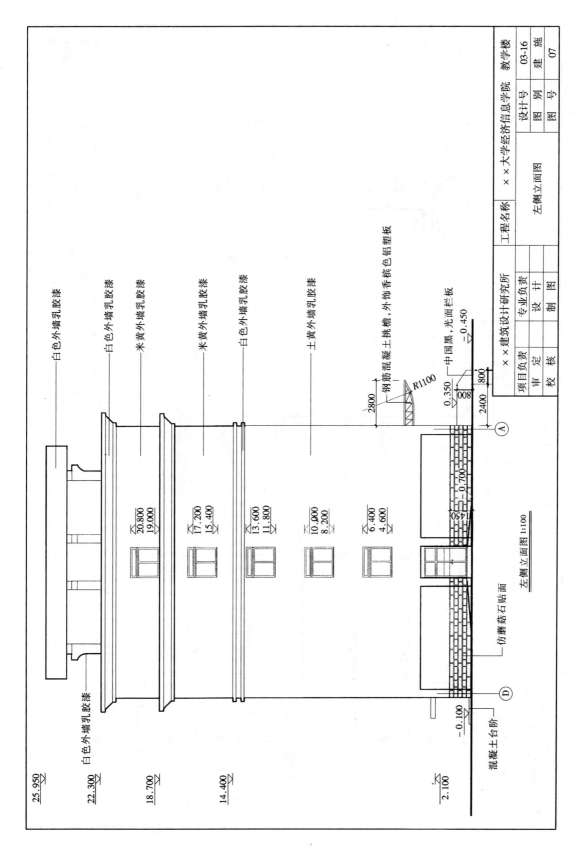

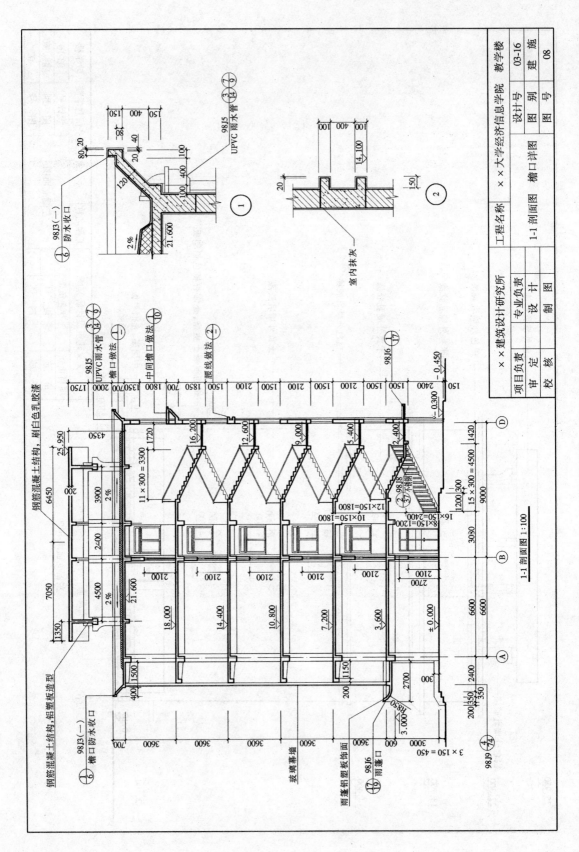

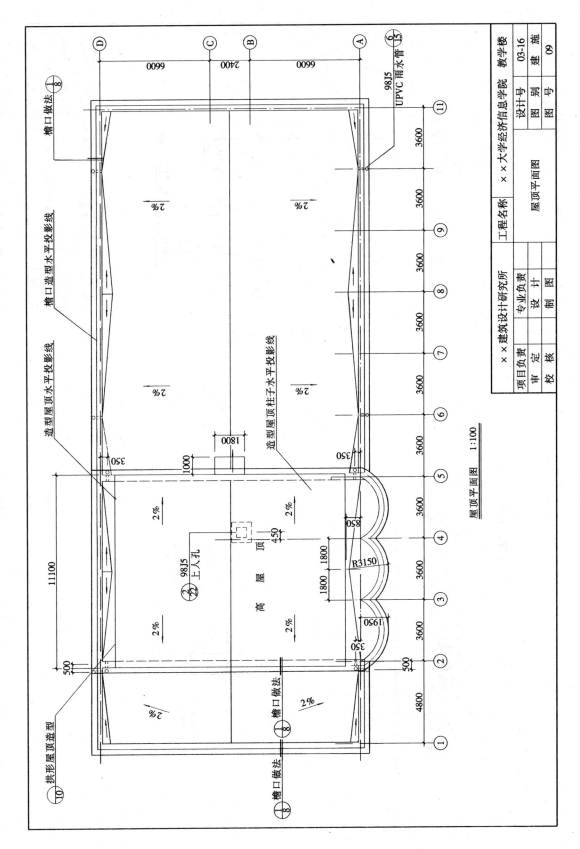

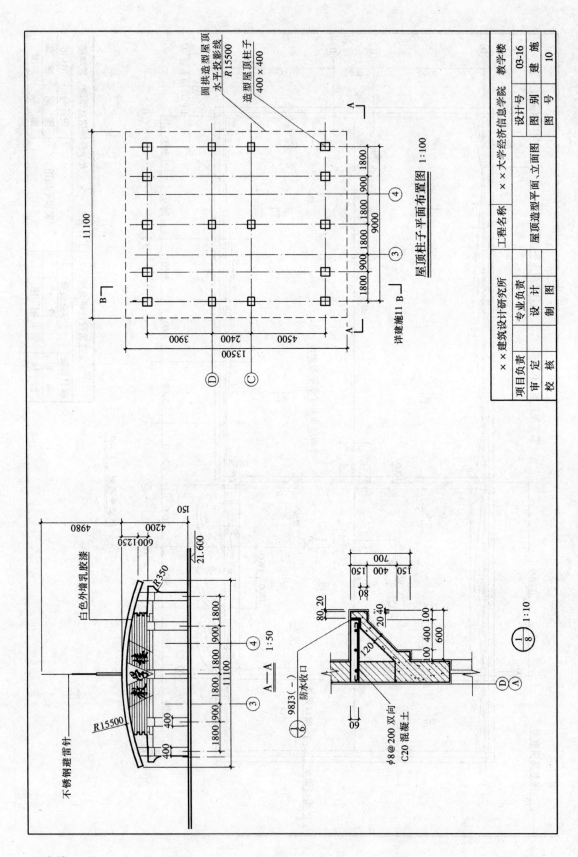

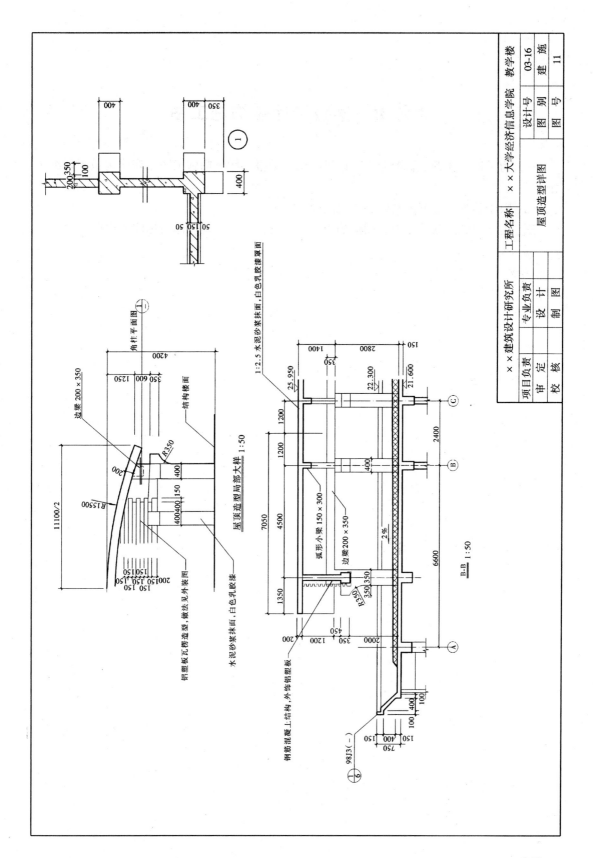

附录 B 某报告厅装饰施工图

一、为了提高读者的识图能力，这里选编了某报告厅装饰施工图一套作为识图训练之用。

二、限于篇幅，选编了其中的主要图样。

三、由于印刷制版的原因、图形缩小，图中的比例已不是原图所标注的比例。

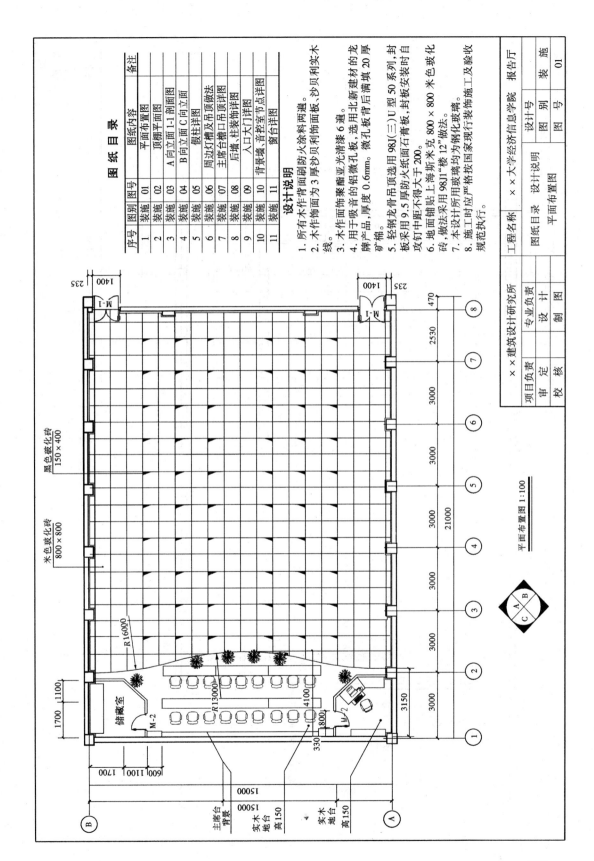

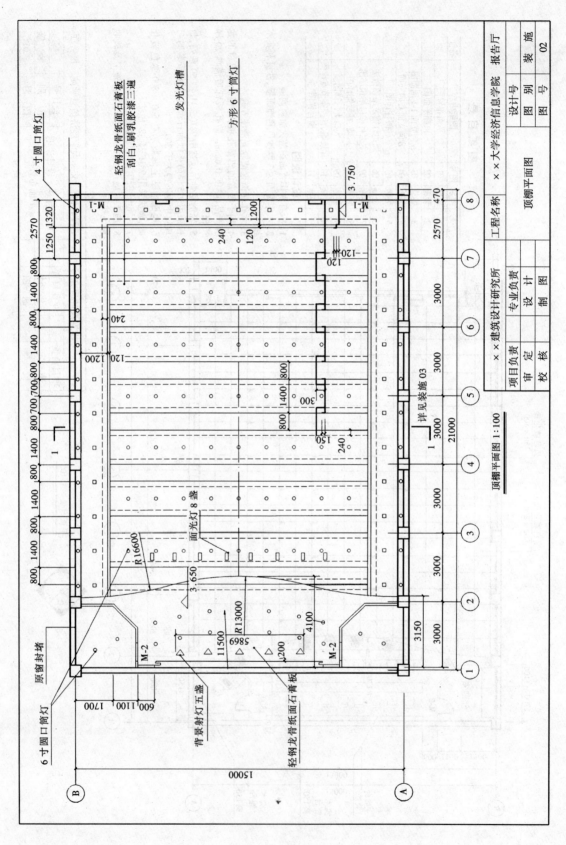

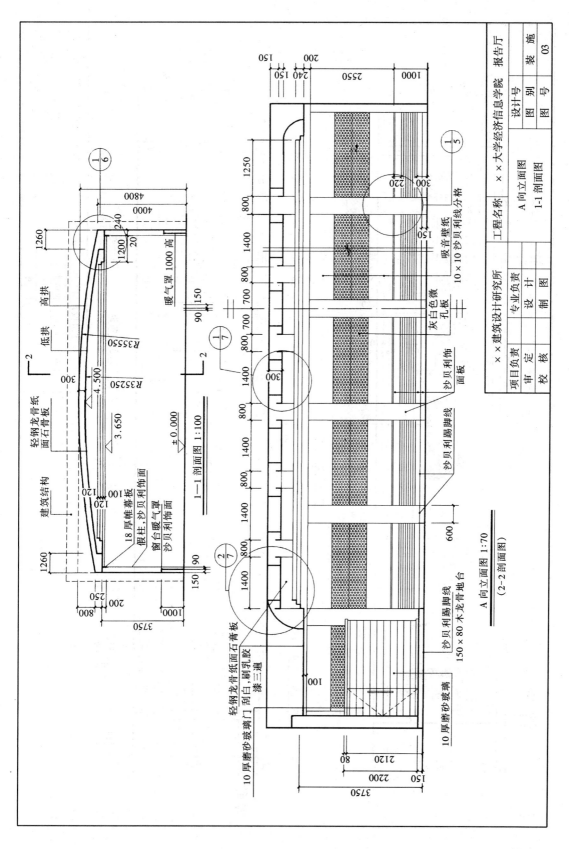

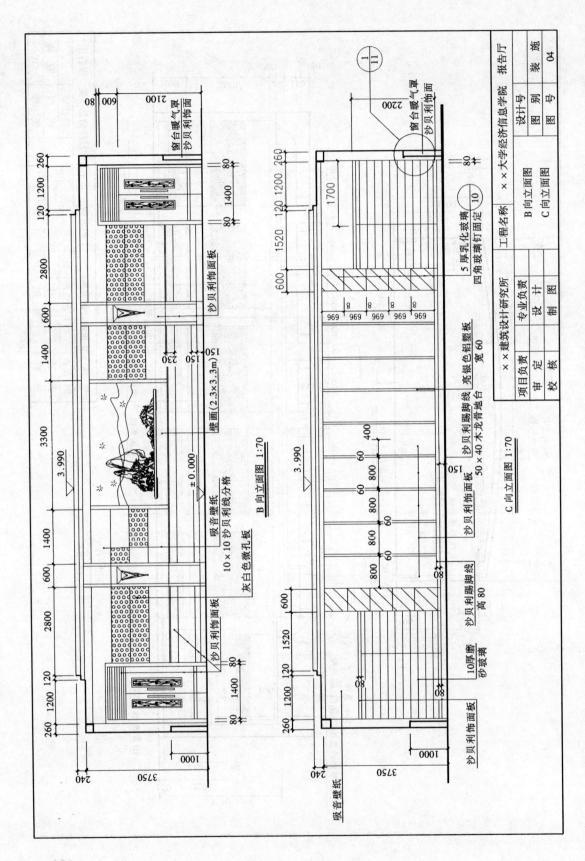

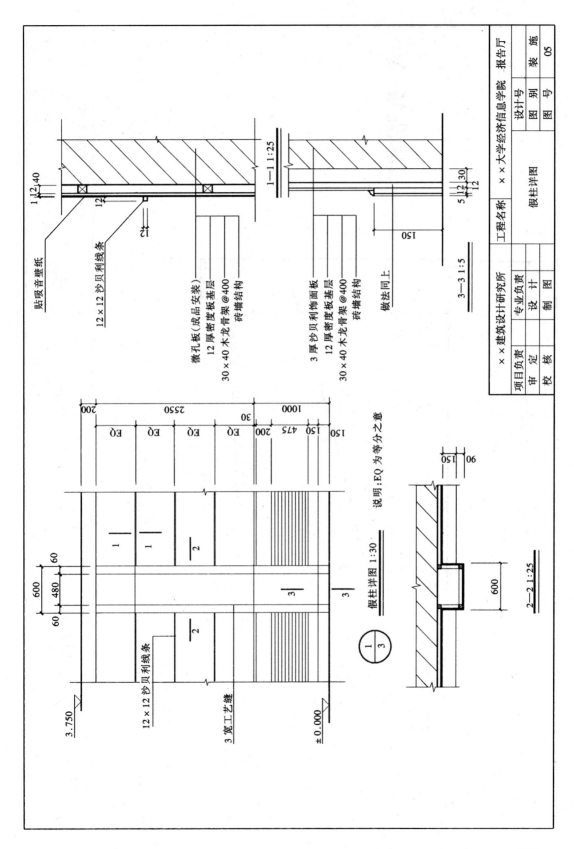

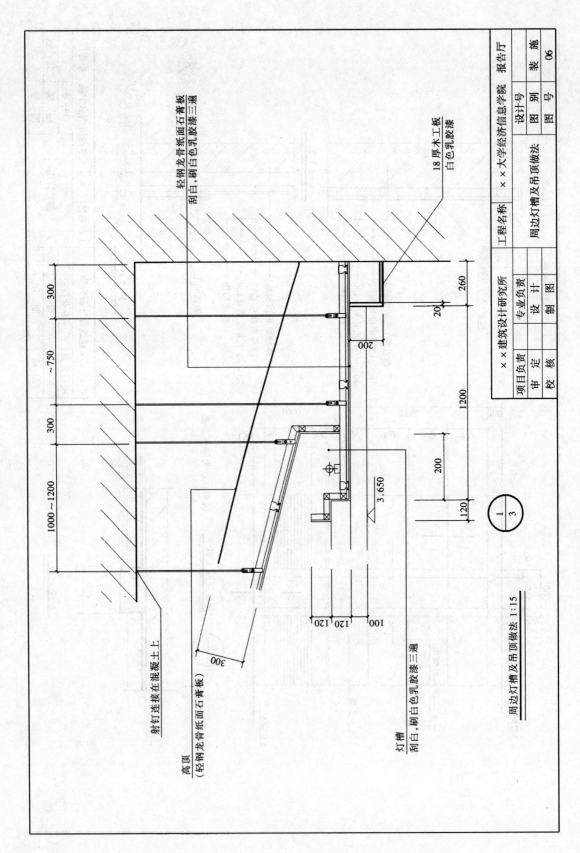

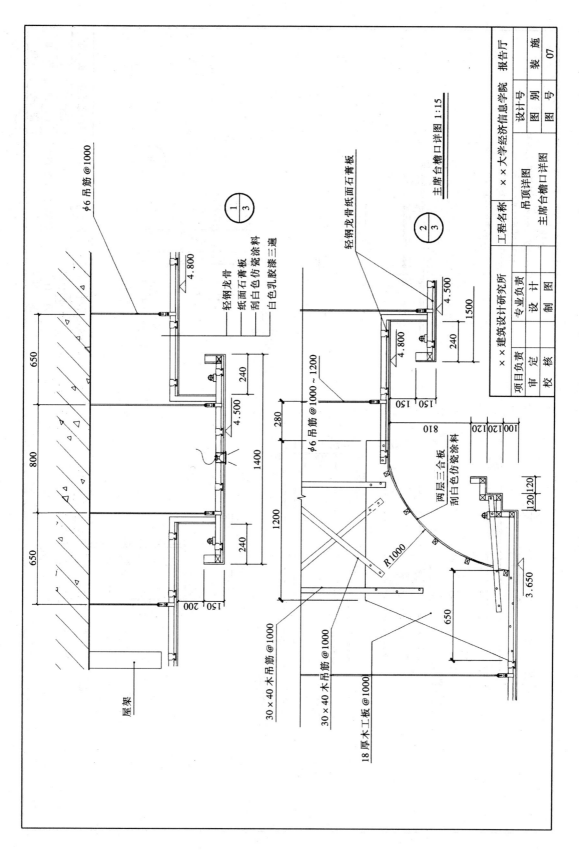

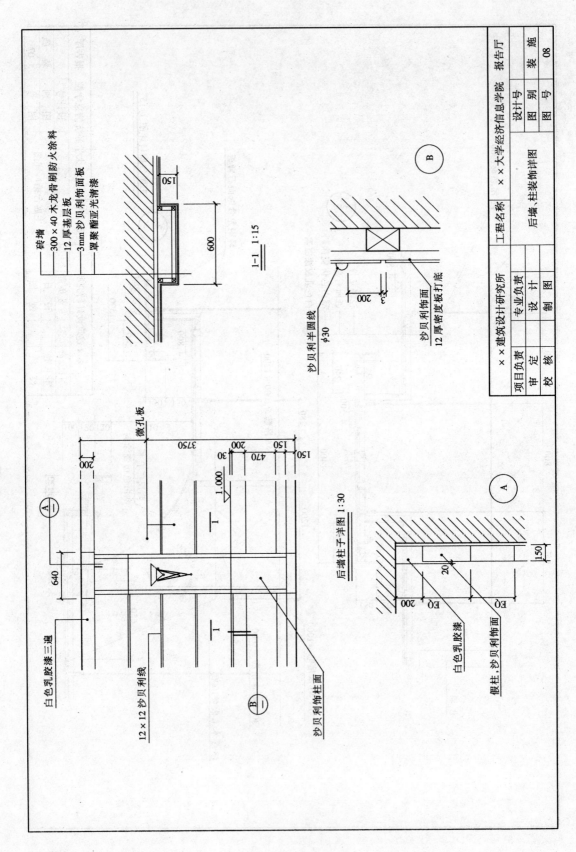

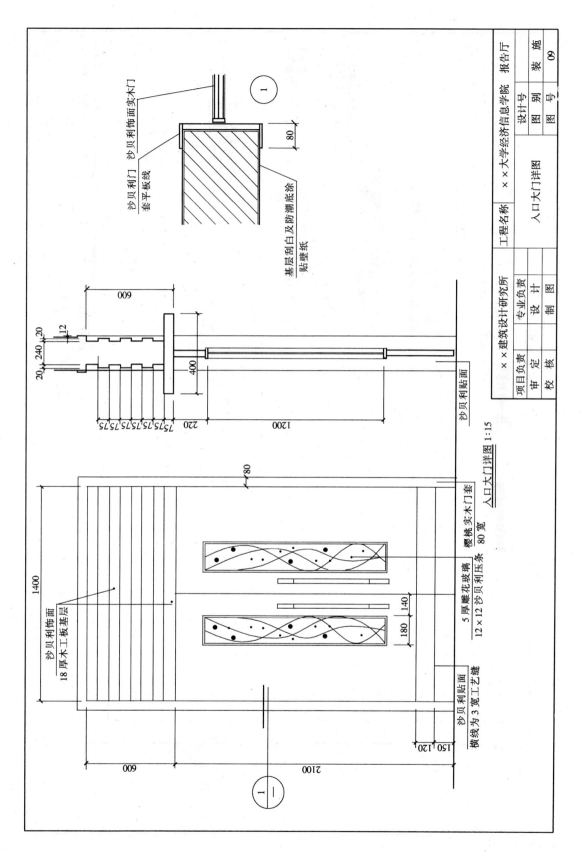

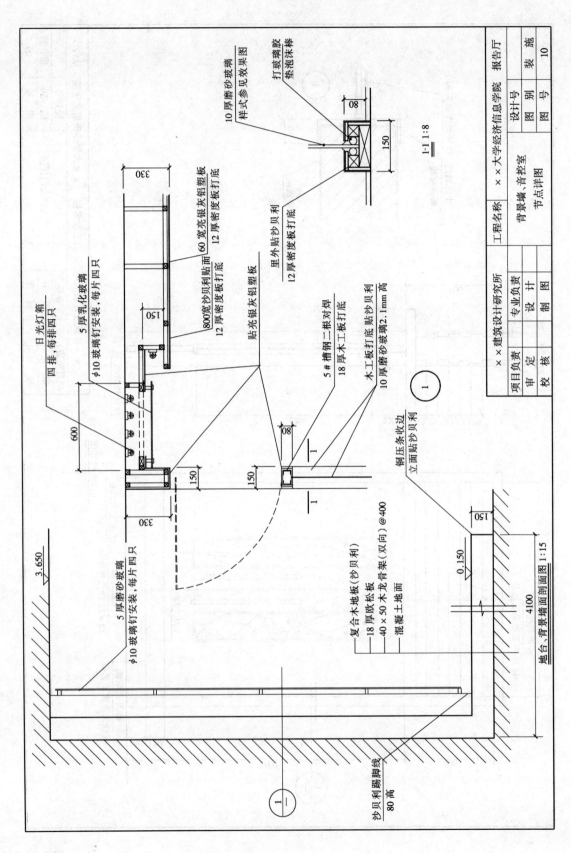

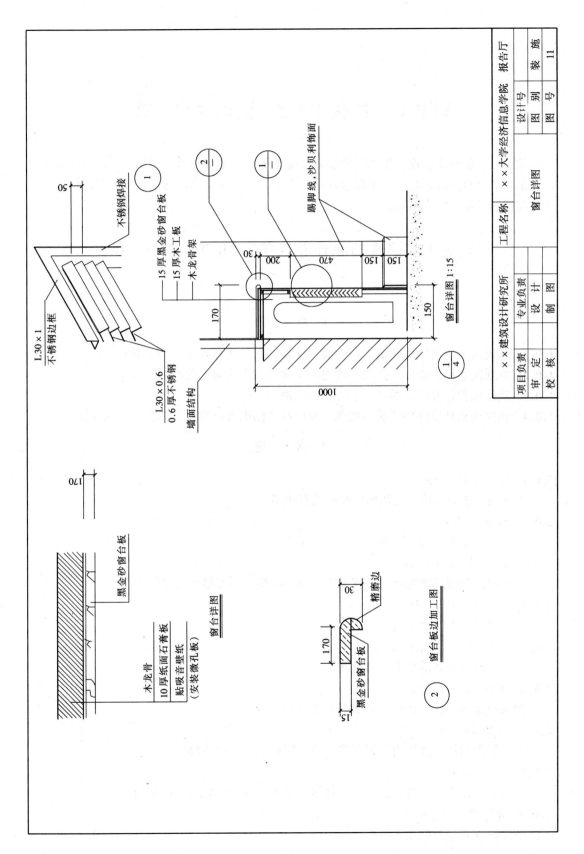

附录C　扩展知识1—建筑面积计算

说明：为提高识读建筑施工图的能力，编者选编了建筑面积计算规范，以供读者在识读附录图纸时对照进行简单的工程量计算。学习简单工程量计算的要求详见第三篇第二章思考题后的"制图实训"要求。

《建筑工程建筑面积计算规范》GB/T 50353—2005

（正文）

1　总　则

1.0.1　为规范工业与民用建筑工程的面积计算，统一计算方法，制定本规范。
1.0.2　本规范适用于新建、扩建、改建的工业与民用建筑工程的面积计算。
1.0.3　建筑面积计算应遵循科学、合理的原则。
1.0.4　建筑面积计算除应遵循本规范，尚应符合国家现行的有关标准规范的规定。

2　术　语

2.0.1　层高 story height
上下两层楼面或楼面与地面之间的垂直距离。
2.0.2　自然层 floor
按楼板、地板结构分层的楼层。
2.0.3　架空层 empty space
建筑物深基础或坡地建筑吊脚架空部位不回填土石方形成的建筑空间。
2.0.4　走廊 corridor gollory
建筑物的水平交通空间。
2.0.5　挑廊 overhanging corridor
挑出建筑物外墙的水平交通空间。
2.0.6　檐廊 eaves gollory
设置在建筑物底层出檐下的水平交通空间。
2.0.7　回廊 cloister
在建筑物门厅、大厅内设置在二层或二层以上的回形走廊。
2.0.8　门斗 foyer
在建筑物出入口设置的起分隔、挡风、御寒等作用的建筑过渡空间。
2.0.9　建筑物通道 passage
为道路穿过建筑物而设置的建筑空间。

2.0.10 架空走廊 bridge way

建筑物与建筑物之间，在二层或二层以上专门为水平交通设置的走廊。

2.0.11 勒脚 plinth

建筑物的外墙与室外地面或散水按触部位墙体的加厚部分。

2.0.12 围护结构 envelop enclosure

围合建筑空间四周的墙体、门、窗等。

2.0.13 围护性幕墙 enclosing curtain wall

直接作为外墙起围护作用的幕墙。

2.0.14 装饰性幕墙 decorative faced curtain wall

设置在建筑物墙体外起装饰作用的幕墙。

2.0.15 落地橱窗 French window

突出外墙面根基落地的橱窗。

2.0.16 阳台 balcony

供使用者进行活动和晾硒衣物的建筑空间。

2.0.17 眺望间 view room

设置在建筑物顶层或挑出房间的供人们远眺或观察周围情况的建筑空间。

2.0.18 雨篷 canopy

设置在建筑物进出口上部的遮雨、遮阳篷。

2.0.19 地下室 basement

房间地平面低于室外地平面的高度超过该房间净高的 1/2 者为地下室。

2.0.20 半地下室 semi basement

房间地平面低于室外地平面的高度超过该房间净高的 1/3，且不超过 1/2 者为半地下室。

2.0.21 变形缝 deformation joint

伸缩缝（温度缝）、沉降缝和抗震缝的总称。

2.0.22 永久性顶盖 permanent cap

经规划批准设计的永久使用的顶盖。

2.0.23 飘窗 bay window

为房间采光和美化造型而设置的突出外墙的窗。

2.0.24 骑楼 overhang

楼层部分跨在人行道上的临街楼房。

2.0.25 过街楼 arcade

有道路穿过建筑空间的楼房。

3 计算建筑面积的规定

3.0.1 单层建筑物的建筑面积，应按其外墙勒脚以上结构外围水平面积计算，并应符合下列规定：

1 单层建筑物高度在 2.20m 及以上者应计算全面积；高度不足 2.20m 者应计算 1/2 面积。

2 利用坡屋顶内空间时净高超过 2.10m 的部位应计算全面积；净高在 1.20m 至 2.10m 的部位应计算 1/2 面积；净高不足 1.20m 的部位不应计算面积。

3.0.2 单层建筑物内设有局部楼层者，局部楼层的二层及以上楼层，有围护结构的应按其围护结构外围水平面积计算，无围护结构的应按其结构底板水平面积计算。层高在 2.20m 及以上者应计算全面积；层高不足 2.20m 者应计算 1/2 面积。

3.0.3 多层建筑物首层应按其外墙勒脚以上结构外围水平面积计算；二层及以上楼层应按其外墙结构外围水平面积计算。层高在 2.20m 及以上者应计算全面积；层高不足 2.20m 者应计算 1/2 面积。

3.0.4 多层建筑坡屋顶内和场馆看台下，当设计加以利用时净高超过 2.10m 的部位应计算全面积；净高在 1.20m 至 2.10m 的部位应计算 1/2 面积；当设计不利用或室内净高不足 1.20m 时不应计算面积。

3.0.5 地下室、半地下室（车间、商店、车站、车库、仓库等），包括相应的有永久性顶盖的出入口，应按其外墙上口（不包括采光井、外墙防潮层及其保护墙）外边线所围水平面积计算。层高在 2.20m 及以上者应计算全面积；层高不足 2.20m 者应计算 1/2 面积。

3.0.6 坡地的建筑物吊脚架空层、深基础架空层，设计加以利用并有围护结构的，层高在 2.20m 及以上的部位应计算全面积；层高不足 2.20m 的部位应计算 1/2 面积。设计加以利用、无围护结构的建筑吊脚架空层，应按其利用部位水平面积的 1/2 计算；设计不利用的深基础架空层、坡地吊脚架空层、多层建筑坡屋顶内、场馆看台下的空间不应计算面积。

3.0.7 建筑物的门厅、大厅按一层计算建筑面积。门厅、大厅内设有回廊时，应按其结构底板水平面积计算。层高在 2.20m 及以上者应计算全面积；层高不足 2.20m 者应计算 1/2 面积。

3.0.8 建筑物间有围护结构的架空走廊，应按其围护结构外围水平面积计算。层高在 2.20m 及以上者应计算全面积；层高不足 2.20m 者应计算 1/2 面积。有永久性顶盖无围护结构的应按其结构底板水平面积的 1/2 计算。

3.0.9 立体书库、立体仓库、立体车库，无结构层的应按一层计算，有结构层的应按其结构层面积分别计算。层高在 2.20m 及以上者应计算全面积；层高不足 2.20m 者应计算 1/2 面积。

3.0.10 有围护结构的舞台灯光控制室，应按其围护结构外围水平面积计算。层高在 2.20m 及以上者应计算全面积；层高不足 2.20m 者应计算 1/2 面积。

3.0.11 建筑物外有围护结构的落地橱窗、门斗、挑廊、走廊、檐廊，应按其围护结构外围水平面积计算。层高在 2.20m 及以上者应计算全面积；层高不足 2.20m 者应计算 1/2 面积。有永久性顶盖无围护结构的应按其结构底板水平面积的 1/2 计算。

3.0.12 有永久性顶盖无围护结构的场馆看台应按其顶盖水平投影面积的 1/2 计算。

3.0.13 建筑物顶部有围护结构的楼梯间、水箱间、电梯机房等，层高在 2.20m 及以上者应计算全面积；层高不足 2.20m 者应计算 1/2 面积。

3.0.14 设有围护结构不垂直于水平面而超出底板外沿的建筑物，应按其底板面的外围水平面积计算。层高在 2.20m 及以上者应计算全面积；层高不足 2.20m 者应计算 1/2 面积。

3.0.15 建筑物内的室内楼梯间、电梯井、观光电梯井、提物井、管道井、通风排气竖井、垃圾道、附墙烟囱应按建筑物的自然层计算。

3.0.16 雨篷结构的外边线至外墙结构外边线的宽度超过 2.10m 者，应按雨篷结构板的水平投影面积的 1/2 计算。

3.0.17 有永久性顶盖的室外楼梯，应按建筑物自然层的水平投影面积的 1/2 计算。

3.0.18 建筑物的阳台均应按其水平投影面积的 1/2 计算。

3.0.19 有永久性顶盖无围护结构的车棚、货棚、站台、加油站、收费站等，应按其顶盖水平投影面积的 1/2 计算。

3.0.20 高低联跨的建筑物，应以高跨结构外边线为界分别计算建筑面积；其高低跨内部连通时，其变形缝应计算在低跨面积内。

3.0.21 以幕墙作为围护结构的建筑物，应按幕墙外边线计算建筑面积。

3.0.22 建筑物外墙外侧有保温隔热层的，应按保温隔热层外边线计算建筑面积。

3.0.23 建筑物内的变形缝，应按其自然层合并在建筑物面积内计算。

3.0.24 下列项目不应计算面积：

1 建筑物通道（骑楼、过街楼的底层）。

2 建筑物内的设备管道夹层。

3 建筑物内分隔的单层房间，舞台及后台悬挂幕布、布景的天桥、挑台等。

4 屋顶水箱、花架、凉棚、露台、露天游泳池。

5 建筑物内的操作平台、上料平台、安装箱和罐体的平台。

6 勒脚、附墙柱、垛、台阶、墙面抹灰、装饰面、镶贴块料面层、装饰性幕墙、空调机外机搁板（箱）、飘窗、构件、配件、宽度在 2.10m 及以内的雨篷以及与建筑物内不相连通的装饰性阳台、挑廊。

7 无永久性顶盖的架空走廊、室外楼梯和用于检修、消防等的室外钢楼梯、爬梯。

8 自动扶梯、自动人行道。

9 独立烟囱、烟道、地沟、油（水）罐、气柜、水塔、贮油（水）池、贮仓、栈桥、地下人防通道、地铁隧道。

4 本规范用词说明

1 为便于在执行本规范条文时区别对待，对要求严格程度不同的用词说明如下：

(1) 表示很严格，非这样做不可的用词：

正面词采用"必须"，反面词采用"严禁"。

(2) 表示严格，在正常情况下均应这样做的用词：

正面词采用"应"，反面词采用"不应"或"不得"。

(3) 表示允许稍有选择，在条件许可时首先应这样做的用词：

正面词采用"宜"，反面词采用"不宜"。

表示有选择，在一定条件下可以这样做的用词，采用"可"。

2 本规范中指明应按其他有关标准、规范执行的写法为"应符合……的规定"或"应按……执行"。

附录 D 扩展知识 2—楼地面工程量计算

说明：为提高识读建筑施工图的能力，编者节选了《建设工程工程量清单计价规范》GB 50500—2003 中"整体面层"和"块料面层"的楼地面（附录 B.1 中的 B.1.1 和 B.1.2）工程量计算规则，以供读者在识读附录图纸时对照进行简单的工程量计算。学习简单工程量计算的要求详见第三篇第二章思考题后的"制图实训"要求。

B.1 楼地面工程

B.1.1 整体面层。工程量清单项目设置及工程量计算规则，应按表 B.1.1 的规定执行。

整体面层（编码：020101） 表 B.1.1

项目编码	项目名称	项目特征	计量单位	工程量计算规则	工程内容
020101001	水泥砂浆楼地面	1. 找平层厚度、砂浆配合比 2. 防水层厚度、材料种类 3. 面层厚度、砂浆配合比	m²	按设计图示尺寸以面积计算。扣除凸出地面构筑物、设备基础、室内铁道、地沟等所占面积，不扣除柱、垛、间壁墙、附墙烟囱及 0.3m² 以内的孔洞所占面积，门洞、空圈、暖气包槽、壁龛的开口部分不增加面积	1. 基层清理 2. 防水层铺设 3. 砂浆制作、运输 4. 抹找平层 5. 抹面层
020101002	现浇水磨石楼地面	1. 找平层厚度、砂浆配合比 2. 防水层厚度、材料种类 3. 面层厚度、水泥石子浆配合比 4. 嵌条材料种类、规格 5. 石子种类、规格、颜色 6. 颜料种类、颜色 7. 图案要求 8. 磨光、酸洗、打蜡要求			1. 基层清理 2. 防水层铺设 3. 砂浆制作、运输 4. 抹找平层 5. 嵌缝条安装 6. 面层铺设 7. 磨光、酸洗、打蜡
020101003	细石混凝土楼地面	1. 找平层厚度、砂浆配合比 2. 防水层厚度、材料种类 3. 面层厚度、混凝土强度等级			1. 基层清理 2. 防水层铺设 3. 砂浆制作、运输 4. 抹找平层 5. 面层铺设
020101004	菱苦土楼地面	1. 找平层厚度、砂浆配合比 2. 防水层厚度、材料种类 3. 面层厚度 4. 打蜡要求			1. 清理基层 2. 砂浆制作、运输 3. 抹找平层 4. 防水层铺设 5. 面层铺设 6. 打蜡

B.1.2 块料面层。工程量清单项目设置及工程量计算规则,应按表 B.1.2 的规定执行。

块料面层（编码：020102） 表 B.1.2

项目编码	项目名称	项目特征	计量单位	工程量计算规则	工程内容
020102001	石材楼地面	1. 找平层厚度、砂浆配合比 2. 防水层厚度、材料种类 3. 结合层厚度、砂浆配合比 4. 面层材料品种、规格、品牌、颜色 5. 嵌缝材料种类 6. 防护层材料种类 7. 酸洗、打蜡要求	m²	按设计图示尺寸以面积计算。门洞、空圈、暖气包槽、壁龛的开口部分并入相应的工程量内	1. 基层清理、抹找平层 2. 防水层铺设 3. 砂浆制作、运输 4. 抹找平层 5. 面层铺设 6. 嵌缝 7. 刷防护材料 8. 酸洗、打蜡
020102002	块料楼地面				

参 考 文 献

[1] 金虹主编．房屋建筑学．北京：科学出版社，2003．
[2] 王远正等主编．建筑识图与房屋构造．重庆：重庆大学出版社，2002．
[3] 舒秋华主编．房屋建筑学．武汉：武汉理工大学出版社，2002．
[4] 王崇杰主编．房屋建筑学．北京：中国建筑工业出版社，2003．
[5] 李必瑜主编．建筑构造．北京：中国建筑工业出版社，2003．
[6] 高远主编．建筑识图与房屋构造．北京：中国建筑工业出版社，2001．
[7] 高远主编．建筑装饰制图与识图．北京：机械工业出版社，2003．